移动 Web 开发技术项目教程

主　编　吴　进　陈玉勇

科　学　出　版　社

北　京

内 容 简 介

移动互联网迅速进入人们的生活、工作中，在移动互联网中起支撑作用的网页开发技术也已经成熟。本书主要介绍 Web 技术的发展及 HTML5 在移动开发中的应用（如 HTML、CSS 和 JavaScript 基本标签的使用），介绍利用 HTML5 新增功能开发移动端页面及使用微信小程序开发移动端网页，并配备丰富的实例作为实践，旨在帮助读者将移动 Web 开发技术运用于实践中。

本书示例丰富，实践性和可操作性强，可以作为高职高专院校计算机专业课程的教材，也可以作为软件开发人员的参考书，还可以作为广大移动 Web 开发初学者的自学用书。

图书在版编目(CIP)数据

移动 Web 开发技术项目教程/吴进，陈玉勇主编．—北京：科学出版社，2023.2

ISBN 978-7-03-072387-1

Ⅰ．①移…　Ⅱ．①吴…　②陈…　Ⅲ．①移动终端-应用程序-程序设计-教材　Ⅳ．①TN929.53

中国版本图书馆 CIP 数据核字（2022）第 152241 号

责任编辑：宋　丽　吴超莉 / 责任校对：赵丽杰
责任印制：吕春珉 / 封面设计：东方人华平面设计部

科学出版社出版
北京东黄城根北街 16 号
邮政编码：100717
http://www.sciencep.com
北京中科印刷有限公司 印刷
科学出版社发行　各地新华书店经销
*
2023 年 2 月第　一　版　开本：787×1092　1/16
2023 年 2 月第一次印刷　印张：19 1/4
字数：456 000

定价：58.00 元

（如有印装质量问题，我社负责调换〈中科〉）
销售部电话 010-62136230　编辑部电话 010-62135763-2041

前　言

PREFACE

随着移动互联网技术的快速发展，移动设备的应用日渐火热。移动设备信号覆盖范围广、操作便捷、携带方便，已经成为人们日常工作和生活中的必需品，其应用市场不断扩大，越来越受到人们的关注，因此开发移动应用就变得越来越重要。除了以往熟悉的原生 APP 开发，如 Android 开发、iOS 开发，目前移动端使用 HTML5 开发移动应用的需求更是与日俱增。相较于传统的原生开发方式，HTML5 开发方式具有维护成本低、开发周期短、兼容各平台等优点，深受企业前端开发人员的青睐。

本书根据企业人才的实际需求，由编者携同上市企业的资深软件开发工程师共同设计开发，旨在为读者提供一站式实战型的移动 Web 前端技术开发学习指导，帮助读者踏上由入门到企业实战的 Web 开发之旅。

本书具有如下特点。

1）充分调研 HTML5 新技术的实际应用情况，精心优选教学案例。

本书围绕移动 Web 开发任务，采用"任务驱动—精讲多练—理论实践一体化"的教学方法，示例丰富，全方位地促进读者移动 Web 开发技术能力的提升；引导读者在完成各设计任务的过程中，逐步理解 HTML5 的新功能和新特点，循序渐进地学习移动 Web 开发应用，从而熟练掌握形式多样的移动 Web 开发技术。

2）改进和优化教学内容的组织结构和程序代码的分析方法。

本书的理论知识以"必备、够用"为度，理论知识和实践技能充分融合，不但分析归纳了每个知识必要的理论要点，且每个项目后都设置了"技能实践"，读者可较系统地掌握必备的理论知识。

3）以"互联网+"实现终身学习。

本书的开发是以企业需求为设计导向，以综合职业能力培养为目标，以典型工作任务为载体，以人为本，以"互联网+"实现终身学习的。本书是根据典型工作任务和工作过程设计的一系列模块化的学习任务的综合体。

全书共 6 个项目，分别介绍移动互联网 Web 技术发展、使用 HTML+CSS 制作网页、使用 HTML5+CSS3 制作网页、使用 JavaScript 制作网页特效、使用 HTML5 新增功能开发移动端页面及使用微信小程序开发移动端网页等内容。本书是帮助读者实现有效学习的重要工具，每个项目的核心任务是帮助读者学会怎样工作。本书的内容是理论与实践教学相融通、能力素养与企业岗位相融汇、校内实训与企业顶岗相融合，实现"三融"特色。

本书由辽宁生态工程职业学院吴进、陈玉勇担任主编，辽宁生态工程职业学院冯颖、杨运强、白云、张亚林担任副主编，辽宁生态工程职业学院朱晓岩、辽宁八将科技有限公司陈驰和中软国际有限公司费琦担任参编，由辽宁生态工程职业学院刘君担任主审。本书具体编写分工如下：吴进编写项目 1、项目 2 和任务 3.1，陈玉勇编写任务 3.2 和任务 3.3，杨运强编写任务 3.4、任务 4.1 和任务 4.2，冯颖编写任务 5.1 和任务 5.2，白云编写任务 5.3、任务 6.1 和任务 6.2，朱晓岩编写任务 6.3 和任务 6.4，张亚林负责教学课件制作、教学大纲以及教案编写，陈驰、费琦参与源代码的校对工作。刘君负责审读全稿。

由于编者水平有限，书中不足之处在所难免，恳请广大读者批评指正。

目　录

CONTENTS

项目 1　移动互联网 Web 技术发展……1

任务 1.1　了解移动 Web 开发……2

1.1.1　Web 前端的定义……2

1.1.2　前端应用的分类……2

1.1.3　移动 Web 开发与 PC 端 Web 开发的区别……3

任务 1.2　了解 HTML5 在移动开发中的应用……4

1.2.1　HTML5 技术的发展……4

1.2.2　HTML5 技术的优势……4

任务 1.3　了解 HTML5 开发工具和框架……8

1.3.1　HTML5 开发工具……8

1.3.2　HTML5 主流开发框架……9

思考练习……13

项目 2　使用 HTML+CSS 制作网页……14

任务 2.1　使用基本标签制作网页……15

2.1.1　HTML 的标签构成……15

2.1.2　HTML 网页文档的基本格式……16

2.1.3　常用的 HTML 元素……19

2.1.4　文本格式化标记……22

2.1.5　特殊字符标记……23

2.1.6　HTML 图像标记……26

2.1.7　相对路径和绝对路径……28

2.1.8　HTML 的列表……28

2.1.9　超链接标记……33

任务 2.2　使用 div+CSS 制作网页……39

2.2.1　使用 div+CSS 布局网站的优点……39

2.2.2　使用 div+CSS 布局网站的作用……40

2.2.3　认识盒子模型……40

2.2.4 一行多列布局居中 …… 41
2.2.5 CSS 语法结构 …… 45
2.2.6 样式表在网页中嵌入的方式 …… 45
2.2.7 float 浮动属性 …… 48
2.2.8 列表标记在导航栏中的应用 …… 49
2.2.9 使用链接伪类控制超链接 …… 49
2.2.10 overflow 属性 …… 52
2.2.11 元素的定位 …… 52
2.2.12 表格标记 …… 55
2.2.13 表单标记 …… 58
思考练习 …… 63

项目 3 使用 HTML5+CSS3 制作网页 …… 64

任务 3.1 使用 HTML5+CSS3 基本标签制作网页 …… 65
3.1.1 HTML5 的结构标签 …… 65
3.1.2 分组结构标签 …… 68
3.1.3 页面交互元素 …… 70
3.1.4 CSS3 的选择器 …… 71
任务 3.2 使用 HTML5 表单标签制作网页 …… 78
3.2.1 表单概述 …… 78
3.2.2 表单元素及属性 …… 80
3.2.3 表单验证 …… 94
任务 3.3 制作开发响应式页面 …… 105
3.3.1 视口 …… 105
3.3.2 媒体查询 …… 108
3.3.3 百分比布局 …… 114
3.3.4 制作响应式页面 …… 117
任务 3.4 制作跨平台移动 Web 布局页面 …… 131
3.4.1 栅格系统 …… 131
3.4.2 弹性盒布局 …… 134
思考练习 …… 164

项目 4 使用 JavaScript 制作网页特效 …… 165

任务 4.1 操作 JavaScript 基本语句 …… 166
4.1.1 JavaScript 概述 …… 166

4.1.2 JavaScript 与网页代码结合的方式 …… 166
4.1.3 document 文档对象 …… 167
4.1.4 Date 日期时间对象 …… 167
4.1.5 数组 …… 168
任务 4.2 使用对象模型 …… 168
4.2.1 for 循环 …… 168
4.2.2 函数定义 …… 169
4.2.3 定时函数 …… 170
思考练习 …… 177

项目 5 使用 HTML5 新增功能开发移动端页面 …… 178

任务 5.1 地理位置信息的定位 …… 179
5.1.1 Geolocation 地理位置信息的定位介绍 …… 179
5.1.2 获取当前位置的地理信息 …… 181
5.1.3 watchPosition( )方法 …… 185
5.1.4 使用 Geolocation API 获取当前位置的应用 …… 186
任务 5.2 使用 Web Workers 处理线程 …… 202
5.2.1 Web Workers 概述 …… 202
5.2.2 使用 Web Workers 创建线程 …… 206
5.2.3 页面与线程的数据交互 …… 211
5.2.4 使用 Shared Workers 创建共享线程 …… 216
任务 5.3 HTML5 的文件操作与拖动操作 …… 227
5.3.1 HTML5 文件操作 …… 227
5.3.2 拖动操作 …… 240
思考练习 …… 253

项目 6 使用微信小程序开发移动端网页 …… 254

任务 6.1 开发准备 …… 255
6.1.1 申请开发账户 …… 255
6.1.2 使用微信开发者工具 …… 261
任务 6.2 使用 app.json 进行小程序全局配置 …… 266
6.2.1 认识小程序核心文件的作用 …… 266
6.2.2 使用 app.json 进行全局配置 …… 267
任务 6.3 使用常用组件和样式制作小程序 …… 273
6.3.1 view 布局组件 …… 273

6.3.2 文本图像组件 …… 275
6.3.3 导航组件 …… 280
6.3.4 表单组件 …… 282
任务 6.4 数据交互 …… 290
6.4.1 数据绑定 …… 290
6.4.2 条件渲染 …… 291
6.4.3 列表渲染 …… 292
6.4.4 事件处理 …… 294
思考练习 …… 297
参考文献 …… 298

项目 1 移动互联网 Web 技术发展

知识目标

1）了解前端技术的分类。

2）掌握移动 Web 开发与 PC 端 Web 开发的区别。

3）掌握 HTML5 在移动开发中的应用。

4）了解 HTML5 的开发工具。

5）掌握 HTML5 的主流开发框架。

技能目标

1）能区分移动 Web 开发与 PC 端 Web 开发。

2）会使用 HTML5 开发工具和框架。

知识架构

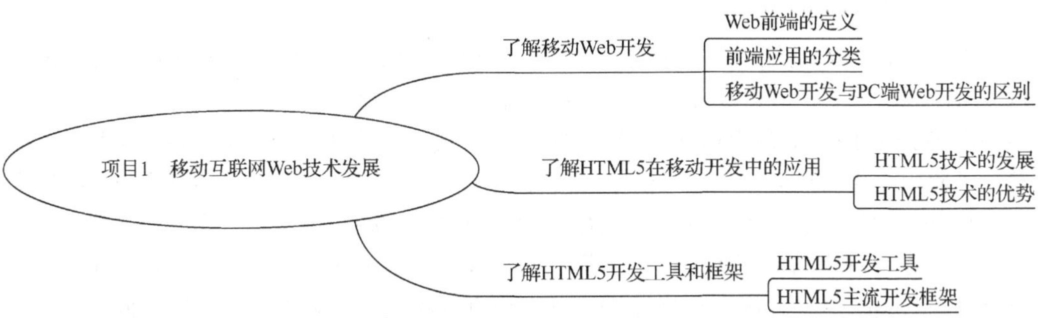

任务 1.1 了解移动 Web 开发

在互联网发展的同时，移动互联网也呈现出爆发式的增长，中国互联网络信息中心发布的第 50 次《中国互联网络发展状况统计报告》中，截至 2022 年 6 月，我国网民规模达 10.51 亿，网民使用手机上网的比例为 99.8%，网民上网设备进一步向移动端集中。随着移动通信网络环境的不断完善及智能手机的进一步普及，移动互联网应用向用户各类生活需求深入渗透，促进手机上网使用率增长，增长势头强劲。

1.1.1 Web 前端的定义

Web 前端是指创建 Web 页面或 APP 等前端界面呈现给用户的过程，主要分为前端设计和前端开发，前端设计是指为网站进行视觉设计，前端开发是指对网页进行代码编辑。Web 前端包括基本的 HTML、CSS、JavaScript 等的代码开发和编辑。

前端开发通过 HTML、CSS、JavaScript 及其衍生出来的各种技术、框架、解决方案，实现互联网产品的用户界面交互。在互联网的演化进程中，网页制作是 Web 1.0 时代的产物，早期网站的主要内容都是静态的，以图片和文字为主，用户使用网站的行为也以浏览为主。随着互联网技术的发展和 HTML5、CSS3 的应用，现代网页更加美观，交互效果显著，功能更加强大。

1.1.2 前端应用的分类

如图 1-1 所示，前端应用主要分为 3 类。第一类应用是个人计算机（personal computer，PC）端 Web 页面，即在计算机上使用浏览器打开的百度、搜狐、淘宝等；第二类应用是移动 Web 页面，即在手机或平板计算机上使用 QQ 浏览器、UC 浏览器等浏览网页；第三类应用是移动端第三方应用程序，即在应用商店中下载的 Android、iOS 等 APP 应用。

这些应用的数据从何而来呢？例如，我们想通过这些应用查询一个具体的信息，则它们都要通过网络访问在远端的服务器后端程序，服务器程序有 Java 程序、PHP 程序、Python 程序等，这些程序在访问数据库并获取到数据之后，再由后端程序返回给前端的应用，用户就可以看到自己想查询的信息了。当我们购买商品时，也是先把商品信息提交到服务器后端程序，由后端程序将信息放入数据库中。

这两种前端开发都是有市场需求的，但随着移动互联网应用的兴起，移动 Web 应用和 APP 应用的需求越来越多。

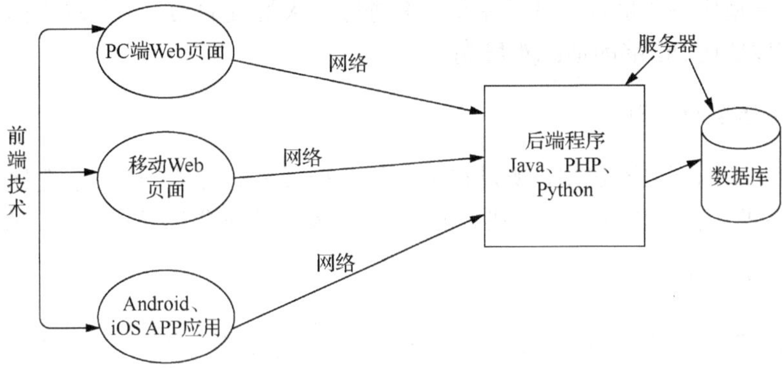

图 1-1　Web 技术框架

1.1.3　移动 Web 开发与 PC 端 Web 开发的区别

前端开发的主要工作就是由前端工程师制作网页，然后通过浏览器显示，提供给用户访问浏览。移动 Web 开发和 PC 端 Web 开发都属于前端开发，两者有着十分紧密的联系，同时也有区别。目前来看，HTML、CSS 和 JavaScript 依然是前端开发的三大基石，无论是移动 Web 开发还是 PC 端 Web 开发，这 3 种基础技术都是必须要熟练掌握的，那么，移动 Web 开发和 PC 端 Web 开发主要有什么区别呢？

1. 应用场景的区别

PC 端 Web 开发主要是指传统的 PC 端网页开发，页面主要是运行在 PC 端浏览器中，而移动 Web 开发出来的网页主要在手机上运行。从直观上来讲，PC 端页面会大些，移动端页面会小些，但页面大并不代表代码复杂，页面小也并不代表代码简单，代码的复杂程度取决于具体的业务需求。

2. 页面的性能区别

一般 PC 端的网络比较稳定，通常是通过网线或 WiFi 连接网络，页面比较稳定。

移动端的网络容易不稳定，除了 WiFi，还有 2G、3G、4G、5G，甚至是在几种不同的网络连接中交替切换。因此移动端的页面资源不能太大，否则在恶劣的网络环境下，很可能导致页面无法打开或网页打开非常慢，严重影响用户体验。在页面性能上，移动端面对的挑战难度更高。

3. 页面的适配性区别

通常 PC 端开发会给页面设置固定的宽度，两侧有留白，但移动端由于其载体手机屏幕比 PC 要小得多，一般会尽可能地在手机屏幕上全屏显示内容。这就要求移动端页面要能够充分适应各种屏幕尺寸的手机，并进行最大程度的利用。从这方面来说，移动端的适配难度要比 PC 端的适配难度高。

4. 框架选型的区别

由于移动端的网络不稳定，所以在选择移动端页面框架时，一般会选择小而美的框架，而 PC 端的选择范围就相对大些。相比来说，移动端的框架选择受到的限制比较大。

5. 新技术的使用区别

移动端主要以 webkit 内核为主，对 HTML5 等新技术支持得更好。PC 端开发由于很多场景下要求兼容 Internet Explorer 等老版本浏览器，出于浏览器兼容性的考虑，有些情况下限制了新技术的使用，所以移动端能够更大范围地使用新技术。

任务 1.2 了解 HTML5 在移动开发中的应用

1.2.1 HTML5 技术的发展

2014 年 10 月 29 日，W3C（World Wide Web Consortium，万维网联盟）宣布，经过接近 8 年的艰苦努力，HTML5 标准规范终于制定完成，HTML5 技术成为移动 Web 开发技术的标准，HTML5 不仅拥有 HTML（hypertext markup language，超文本标记语言）中所有的特性，而且增加了许多实用的特性。随着 Google、Microsoft、Apple、IBM 等一批超级 IT 公司的积极支持，以及浏览器制造商的积极响应和配合，可以预料到 HTML5 会有一个非常光明的前景。更重要的是，HTML5 本身的优雅实用和简易性等优点，也使设计人员和用户更容易接受。

1.2.2 HTML5 技术的优势

1. 跨平台

HTML5 具备跨平台的功能，制作一套页面就能够同时在 Android 设备和 iOS 设备上使用，为企业降低了成本，提高了效率。

2. 简约

HTML5 保证了文档的简约优雅，如在 HTML 4.01 规范中，doctype 的写法如下：

```
<!DOCTYPE HTML PUBLIC "-//W3C//DTD HTML 4.01//EN" "http://www.w3.org/TR/html4/strict.dtd">
```

在 XHTML 1.0 中，doctype 则写为

```
<!DOCTYPE html PUBLIC "-//W3C//DTD XHTML 1.0 Transitional//EN"
"http://www.w3.org/TR/xhtml1/DTD/xhtml1-transitional.dtd">
```

上面两个版本 doctype 的写法复杂难记，大多数人不会在编程中逐字写出，但是在 HTML5 中，将复杂的部分一并去掉，doctype 简化为“<!DOCTYPE html>”，这容易记忆。当然，之所以 HTML5 能够保证这样简单的 doctype，是因为 HTML5 能够很好地向下兼容。

这样的例子并不少见，如 HTML 中的字符集声明，在 HTML 4.01 中经常看到如下所示的声明方式。

```
<meta http-equiv="Content-Type" content="text/html; charset=UTF-8"/>
```

在 XHTML 1.0 中稍微复杂些，代码如下。

```
<?xml version="1.0" encoding="UTF-8"?>
<meta http-equiv="Content-Type" content="text/html; charset=UTF-8"/>
```

但是在 HTML5 中写法就简单了，代码如下。

```
<meta charset="UTF-8">
```

同样，当你在试图引用 JavaScript 或 CSS 的文件时，同样可以看到 HTML5 对保证简约所做的努力。

3. 兼容

XHTML 对编写规范做了比较严格的要求，如属性名称必须为小写，所有的标记都必须要有一个相应的结束标记，而且这个规范也已经沿用多年并为设计人员所接受。但是 HTML5 对大小写和结束标记的约束降低，以保证兼容老版本的文档内容。

例如：

```
<div CLASS=CONTENT></div>
```

这些在 XHTML 中是会报错的，而在 HTML5 中则没有问题。当然在一个团队中进行项目操作时，保证严格的编写规范还是有必要的。

4. 符合需求

HTML5 的设计为现实考虑了许多，如在链接标记<a>中，以前是不能同时包含 h、p、pre 等多个元素的，而在 HTML5 中则没有问题。它考虑到我们或许需要将整个块都作为一个超链接，这确实是一个较人性化的转变。另外，HTML5 令人关注的富媒体，如 Web Forms 2.0 和新的语义标签都是符合现实需求的积极改进。

5. 富媒体

在 HTML5 广泛推广之前，设计人员较多地使用 SVG（super video graphic，超级视频图形）等技术进行 Web 绘图操作，但这些基于 XML（extensible markup language，可扩展标记语言）的绘图语言声明式的绘图方式对复杂绘图操作的支持不够好，如 Web 游戏所需要的像素级别的绘图能力。HTML5 新提出了<canvas>标签，开发人员可以使用 JavaScript，调用 JavaScript API（application programming interface，应用程序接口），在 canvas 中进行一系列基于命令的图形绘制操作，使 HTML5 对图形绘制操作更加得心应手。

在 HTML5 推出的诸多新特性中，<canvas>、<video>和<audio>这几个标签对互联网富媒体技术的发展掀起了巨大的浪潮，结合脚本技术将原本只能在系统级别进行的视频处理、音效处理等功能带入互联网应用的范围内。

在现有的网站，对视频、音频的控制多采用第三方插件，如 Adobe 公司的 Flash，除此之外，微软公司的 Silverlight 和 Apple 公司的 Quicktime 也是比较常见的第三方视频、音频插件。但第三方插件也确实有许多不尽如人意的地方，如任何公司都可以开发出自己的第三方插件，不能保证规范，而浏览器对插件的支持也同样不能保证，如 Apple 公司旗下的一系列产品对 Flash 都是不兼容的。市场占有率最大的第三方插件 Flash 的不稳定、耗电量大及安全漏洞多都是既定事实。当然，还有一个最主要的因素，HTML5 对视频、音频的调用都是原生的，不需要第三方介入，对资源及使用代价来说都是极大的节省。正是这一系列的原因，使 HTML5 的富媒体出现变得极为必要。

6. HTML5 表单

表单是网页中最常用的元素，担负着网页与用户交互的大部分任务。HTML5 Web Forms 2.0 对目前的 Web 表单进行了全面的提升，在简约易用的前提下，增加了许多新的标签和属性来满足用户的需求，并减少了开发人员的编程负担。

（1）autofocus 属性

例如，在 HTML5 中添加了 autofocus 属性，以支持自动对焦。

```
<input id="status" name="status" type="text" autofocus>
```

autofocus 属性不仅能支持<input>标签，还能支持多种表单标签，如<textarea>和<select>，但在每个文档中仅能使用一次。

（2）<datalist>标签

<datalist>标签与<input>标签结合使用将会起到自动完成的效果，将焦点置于<input>标签上，将会出现下拉列表，显示可选择的内容，代码如下。

```
<input type="text" name="yourname" id="yourname" list="tepname">
```

```
<datalist id="tepname">
<option value="小王">
<option value="小张">
<option value="小明">
<option value="小丽">
<option value="小李">
</datalist>
```

（3）input 类型和格式验证

HTML5 为 input 提供了更多类型，以满足用户需求，如 search（搜索框）、email（电子邮箱）、url（地址路径），代码如下。

```
<input id="searchcontent" name="searchcontent" type="search">
<input id="email" name="email" type="email">
<input id="weburl" name="weburl" type="url">
```

input 甚至还提供了颜色采集器，代码如下。

```
<input id="getcolor" name="getcolor" type="color">
```

input 不再需要 JavaScript 支持而能直接支持正则表达式的格式验证，匹配身份的代码如下。

```
<input id="id" name="id" pattern="/d{17}[/d|X]|/d{15}">
```

7. 新的语义标签

在以前版本的 HTML 设计中，多采用 div 对界面进行布局分割，例如：

```
<body>
<div id="header">HTML5</div>
<div id="navigation">导航</div>
<div id="article">HTML5 相关内容</div>
<div id="sidebar">HTML5 相关链接</div>
<div id="footer">制作人及版权声明</div>
</body>
```

这样的设计简单明了，采用 div 的 id 也方便 CSS 对其样式进行控制，确实是一个可行的网页布局策略。但是 HTML5 显然不满足全屏都是<div>标签的布局方式，所以提出了更加人性化的语义标签，新的语义标签更加利于搜索引擎对网页的信息提取和检索，而不再是如走迷宫般的蒙头乱撞。将上面的例子采用 HTML5 规范进行书写，代码如下。

```
<body>
<header>HTML5</header>
<nav>导航</nav>
<article>HTML5 相关内容</article>
<aside>HTML5 相关链接</aside>
<footer>制作人及版权声明</footer>
</body>
```

在标签中你甚至看不到 div 的身影，每一块内容都有其固定含义。这确实是一种很棒的改进，提供了有限数量的、可能会常使用的语义标签，对 HTML5 文档的整体构架确实优化不少。

8. HTML5 离线存储

HTML5 为 Web 的离线存储制定了一套标准，这个功能将内嵌一个本地的 SQL 数据库，以加速交互式搜索、缓存及索引功能。同时，那些离线 Web 程序也将因此获得更方便的使用。HTML5 引入基于浏览器的程序缓存，将应用数据在本地缓存，这不仅能加速 Web 程序的运行，还可以使一些程序在离线时仍可以使用。

任务 1.3 了解 HTML5 开发工具和框架

1.3.1 HTML5 开发工具

开发 HTML5 网页时需要使用一些工具，常用的代码编写工具有以下几种。

1. Visual Studio Code

微软公司在 2015 年 4 月 30 日 Build 开发者大会上正式宣布了 Visual Studio Code 项目：一个运行于 MacOS、Windows 和 Linux 上的免费开源的轻量级代码编辑器。

Visual Studio Code 软件功能非常强大，其界面简洁清晰、操作方便快捷、设计较人性化。该软件主要改进了文档视图，完善了对 Markdown 的支持，新增 PHP 语法高亮。

2. HBuilder

HBuilder 是前端开发初学者的入门首选，HBuilder 是国产的一款前端开发工具且是免费的，对于英语不好的前端工程师是一个不错的选择。

HBuilder 的优点是有强大的其他语言支持和开发 Web APP 等功能，在语法提示、转到定义、重构、调试等方面都非常高效；缺点是有时可能会出现卡顿的现象。

3. sublime text

sublime text 是一个轻量级的编辑器，支持各种编程语言。sublime text 所有的强大功能都是支持插件的，而且快捷键十分便捷，可以极大地减少开发者的劳动强度，使用 sublime 就是使用其快捷键和插件。

sublime text3 的优点是轻量级但是功能强大，优雅、小巧、启动速度快，有着丰富的第三方支持，能够满足各种各样的扩展；缺点是对于项目的管理等不是很方便，且代码提示不如 HBbuilder 强大。

4. WebStorm

WebStorm 是 jetbrains 公司旗下的一款 JavaScript 开发工具，官方提供的插件支持，满足许多不会配置的用户，如 ESlint、词法高亮、emmet、CSS 预处理器，新版本也添加了对 ES6 的支持，内建了服务器调试。

WebStom 目前已经被广大中国 JavaScript 开发者誉为“Web 前端开发神器”“最强大的 HTML5 编辑器”“最智能的 JavaScript IDE”等，其与 IntelliJ IDEA 同源，继承了 IntelliJ IDEA 强大的 JavaScript 部分的功能。

5. Atom

Atom 是 github 专门为程序员推出的一个跨平台文本编辑器，具有简洁和直观的图形用户界面，并有很多有趣的特点，如支持 CSS、HTML、JavaScript 等网页编程语言。它支持宏，具有自动完成分屏的功能，集成了文件管理器。

6. Dreamweaver

Dreamweaver 是老牌的 IDE（integrated development environment，集成开发环境），Photoshop+Dreamweaver+Fireworks 曾称霸网页领域，称为网页三剑客。然而 Dreamweaver 之前的版本更新较慢，版本陈旧，已经满足不了广大前端开发者的项目需求，逐渐被市场淘汰。

Dreamweaver 2020 版本及时改进，外观、界面等较美观，并且添加了 CSS 预处理器支持，同时保留了部分预制组件，对不会 node 的用户提供了实时预览，适合于对前端有了解的用户。

1.3.2　HTML5 主流开发框架

使用框架可以提高 HTML5 开发的效率，市场上主流的 HTML5 框架如下。

1. Vue.js

Vue.js 是目前国内市场上使用最多的前端框架，用于构建交互式的 Web 界面。它提供了 MVVM（model view view model）数据绑定和一个可组合的组件系统，具有简单、灵活的 API。从技术上讲，Vue.js 集中在 MVVM 模式上的视图模型层，并通过双向数据绑定连接视图和模型。实际的文档对象模型（document object model，DOM）操作和输出格式被抽象为指令和过滤器。相比其他的 MVVM 框架，Vue.js 更容易上手。目前市场上比较流行的是前后端分离的开发模式，大多数前端是使用 Vue.js 制作的。

2. React.js

React.js 起源于 Facebook（现已更名为 Meta）的内部项目，因为该公司对市场上的所有 JavaScript MVC 框架都不满意，就决定自己写一套用来架设 Instagram 的网站。由于 React.js 的设计思想极其独特，属于革命性创新，性能出众，代码逻辑却非常简单，所以越来越多的人开始关注和使用 React.js，认为它可能是将来 Web 开发的主流工具。

3. Angular.js

Angular.js 诞生于 2009 年，由 Misko Hevery（米斯科·赫维尔）等创建，后被 Google 公司收购，是一款优秀的前端 JavaScript 框架，已经被用于 Google 的多款产品中。Angular.js 有着诸多特性，最核心的是 MVVM、模块化、自动化双向数据绑定、语义标签、依赖注入等。

4. jQuery Mobile

jQuery Mobile 是 jQuery 在手机和平板设备上的版本。jQuery Mobile 不仅会给主流移动平台带来 jQuery 核心库，而且会发布一个完整统一的 jQuery 移动 UI（user interface，用户界面）框架，支持全球主流的移动平台。jQuery Mobile 开发团队说：“能开发这个项目，我们非常兴奋。移动 Web 太需要一个跨浏览器的框架，让开发人员开发出真正的移动 Web 网站。”

jQuery Mobile 是创建移动 Web 应用程序的框架。jQuery Mobile 适用于所有流行的智能手机和平板计算机，jQuery Mobile 使用 HTML5 和 CSS3 通过尽可能少的脚本对页面进行布局。

5. Bootstrap

Bootstrap 是一个用于快速开发 Web 应用程序和网站的前端框架。Bootstrap 是基于 HTML、CSS、JavaScript 的框架，具有移动设备优先、浏览器支持良好、容易上手、响应式设计等优点。Bootstrap 的主要优势体现在有大量的样式和动作提供，同时还可以实现编写一套代码分别自适应在 PC 端和移动端。但现在的主流还是制作两套页面，再根据用户浏览设备分别显示不同的页面，这样在移动端的显示能更灵活一些。

技能实践

网站开发流程一般从整体上来说可以分为 3 个部分，分别是网站设计、网站制作和后期维护，如图 1-2 所示，在这 3 部分中本书重点介绍网站制作部分。网站制作强调 3 个要点：设置站点、搭建网站主页结构层、搭建网站样式层，下面介绍网站的开发流程。

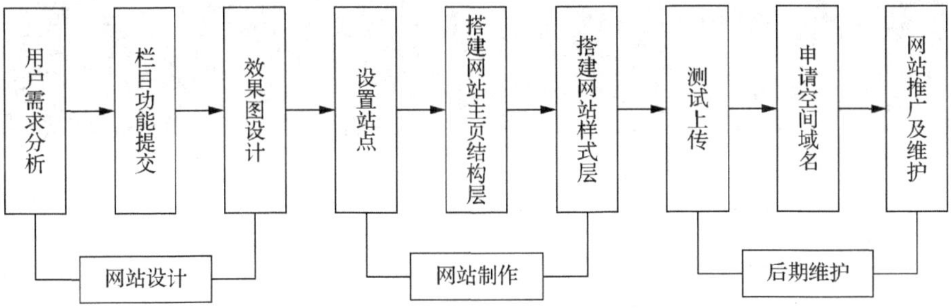

图 1-2　网站制作的工作流程

1. 网站的一般制作流程

一般的网站制作流程为分析用户需求、用户提交网站栏目和网站应具备的功能说明，主页及其他页面的效果图设计，用户审核签字，页面编辑和动画制作，最后通过编写程序或利用 CMS 管理系统将制作的页面动态化，申请空间域名，进行网站上传、测试和维护。

2. 制作辽宁生态工程职业学院网站

（1）分析用户需求

通过与用户沟通，了解到用户制作本网站的目的是对辽宁生态工程职业学院进行全面的宣传，包括学院的基本情况、招生就业、实训基地、成人教育，各系部的专业、课程、师资队伍建设等内容，用户的需求是网站美观、大气，符合该行业的特点，同时分析得到本网站是学院的主站点下包括各系部的分站点。

（2）用户提交网站的主要栏目和主要功能说明

通知用户在一定时间内提交本网站的主要栏目和网站应具备的功能说明。由于此网站是由学院网站和包括在学院下的各系部网站组成的，所以各系部也应确立自己网站的主要栏目和功能要求。

（3）设计效果图

得到用户的主要栏目和功能说明后，利用 Photoshop 设计主要页面的效果图，并请用户审核，如果用户不满意再进行修改，直到用户满意为止。如图 1-3 所示是辽宁生态工程职业学院的首页效果图。

图 1-3　辽宁生态工程职业学院的首页效果图

（4）制作页面与动画

用户对主要的网页效果图进行签字后，就可以把图片编辑成网页了，这一步主要是对图片进行切片，然后用 Dreamweaver 软件进行编辑，形成 HTML 文件，同时利用 Flash 软件制作需要的动画，然后加入网页中。如图 1-4 所示是网站首页的动画制作。

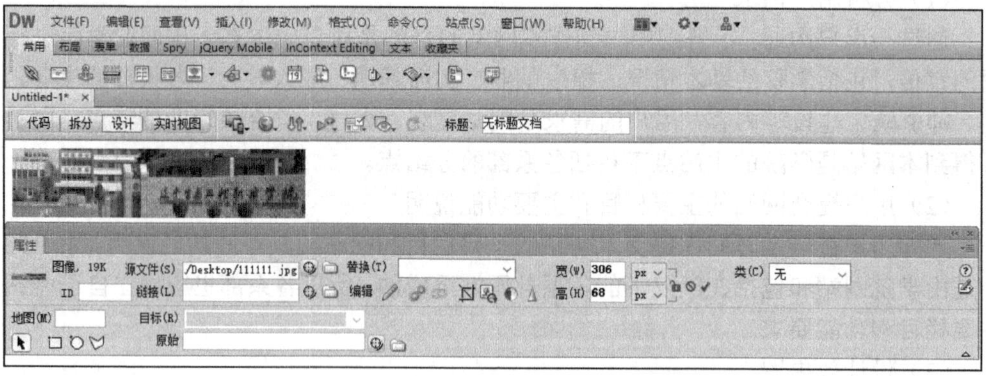

图 1-4　网站首页的动画制作

（5）网页动态化

现在大多数的用户是要制作动态网站，所以我们把效果图编辑成 HTML 网页后，还需要加入动态程序使静态网页成为动态网站。通常的做法有两种：①利用现成的 CMS 内容管理系统，这种方式的特点是相对简单、开发速度快，本网站采用这种方式；②利用 ASP、PHP、asp.net 等编程技术编写功能模块，这种方法的优点是可以完成用户特定的需求，缺点是难度相对较大，且开发速度慢。

（6）申请空间域名

网站制作完成后，还需要把网站上传到安全的服务器上，这就需要我们申请空间，申请完空间并把网站上传服务器后，还需要申请网站的域名（即网址）来访问网站。我们通过中国万网 www.net.cn 申请的域名为 lnlzy.cn。空间没有进行申请，直接把网站放到学院的服务器上即可。

（7）测试及维护网站

申请完空间和域名，并把网站上传到服务器上后，还需要对网站进行测试及修改，同时需要培训站点的信息管理人员，使其掌握使用和维护网站的方法。

思考练习

1. 简述移动 Web 开发和 PC 端 Web 开发的相同点和不同点。
2. HTML5 技术发展的优势是什么？
3. 简述 HTML5 常用的几款开发工具及主要功能。

项目 2 使用 HTML+CSS 制作网页

知识目标

1）了解 HTML 的基本结构。
2）理解 HTML 头部的相关标记。
3）熟悉 HTML 文本的控制标记。
4）掌握 CSS 标签的使用方法。
5）掌握 div 布局的方法。

技能目标

1）能使用 HTML+CSS 制作简单的网页。
2）能使用 div+CSS 布局页面。

知识架构

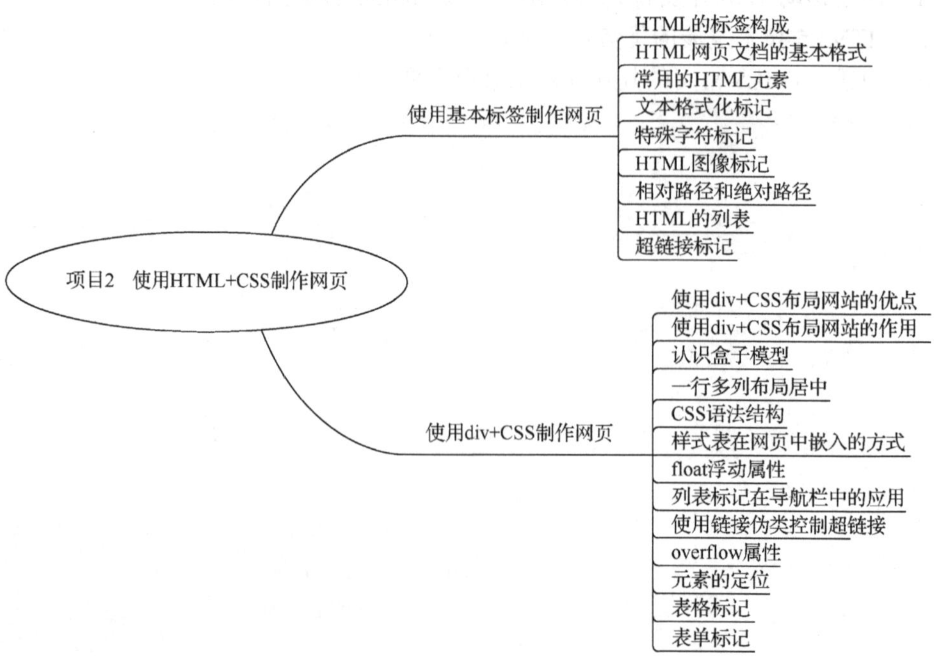

任务 2.1　使用基本标签制作网页

2.1.1　HTML 的标签构成

1. 标签概述

HTML 文件是由一系列的元素和标签组成的。元素是 HTML 文件的重要组成部分，首先我们要掌握它的基本构成，也就是基本格式，符合它的规范格式要求。HTML 使用标签来规定元素的属性和位置。

在 HTML 页面中，带有“< >”符号的元素称为 HTML 标记。HTML 标记可以分为单标记、双标记和注释标记。

（1）单标记

单标记也称空标记，是指使用一个标记符号即可完整地描述某个功能的标记。其作用是在所需要的位置上插入元素，基本语法格式如下。

```
<标记名/>
```

例如，
或<img/>都是单标记。

（2）双标记

双标记也称体标记，一对对地呈现，是指由开始“<”和结束“/>”两个标记符组成的标记，其基本语法格式如下。

```
<标记名>内容</标记名>
```

例如：

```
<h1>辽宁生态工程职业学院</h1>
```

（3）注释标记

制作网站经常是团队合作，在书写代码时，对于个别特殊的代码结构经常需要解释说明以便其他人阅读和理解，这时又不需要显示在页面中，就需要使用注释标记（注意：在浏览网页时只显示普通的段落文本，而不会显示注释文本），其基本语法格式如下。

```
<!-- 注释语句 -->
```

2. 标记的格式

使用 HTML 制作网页时，HTML 标记可以提供更多的效果，即设置 HTML 标记的属性。在 HTML 文件中，每个标记都有名称、可选择的属性和标记内容，标记的属性都在该标记内进行标明。

标记的基本语法格式如下。

```
<标记名 属性1="属性值1" 属性2="属性值2" ...> 内容 </标记名>
```

在上述语法中，标记可以拥有多个属性，必须写在开始标记中，位于标记名后面。属性都是可选择的，如果标记中有属性，则属性之间不分先后顺序，标记名与属性、属性与属性之间均使用空格分隔。任何标记的属性都有默认值，省略该属性则取默认值。

例如：

```
<p align="left" >段落标记<p>
```

其中，align为属性名，left为属性值，表示标题文本左对齐，对于标题标记还可以设置文本居中或右对齐，对应的属性值分别为center和right。如果省略align属性，则段落文本按默认值左对齐显示，也就是说<p></p>等价于<p align="left"></p>。

又如，实现超链接的代码如下。

```
<a href="stzy/index.html"target="_blank">辽宁生态工程职业学院</a>
```

其中，a为超链接标记的名称，是双标记，href="stzy/index.html"和 target="_blank"两个属性分别定义超链接目标文档的路径和打开方法。

3. *元素*

HTML元素是指从开始标记（start tag）到结束标记（end tag）之间的所有代码，元素的内容是开始标记与结束标记之间的内容。某些 HTML 元素具有空内容（empty content），空元素在开始标记中进行关闭（以开始标签的结束而结束）。大多数 HTML 元素可以拥有属性。

2.1.2 HTML网页文档的基本格式

在使用Dreamweaver CS6新建文档时会自带一些源代码，如图2-1所示。

```
<!DOCTYPE html PUBLIC "-//W3C//DTD XHTML 1.0 Transitional//EN"
"http://www.w3.org/TR/xhtml1/DTD/xhtml1-transitional.dtd">
<html xmlns="http://www.w3.org/1999/xhtml">
<head>
<meta http-equiv="Content-Type" content="text/html; charset=utf-8" />
<title>无标题文档</title>
</head>

<body>
</body>
</html>
```

图2-1　自带的源代码

这些源代码构成了 HTML 文档的基本格式，其中主要包括<!DOCTYPE>文档类型声明、<html>根标记、<head>头部标记、<body>主体标记。

1. 文档类型<!DOCTYPE>

<!DOCTYPE>标记位于文档的最前面，用于向浏览器说明当前文档使用哪种 HTML 或 XHTML 标准规范。本书将全部采用 XHTML 1.0 过渡型 XHTML 文档。

<!DOCTYPE>标记不属于文档的结构部分。Web 浏览器通过判断文件的开头的声明，来调整解析器的渲染类型，格式如下。

```
<!DOCTYPE html PUBLIC "-//W3C//DTD XHTML 1.0 Strict//EN" "http://www.w3.org/TR/xhtml1/DTD/xhtml1-strict.dtd">
```

在上述声明中，声明了文档的根元素是 html，它在公共标识符被定义为“–//W3C//DTD XHTML 1.0 Strict//EN”的文档类型定义（document type definition，DTD）中进行了定义。浏览器将明白如何寻找匹配此公共标识符的 DTD。如果找不到，则浏览器将使用公共标识符后面的统一资源定位符（uniform resource locator，URL）作为寻找 DTD 的位置。因为 HTML 4.01 基于标准通用标记语言（standard general markup language，SGML），DTD 规定了标记语言的规则，这样浏览器才能正确地呈现内容；如果写为如下形式，则表示浏览器解释 HTML5 标记的规则。

```
<!DOCTYPE html>
```

HTML5 不基于 SGML，所以不需要引用 DTD，因此没有声明 DTD。

对于标记<html xmlns="http://www.w3.org/1999/xhtml">，xmlns 是用来定义 xml namespace 属性的。xmlns 属性在 XHTML 中是必需的，不过即使 XHTML 文档没有使用此属性，W3C 的验证器也不会报错。因为“xmlns=http://www.w3.org/1999/xhtml”是一个固定值，所以，即使没有包含它，此值也会被添加到<html>标记中。xmlns 的理解如下，在 Dreamweaver 中写标记时会有各种提示，这是由 xml namespace 的引入（xmlns=http://www.w3.org/1999/xhtml）决定的。

2. 整个文档<html></html>

<html>与</html>标记限定了文档的开始点和结束点，它们之间的内容是文档的头部和主体。例如：

```
<html>
<head>
这是文档的头部......
<head/>
<body>
```

```
这是文档的主体......
<body/>
</html>
```

3. 文档头部<head></head>

<head>标记用于定义 HTML 文档的头部信息，也称头部标记。

制作网页时，经常需要设置页面的基本信息，如页面的标题、作者、与其他文档的关系等。为此，HTML 提供了一系列的标记，这些标记通常都写在<head>标记中，因此也称头部相关标记。

例如：

```
<head>
<meta http-equiv="Content-Type" content="text/html; charset=UTF-8"/>
<title>无标题文档</title>
</head>
```

（1）设置页面标题标记<title>

<title>标记用于定义 HTML 页面的标题，即给网页取一个名称，它必须位于<head>标记之内。一个 HTML 文档只能有一对<title></title>标记，<title></title>之间的内容将显示在浏览器窗口的标题栏中，其基本语法格式如下。

```
<title>网页标题名称</title>
```

（2）定义页面元信息标记<meta/>

<meta/>标记用于定义页面的元信息，可重复出现在<head>头部标记中，在 HTML 中是一个单标记。<meta/>标记本身不包含任何内容，通过“名称/值”的形式成对地使用，其属性可定义页面的相关参数，如为搜索引擎提供网页的关键字、作者姓名、内容描述，以及定义网页的刷新时间等。

下面介绍<meta/>标记常用的几组设置，具体如下。

```
<meta name="名称"content="值"/>
```

在<meta/>标记中使用 name/content 属性可以为搜索引擎提供信息，其中 name 属性提供搜索内容名称，content 属性提供对应的搜索内容值。

```
<meta http-equiv="名称" content="值"/>
```

在<meta/>标记中使用 http-equiv/content 属性可以设置服务器发送给浏览器的超文本传输协议（hypertext transfer protocol，HTTP）头部信息，为浏览器显示该页面提供相关的参数。其中，http-equiv 属性提供参数类型，content 属性提供对应的参数值。http-equiv 属性的值为 refresh，content 属性的值为数值和 URL 地址，中间使用“;”分隔，用于指定在特定的时间后跳转至目标页面，该时间默认以秒为单位。

<style>标记用来声明样式表内嵌在 HTML 文档中，可以在<style></style>标记对中书写 CSS 样式代码，以便使 HTML 文件在浏览器中呈现各种样式，其基本语法格式如下。

```
<style 属性="属性值">
设置 CSS 样式内容
<style/>
```

在 HTML 中使用<style>标记时，常常定义其属性为 type，相应的属性值为 text/css，表示使用内嵌式的 CSS 样式。

（3）引用外部文件标记<link>

一个页面往往需要多个外部文件的配合，在<head>中使用<link>标记可以引用外部文件，一个页面允许使用多个<link>标记引用多个外部文件。<link>标记的基本语法格式如下。

```
<link 属性="属性值"/>
```

例如，使用<link>标记引用外部 CSS 样式表，代码如下。

```
<link rel="stylesheet" type="text/css" href="style.css"/>
```

上述代码，表示引用当前 HTML 页面所在文件夹中文件名为“style.css”的 CSS 样式表文件。

HTML 文档中的 JavaScript 语句是写在 <script></script> 中的，每条语句末尾需要添加分号，表示此条语句执行结束。

4. 文档主体<body>

body 元素定义文档的主体。body 元素包含文档的所有内容（如文本、超链接、图像、表格和列表等。例如：

```
<body>
文档的内容......
</body>
```

2.1.3　常用的 HTML 元素

1. HTML 标题

HTML 网页和文章很相似，通常都有标题和段落，为了使网页中的文字有条理地显示出来，HTML 提供了相应的标记。

为了使网页更具有语义化，我们经常会在页面中使用标题标记，HTML 提供了 6 个等级的标题，即<h1>、<h2>、<h3>、<h4>、<h5>和<h6>，从<h1>到<h6>重要性递减，其基本语法格式如下。

```
<hn align="对齐方式">标题文本</hn>
```

在上述语法中，n 的取值为 1～6，align 属性为可选属性，用于指定标题的对齐方式，代码如下。

```
<body>
<h1>1 级标题</h1>
<h2>2 级标题</h2>
<h3>3 级标题</h3>
<h4>4 级标题</h4>
<h5>5 级标题</h5>
<h6>6 级标题</h6>
</body>
```

运行上述代码，效果如图 2-2 所示。

图 2-2　标题标记的样式显示

从图 2-2 可以看出，默认情况下标题文字是加粗左对齐的，类似于文档编辑软件 Word 软件，并且从<h1>到<h6>字号递减。

2. HTML 段落

在网页中要将大篇幅的文字进行分段时，可以使用段落标记<p>，它成对出现，其基本语法格式如下。

```
<p align="对齐方式">段落文本<p>
```

在上述语法中，align 属性为<p>标记最常用的属性，与标题标记<h1>～<h6>一样，可以使用 align 属性设置段落文本的对齐方式。

注意：默认情况下，文本在一个段落中会根据浏览器窗口的大小自动换行。

例 2-1　制作信息工程学院专业情况的网页，代码如下。

```
<body>
<p>信息工程学院下设专业有计算机应用技术、软件技术、网络技术、电子商务技术、通信工程技术、云计算技术、数字媒体技术、动漫设计与制作等</p>
<p align="center">网络技术</p>
<p align="left">云计算技术</p>
<p align="right">数字媒体技术</p>
</body>
```

运行上述代码，效果如图 2-3 所示。

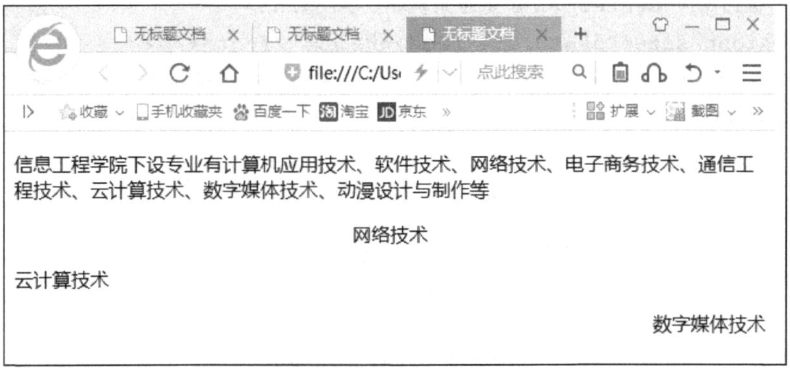

图 2-3　段落标记<p>的显示效果

注意：通过使用<p>标记，每个段落都会单独显示，并在段落之间设置了一定的间隔距离。

3. HTML 水平线

在网页中常常看到一些水平线将段落与段落分隔开，使文档结构清晰，层次分明。这些水平线经常用来装饰网页页面效果，使图片文字更加清楚地显示给浏览者。<hr/>就是创建横跨网页水平线的标记，其基本语法格式如下。

```
<hr 属性="属性值"/>
```

在属性中经常可以设置尺寸 size 和颜色 color 的值。

4. HTML 换行

在 HTML 中，一个段落中的文字会从左到右依次排列，直到浏览器窗口的右端，然后自动换行。如果希望某段文本强制换行显示，就需要使用换行标记
，这时如果还像在 Word 中直接按 Enter 键换行就不起作用了。

5. HTML 文本样式

多种多样的文字效果可以使网页变得更加绚丽，为此 HTML 提供了文本样式标记<font>，用来控制网页中文本的字体、字号和颜色。<font>标记的基本语法格式如下。

```
<font 属性="属性值">文本内容</font>
```

<font>标记常用的属性是 face、color 和 size。下面通过辽宁生态工程职业学院浏览页面来了解<font>标记常用的属性，代码如下。

```
<body>
<h1 align="center">辽宁生态工程职业学院</h1>
<p><font size="5" color="red">招生信息</font></p>
<p><font face="宋体" size="3" color="green">就业信息</font></p>
<p>新闻消息</p>
</body>
```

运行上述代码，效果如图 2-4 所示。

图 2-4　文本样式标记<font>的显示效果

2.1.4　文本格式化标记

在网页中，有时需要为文字设置粗体、斜体或下画线效果，HTML 中提供了专门的文本格式化标记，使文字以特殊的方式显示。常用的文本格式化标记如表 2-1 所示。

表 2-1　常用的文本格式化标记

名称	状态
<b></b>和<strong></strong>	文字以粗体的方式显示（XHTML 推荐使用 strong）
<i></i>和<em></em>	文字以斜体的方式显示（XHTML 推荐使用 em）
<s></s>和<del></del>	文字以加删除线的方式显示（XHTML 推荐使用 del）
<u></u>和<ins></ins>	文字以加下划线的方式显示（XHTML 不赞成使用 u）

例 2-2 将表 2-1 中常用的文本格式化标记，通过辽宁生态工程职业学院页面将其效果展示出来，代码如下。

```
<body>
<p>辽宁生态工程职业学院</p>
<p><b>信息工程学院</b></p>
<p><i>园林学院</i></p>
<p><u>建筑学院</u></p>
<p><s>经济管理学院</s></p>
</body>
```

运行上述代码，效果如图 2-5 所示。

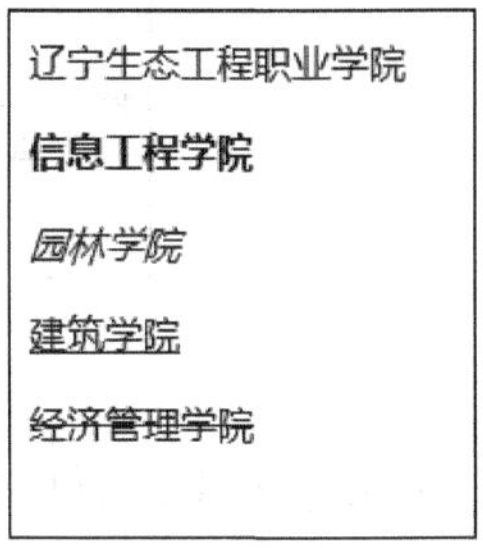

图 2-5 常用的文本格式化标记

2.1.5 特殊字符标记

浏览网页时，常常会看到一些包含特殊字符的文本，如数学公式、版权信息等。那么，如何在网页上显示这些包含特殊字符的文本呢？其实 HTML 早想到了这一点，HTML 为这些特殊字符准备了专门的替代代码，如表 2-2 所示。

表 2-2 常见的特殊字符标记

特殊字符	名称	代码
	空格符	
<	小于号	<
>	大于号	>
&	和号	&
¥	人民币	¥
©	版权	©
®	注册商标	®
℃	摄氏度	°
±	正负号	±
×	乘号	×
÷	除号	÷
²	平方 2（上标 2）	²

例 2-3 通过一个案例来演示其中某些标记的效果，主体代码如下。

```
<body>
我        叫        张三<br/>
使用空格符：我      叫    
张三  <br/>
</body>
```

运行上述代码，效果如图 2-6 所示。

图 2-6　空格符的使用效果

从图 2-6 可以看出，像在 Word 中按 Enter 键一样，无论敲出多少个空格都只能实现一个字符的空白，而使用“ ”空格符却可以实现想要的空白字符效果。

例 2-4　使 HTML 文本格式化知识创建“辽宁生态工程职业学院”网站搜索页面，最终效果如图 2-7 所示。

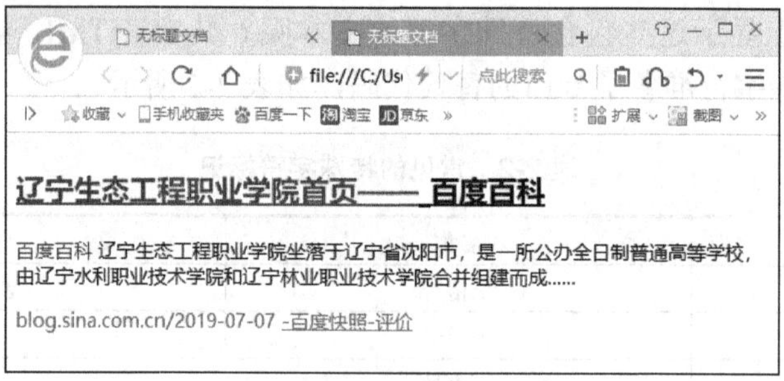

图 2-7　“辽宁生态工程职业学院”网站搜索页面

（1）设置标题字体格式

将文字“辽宁生态工程职业学院首页——”字体使用<h1>标记设置为标题 1 的格式，同时加上下划线<u>标记。其中，为“辽宁生态工程职业学院首页——”添加<font>标记，同时设置其大小为 5、颜色为#F00，为“百度百科”添加<font>标记，同时设置其大小为 5、颜色为#000000。

（2）设置内容文字格式

在段落标记<p>“百度百科 辽宁生态工程职业学院坐落于辽宁省沈阳市，是一所公办全日制普通高等学校，由辽宁水利职业技术学院和辽宁林业职业技术学院合并组建而成……”中，为“百度百科”添加<font>标记，并设置其颜色为#F00。

（3）设置网址文字效果

为“blog.sina.com.cn/2019-07-07”添加<font>标记，并设置其颜色为 green。

（4）设置文本“-百度快照-评价”为灰色、下画线的效果

为“-百度快照-评价”添加下划线标记<u>和<font>标记，并设置其颜色为#666666。

图 2-7 所示页面的具体代码如下。

```
<h1>
    <u>
    <font size="5" color="#F00">辽宁生态工程职业学院首页——</font>
    <font color="#000000" size="5">百度百科</font>
    </u>
</h1>
<p>
    <font color="#F00">百度百科 </font>
辽宁生态工程职业学院坐落于辽宁省沈阳市,是一所公办全日制普通高等学校,由辽宁水利职业技术学院和辽宁林业职业技术学院合并组建而成......
</p>
<p>
    <font color="green">blog.sina.com.cn/2019-07-07</font>
    <font color="#666666"><u>-百度快照-评价</u></font>
</p>
```

例 2-5 制作辽宁生态工程职业学院信息工程学院网站公开课新闻页面，在信息工程学院《网页制作》公开课页面中标题为标题标记，“更新时间”为灰色、2 号字，“信息工程学院”为蓝色、2 号字，插入水平线，将水平线的颜色设置为灰色，按照样文插入新闻内容文字，强调“王丽老师”字体为蓝色。最终效果如图 2-8 所示。

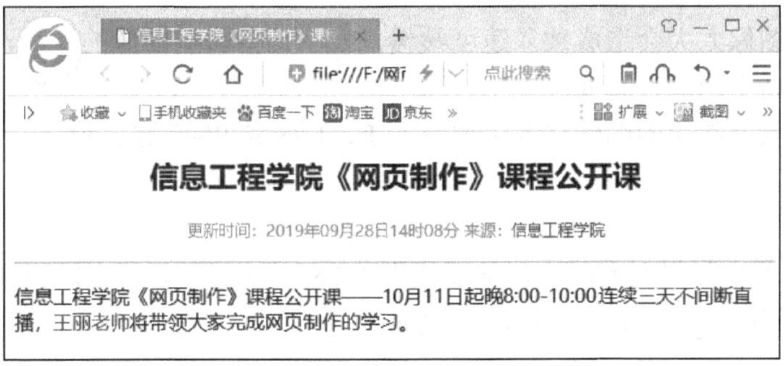

图 2-8 辽宁生态工程职业学院信息工程学院《网页制作》公开课页面

具体操作步骤如下。

1）设置标题字体、字形。

2）设置新闻更新时间。

3）插入水平线。

4）制作新闻内容。

5）保存并预览网页。

图 2-8 所示页面的具体代码如下。

```
<body>
<h2 align="center"><font face="微软雅黑">信息工程学院《网页制作》课程公开课</font></h2>
<p align="center"><font color="#979797" size="2">更新时间：2019 年 09 月 28 日 14 时 08 分 来源：<font color="blue">信息工程学院</font></font></p>
<hr size="2" color="#CCCCCC"/>
<p>信息工程学院《网页制作》课程公开课——10 月 11 日起晚 8:00-10:00 连续三天不间断直播,<font color="blue">王丽老师</font>将带领大家完成网页制作的学习。</p>
</body>
```

2.1.6 HTML 图像标记

图像在网页设计中具有重要的作用，它可以让网页变得生动和形象，从而大大提高浏览者查看网页的兴趣，下面介绍如何在 HTML 中插入图像，以及给文本添加超链接的方法。

添加了图像的网页往往更为生动和吸引人。在 HTML 中添加图像的方法有两种，一种是插入图像，它是使用 HTML 代码来实现的；另一种是使用背景图像，一般是通过 CSS 样式设置实现的。我们主要使用第一种方法，利用 HTML 代码实现图片的添加。

1. 图像格式

网页中的图像太大会造成载入速度缓慢，太小又会影响图像的质量，因此选择合适的图像格式应用于网页很重要。

目前，网页上常用的图像格式主要有 GIF、JPG 和 PNG 这 3 种。

2. 图像标记

HTML 网页中任何元素的实现都要依靠 HTML 标记，要想在网页中显示图像就需要使用图像标记<img/>，其基本语法格式如下。

```
<img src="图像 URL"/>
```

在上述语法中，src 属性用于指定图像文件的路径和文件名，它是图像标记的必需属性。src 指明图像文件的地址，该属性值必须指明，其值的形式可以是一个本地文件名，也可以是一个 URL 形式。

图像标记包含一些常用的属性，具体如下。

（1）属性 alt

alt 是图像的替换文本属性，图片添加属性 alt 时，如果添加的图片能够正常显示，则不会显示出效果；如果添加的图片因为某种原因而无法显示，则会无法显示图片，替换为相应的文字。若设置了该属性值，则当鼠标指针移至该图像区域时，将以一小标记显示该属性的值。

（2）属性 title

属性 title 用于设置当鼠标指针悬停在图片上时，显示出来的文字。

（3）属性 width、height

如果不给<img/>标记设置宽和高，图片就会按照原始尺寸显示，当然也可以手动更改图片的大小。width 和 height 属性用于定义图片的宽度和高度，width 指图像的宽度，值为整数，单位为屏幕像素点。若不指出该属性值，则浏览器按照图像的实际尺寸显示。

height 指图像的高度，值为整数，单位为屏幕像素点。若不指出该属性值，则浏览器按照图像的实际尺寸显示。

注意：在修改图片时，可以只修改图片的 width 或 height 中的一项即可，因为修改任意一个，宽度和高度都会等比例缩放。

（4）属性 border

图像的边框属性 border，指明图像的边框粗细，值为整数。若为 0，表示无边框，值越大，边框越粗。默认情况下，图像是没有边框的，通过 border 属性可以为图像添加边框并设置边框的宽度，但边框颜色在 HTML 中使用较少，在 CSS 中使用较多。

例如：

```
    <body>
    1. 基本图像插入方法<br/>
    <img src="fengjing.jpg"/><br/>
    2. 带有 alt 的图像<br/>
    <img src="fengjing.jpg" alt="这个是一张风景图片">
<br/>
    3. 带有 title 的图像<br/>
    <img src="fengjing.jpg" title="一张风景图片">
<br/>
    4. 带有宽度的图像<br/>
    <img src="fengjing.jpg" title="一张风景图片"
width="100"><br/>
    5. 带有边框的图像<br/>
    <img src="fengjing.jpg" title="一张风景图片"
width="100" border= "10"><br/>
    </body>
```

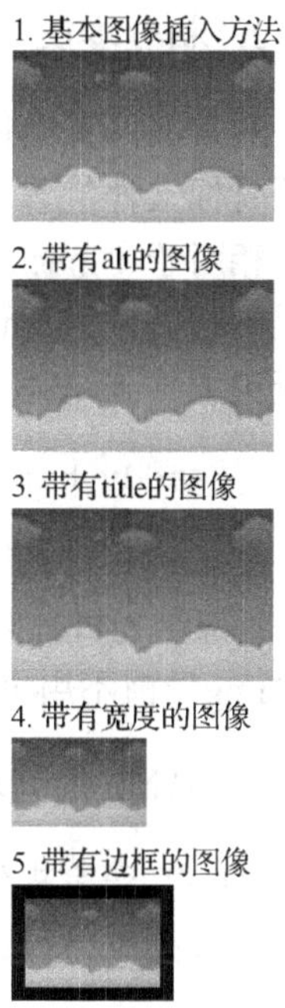

图 2-9　图像标签属性的效果

运行上述代码，效果如图 2-9 所示。

从图 2-9 中可以看出，第 1～3 个图像显示为原尺寸大小，但添加了 alt 和 title 属性，第 4 个图像标记则由于设置了不等比例的宽度和高度导致图片变形了。

（5）图像的边距属性 vspace 和 hspace

在网页中，由于排版需要，有时还需要调整图像的边距。HTML 中通过 vspace 和 hspace 属性可以分别调整图像的垂直边距和水平边距。

（6）图像的对齐属性 align

图文混排是网页中很常见的效果，默认情况下图像的底部会相对于文本的第一行文字对齐，但是在制作网页时经常需要实现其他的图像和文字环绕效果，如图像居左、文字居右等，这时就需要使用图像的对齐属性 align。

2.1.7 相对路径和绝对路径

1. 绝对路径

绝对路径是指文件在硬盘上真正存放的路径，如“lnstzy.jpg”这个图片是存放在硬盘的“D:\教材\第 2 章”目录下，那么“lnstzy.jpg”这个图片的绝对路径就是“D:\教材\第 2 章”。如果要使用绝对路径指定网页的背景图片，则应使用如下语句。

```
<body backround="D:\教材\第 2 章\lnstzy.jpg">
```

2. 相对路径

通常在网页中指定文件时，都会选择使用相对路径。所谓相对路径，就是相对于自己的目标文件位置。例如，“index.html”文件中引用了“lnstzy.jpg”图片，由于“lnstzy.jpg”图片相对于“index.html”来说，是在同一个目录的，那么要在“index.html”文件中使用以下代码，只要这两个文件的相对位置没有变（也就是说还是在同一个目录中），那么无论上传到 Web 服务器的哪个位置，在浏览器中都能正确地显示图片。

```
<body background="lnstzy.jpg">
```

注意：相对路径使用“/”字符作为目录的分隔字符，而绝对路径可以使用“\”或“/”字符作为目录的分隔字符。由于“img”目录是“第 2 章”目录下的子目录，因此在“img”前不用再加上“/”字符。

2.1.8 HTML 的列表

HTML 语言提供了 3 种常用的列表，分别是无序列表、有序列表和定义列表，下面对这 3 种列表进行详细的讲解。

1. 无序列表

无序列表（ul）是网页中最常用的列表，其各列表项之间没有顺序级别之分，是并列关系。

（1）无序列表的语法

无序列表的基本语法格式如下。

```
<ul>
    <li>列表项 1</li>
    <li>列表项 2</li>
    <li>列表项 3</li>
......
</ul>
```

在上述语法中，<ul></ul>标记用于定义无序列表，<li></li>标记嵌套在<ul></ul>标记中，用于描述具体的列表项，每对<ul></ul>中至少应包含一对<li></li>。

（2）无序列表的 type 属性值

<ul>和<li>都拥有 type 属性，用于指定列表项目符号。在无序列表中，type 属性的常用值有 3 个，它们呈现的效果如下。

1）disc（默认样式）：显示“●”。

2）circle：显示“○”。

3）square：显示“■”。

例 2-6 以信息工程学院的专业部署为例进行介绍，代码如下。

```
<body>
<h1>计算机应用技术专业</h1>
<ul type="circle">
    <li>php</li>
    <li>网络互联</li>
    <li>网页制作</li>
</ul>
<h1>软件专业</h1>
<ul>
    <li type="square">JAVA 程序设计</li>
    <li >Python 程序设计</li>
    <li type="disc">C 语言</li>
</ul>
</body>
```

运行上述代码，得到的效果如图 2-10 所示。

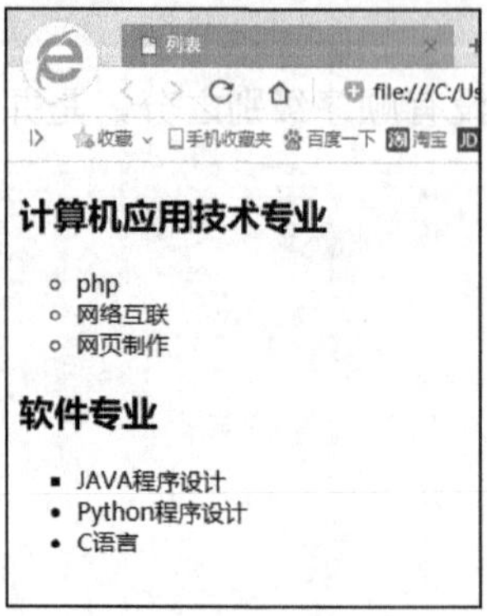

图 2-10　无序列表的效果图

2. *有序列表*

有序列表（ol），顾名思义，指有顺序排列的列表，每个列表项按照一定的顺序排列。

（1）有序列表的语法

有序列表的基本语法格式如下。

```
<ol>
    <li>列表项 1</li>
    <li>列表项 2</li>
    <li>列表项 3</li>
......
</ol>
```

在上述语法中，<ol></ol>标记表示定义有序列表，<li></li>表示具体的列表项，每对<ol></ol>中也至少应包含一对<li></li>。

（2）有序列表的属性

在有序列表中，包含 type 属性、start 属性和 value 属性，它们决定有序列表的项目符号的初始值。其取值和含义如下。

1）type 属性的取值和含义。

① 1（默认属性值）：显示为数字 1、2、3、…。

② a 或 A：显示为英文字母 a、b、c、d、…或 A、B、C、…。

③ i 或 I：显示为罗马数字 i、ii、iii、…或 I、II、III、…。

2）start 属性的取值和含义。

数字：规定项目符号的起始值。

3）value 属性的取值和含义。

数字：规定项目符号的数字。

例 2-7　以信息工程学院各专业介绍为例进行介绍，代码如下。

```
<body>
<h2>数字媒体专业</h2>
<ol>
    <li>平面图像处理</li>
    <li>动画视频与剪辑</li>
    <li>三维设计</li>
</ol>
<h2>网络技术专业</h2>
```

```
<ol>
    <li type="a">计算机网络系统</li>
    <li type="1" value="1">LINUX 操作系统</li>
    <li type="I">局域网组建</li>
</ol>
</body>
```

运行上述代码，得到的效果如图 2-11 所示。

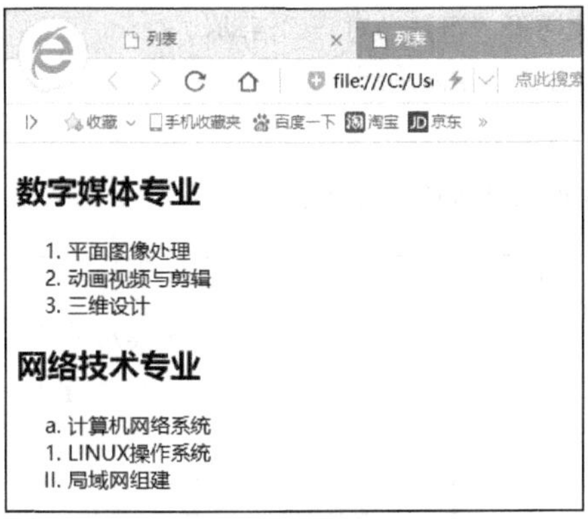

图 2-11　有序列表的效果图

在实际应用中，上述属性一般可以通过 CSS 样式属性替代。

3. 定义列表

定义列表（dl）常用于对术语或名词进行解释和描述，与无序列表和有序列表不同，定义列表的列表项前没有任何项目符号。

定义列表的基本语法格式如下。

```
<dl>
    <dt>名词 1</dt>
    <dd>名词 1 解释 1</dd>
    <dd>名词 1 解释 2</dd>
    ......
    <dt>名词 2</dt>
    <dd>名词 2 解释 1</dd>
    <dd>名词 2 解释 2</dd>
    ......
</dl>
```

在上述语法中，<dl></dl>标记用于指定定义列表，<dt></dt>和<dd></dd>并列嵌套于<dl></dl>中。其中，<dt></dt>标记用于指定术语名词，<dd></dd>标记用于对名词进行解释和描述。一对<dt></dt>可以对应多对<dd></dd>，即可以对一个名词进行多项解释。<dt></dt>标记也经常用于图文解释中。

例 2-8 以信息工程学院的新闻公告页面为例进行介绍，代码如下。

```
<dl>
    <dt>新闻公告</dt>
    <dd>信息工程学院召开学生代表大会</dd>
    <dd>动漫教研室召开“帮扶一对一”活动</dd>
    <dd>2019 年信息工程学院迎新晚会</dd>
</dl>
```

运行上述代码，得到的效果如图 2-12 所示。

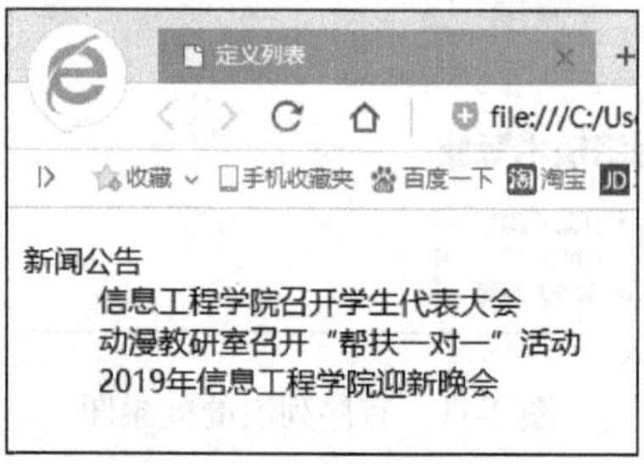

图 2-12　定义列表的效果图

从图 2-12 中可以看出，相对于<dt></dt>标记中的术语或名词，<dd></dd>标记中解释和描述性的内容会产生一定的缩进效果。

4. 列表的嵌套

如果网页中的信息内容需要嵌套展示，那么在无序列表中嵌套列表可以表示更为准确。

例 2-9 以信息工程学院教研室页面为例进行介绍，代码如下。

```
<h2>信息工程学院</h2>
<ul>
    <li>网络技术教研室
            <ol>
                <li>计算机网络技术课程组</li>
                <li>云计算技术课程组</li>
            </ol>
    </li>
    <li>软件教研室
```

```
            <ul>
                    <li type="circle">语言类课程组</li>
                    <li type="circle">数据库课程组</li>
            </ul>
        </li>
    </ul>
```

运行上述代码，得到的效果如图 2-13 所示。

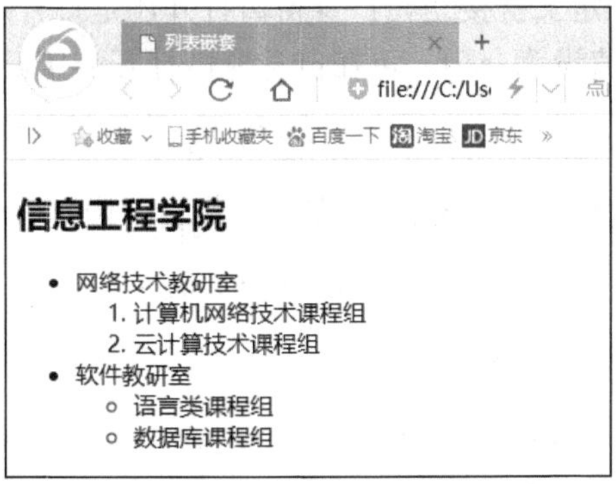

图 2-13　列表嵌套效果图

2.1.9　超链接标记

一个网站由多个网页构成，每个网页上都有大量的信息，要想使网页中的信息排列有序、条理清晰，并且网页与网页之间有一定的联系，就需要使用列表和超链接。

1. 超链接

一个网站通常由多个页面构成，进入网站时首先看到的是其首页，如果想从首页跳转到其子页面，就需要在首页相应的位置添加超链接。网页之所以比传统的报纸更受读者喜欢，最主要的原因就是网页之间可以互相链接，实现网页之间链接最主要的标记就是<a>标记。

（1）创建超链接

创建超链接的方法非常简单，只需使用<a></a>标记环绕需要被链接的对象即可，其基本语法格式如下：

```
<a href="跳转目标" target="目标窗口的弹出方式">文本或图像</a>
```

在上述语法中，<a>标记是一个行内标记，用于定义超链接，href 和 target 为其常用属性，对它们的具体解释如下。

（2）href属性

href是<a>标记的重要属性，它的作用是一段文字或图像等元素链接到指定的URL上，基本格式是“<a href="URL">超链接的文字</a>”，其中URL是超链接指向的目标网页地址，“超链接的文字”是指加上了超链接的正文。例如：

```
<a href="samp/link.html">链接的例子</a>
```

（3）target属性

可以通过target属性定义链接是在自身窗口打开还是打开一个新窗口。

1）将target属性的值设为_self，可在自身窗口打开链接，例如：

```
<a href="abc.html" target="_self">在自身窗口打开链接 </a>
```

2）将target属性的值设为_blank，可在一个新窗口中打开链接，例如：

```
<a href="abc.html" target="_blank"></a>
```

创建超链接的具体代码如下。

```
<a href="http://www.lnstzy.cn/" target="_self">辽宁生态工程职业学院</a> target="_self"原窗口打开<br/>
<a href="http://www.xxgc.cn/" target="_blank">信息工程学院</a> target="_blank"新窗口打开
```

运行上述代码，得到的效果如图2-14所示。

图2-14　创建超链接

单击图2-14中的“辽宁生态工程职业学院”，即可跳转到辽宁生态工程职业学院首页。

2. 锚点链接

锚点链接是一个网页内部的超链接，可跳转到本页面某个标记过的地方，例如：

```
<a name="abc">任意文字</a>//其中name是给此处起的名称
<a href="#abc">跳到abc处</a>//跳转到abc处，这里必须加#号
```

3. 直接跳转到某个网址

可以使用<a>标记将文本等元素直接跳转到某个网址，格式如下：

```
<a href="http://www.sohu.com">搜狐</a>
<a href="http://www.baidu.com">百度</a>
<a href="http://www.163.com">网易</a>
```

例 2-10　前面学习了 HTML 语法及标记、文本控制标记及图像标记等。为了使读者能够更好地认识 HTML，将通过案例的形式分步骤制作一个 HTML 页面——创建“软件技术专业核心课程”页面，最终的效果图如图 2-15 所示。

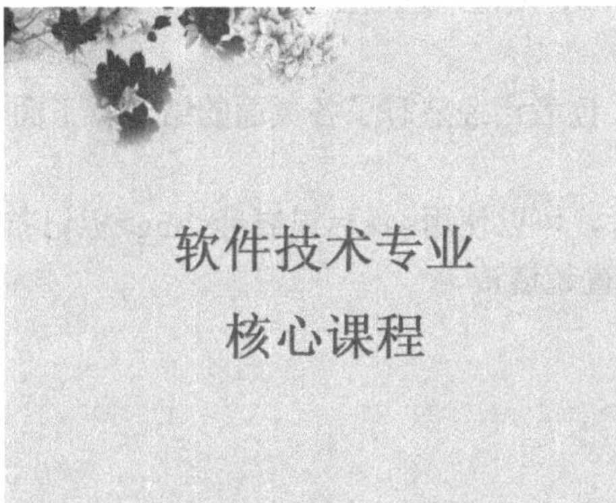

图 2-15　软件技术专业核心课程效果图

第一步：分析效果图。

当在图 2-15 所示的页面区域单击时，将跳转至“软件技术专业核心课程—zi01.html”子页面，效果如图 2-16 所示。

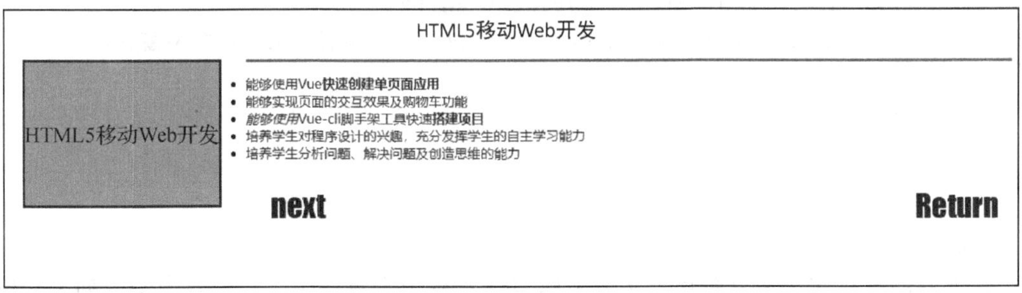

图 2-16　软件技术专业核心课程子页面 1

单击图 2-16 中的 Return 按钮，返回至父页面；单击 next 按钮，跳转至“软件技术专业核心课程—zi 02.html”子页面，效果如图 2-17 所示。

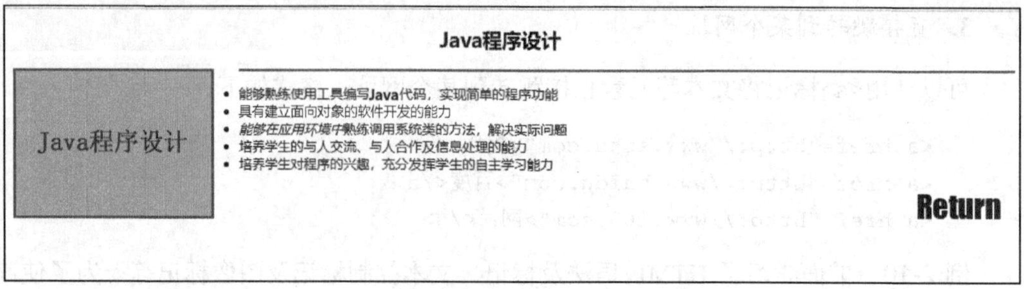

图 2-17　软件技术专业核心课程子页面 2

单击图 2-17 中的 Return 按钮，返回至父页面。

第二步：制作页面。

根据分析的效果图，读者已经熟悉了各页面的结构，下面分别来制作每个页面。

1）制作首页面。

首页面只有一张图片，可以使用<a>标记嵌套<img>标记布局，使用<img>标记插入图像，并通过<a>标记设置超链接。

具体代码如下。

```
<!doctype html>
<html>
<head>
<meta charset="UTF-8">
<title>软件技术专业核心课程</title>
</head>
<body>
<p align="center">
    <a href="zi01.html"  target="_self">
        <img src="images/shouye.jpg" alt="软件技术专业核心课程"/>
    </a>
</p>
</body>
</html>
```

2）制作 zi01 页面。

该界面既有文字又有图片，文字由标题<h2>标记设置。在文字内容中使用列表<ul>标记每个项目，同时设置<li>，并在<li>中嵌套了设置各种字形的标记<em><strong>使文本更加美观。同时使用水平线<hr/>将标题和内容分开，并设置了水平线的粗细和颜色。

另外，还使用了<img/>图像标记，通过<a>标记设置超链接，同时对<img/>图像标记应用 align 属性和 hspace 属性控制图像的对齐方式和水平距离。

具体代码如下。

```
<!doctype html>
<html>
<head>
<meta charset="UTF-8">
<title>HTML5 移动 Web 开发</title>
</head>
<body>
    <h2 align="center">HTML5 移动 Web 开发</h2>
    <img src="images/a.jpg" alt="软件技术专业核心课程" align="left" 
hspace="30"/>
    <hr size="3" color="#CC3300" >
    <ul>
        <li>能够使用 Vue<strong>快速创建单页面应用</strong></li>
        <li>能够实现页面的交互效果及购物车功能</li>
        <li><em>能够使用</em>Vue-cli 脚手架工具快速<strong>搭建项目
</strong></li>
        <li>培养学生对程序设计的兴趣，充分发挥学生的自主学习能力</li>
        <li>培养学生分析问题、解决问题及创造思维的能力</li>
    </ul>
    <a href="zi02.html"><img src="images/down.png" alt="下一页" 
vspace= "20"></a>
    <a href="index.html"><img src="images/return.png" alt="Return" 
vspace="20" align="right"></a>
</body>
```

3）</html>制作 zi02 页面。

该页面主要包括标题和图片，制作方法与 zi01 页面大致相同，具体代码如下。

```
<!doctype html>
<html>
<head>
<meta charset="UTF-8">
<title>Java 程序设计</title>
</head>
<body>
    <h2 align="center">Java 程序设计</h2>
    <img src="images/b.jpg" alt="软件技术专业核心课程" align="left"
```

```
hspace="30"/>
            <hr size="3" color="#CC3300" >
            <ul>
                <li>能够熟练使用工具编写<strong>Java</strong> 代码,实现简单的程序
功能</li>
                <li>具有建立面向对象的软件开发的能力</li>
                <li><em>能够在应用环境中</em>熟练调用系统类的方法,解决实际问题</li>
                <li>培养学生的与人交流、与人合作及信息处理的能力</li>
                <li>培养学生对程序的兴趣,充分发挥学生的自主学习能力</li>
            <a href="index.html"><img src="images/return.png" alt="Return"
vspace="20" align="right"></a>
        </body>
        </html>
```

第三步：制作页面链接。

由于父页面和两个子页面之间存在链接的关系，单击页面图片或按钮可以跳转到相应的页面，这可以通过添加页面链接来实现。

1）制作父页面链接。

具体代码如下。

```
<a href="zi01.html" target="_self">
  <img src="images/shouye.jpg" alt="软件技术专业核心课程"/>
</a>
```

在<a>标记中，属性 target="_self"表示在当前页面打开被链接的文档。属性 alt 指定图像不能显示时的替代文本。当单击页面中的图片时，页面将跳转到“zi01.html”页面。

2）制作子页面 zi01 超链接。

具体代码如下。

```
    <a href="zi02.html"><img src="images/down.png" alt="next" vspace=
"20"></a>
    <a href="index.html"><img src="images/return.png" alt="Return"
vspace="20" align="right"></a>
```

单击子页面 zi01 中的 Return 按钮，页面将返回首页面；单击 next 按钮，页面将跳转到子页面 zi02。使用页面对齐属性 align 和垂直边距属性 vspace 设置文字与图片的距离。

3）制作子页面 zi02 超链接。

具体代码如下。

```
    <a href="index.html"><img src="images/return.png" alt="Return"
```

```
vspace="20" align="right"></a>
```

单击子页面 zi02 中的 Return 按钮，页面将返回父页面。

注意：给页面中的元素创建超链接时，通过页面中的超链接地址，单击文字或图片，可以使页面跳转到其他页面。超链接在网页中具有不可替代的地位。

任务 2.2　使用 div+CSS 制作网页

网页常用的布局与制作方式有两种，一种方式是通过 table 表格进行布局制作，另一种方式是通过 div 等标记编写内容，利用样式表控制内容的显示效果。现在流行的方式是通过 div 标记与样式表的方式来制作网页，这样做可以实现内容、结构与表现的分离。本任务以制作辽宁生态工程职业学院网站首页任务贯穿主线，学习使用 div+CSS 制作网页的方法。

2.2.1　使用 div+CSS 布局网站的优点

如今大部分网站仍然采用表格嵌套内容的方式来制作网站，虽然此方法对于我们来说比较熟悉、比较容易上手；但是，它却阻碍了一种更好的、更有亲和力的、更灵活的，而且功能更强大的网站设计方法——div+CSS。

div+CSS 网页布局的意义体现在如下几个方面。

1. 使页面载入得更快

由于将大部分页面代码写在了 CSS 中，所以页面体积容量变得更小。相对于表格嵌套的方式，div+CSS 将页面独立成更多的区域，在打开页面时，逐层加载。不像表格嵌套那样将整个页面圈在一个大表格中，使加载速度很慢。

2. 降低流量费用

页面体积变小，浏览速度变快，这对于某些控制主机流量的网站来说就是最大的优势了。

3. 修改设计时更有效率

使用了 div+CSS 制作方法，在修改页面时更容易省时。根据区域内容标记，到 CSS 中找到相应的 ID，使修改页面更加方便，也不会破坏页面其他部分的布局样式。

4. 保持视觉的一致性

div+CSS 重要的优势之一是保持视觉的一致性。以往表格嵌套的制作方法，会使页面与页面或区域与区域之间的显示效果有偏差，而使用 div+CSS 的制作方法，将所有页面或所有区域统一使用 CSS 文件控制，这样避免了不同区域或不同页面体现出的效果偏差。

5. 更好地被搜索引擎收录

由于将大部分的 HTML 代码和内容样式写入了 CSS 文件中，所以网页中的正文部分更为突出明显，便于被搜索引擎采集收录。

2.2.2 使用 div+CSS 布局网站的作用

div+CSS 布局是一种目前比较流行的网页布局技术，div 是指用来存放需要显示的数据（文字、图片、表格等）的容器，CSS 就是用来指定放在 div 中的内容怎样显示，包括这些内容的位置和外观等，从而做到数据和显示交互的效果。

2.2.3 认识盒子模型

CSS 盒子模型就是在网页设计中定义网页元素位置关系的一组方法，其实现手段就是通过定义元素的外边距、内边距、边框等属性完成元素和元素之间的布局关系。

盒子模型又分为标准盒子模型和 IE 盒子模型，主要是指在普通浏览器和 Internet Explorer 浏览器上显示不同风格的盒子模型。

1. 标准盒子模型

采用<div>、<ul>、<li>、<a>等标记制作网页时，每个标记都会在网页中占据一定的宽度和高度，盒子模型就是把每个标记在网页中的宽、高分为内容、内边距、边框和外边距 4 部分。盒子（标记）所占的宽度为左外边距（margin-left）、左边框（border-left）、左内边距（padding-left）、内容宽度（content）、右内边距（padding-right）、右边框（border-right）、右外边距（margin-right），盒子所占的高度为上外边距（margin-top）、上边框（border-top）、上内边距（padding-top）、内容高度（content）、下内边距（padding-bottom）、下边框（border-bottom）、下外边距（margin -bottom），如图 2-18 所示。

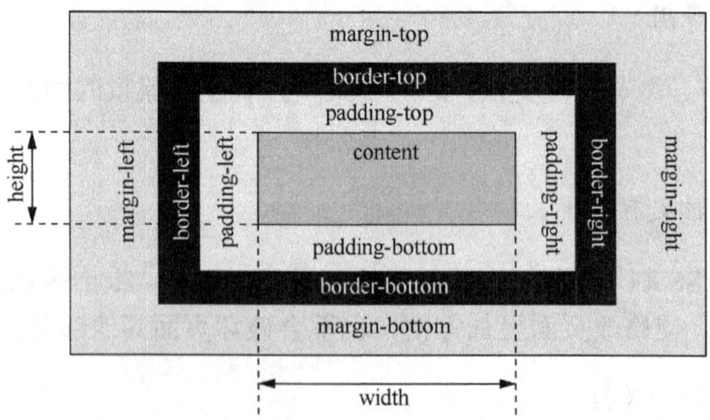

图 2-18　标准盒子模型

2. IE 盒子模型

IE 盒子模型如图 2-19 所示。

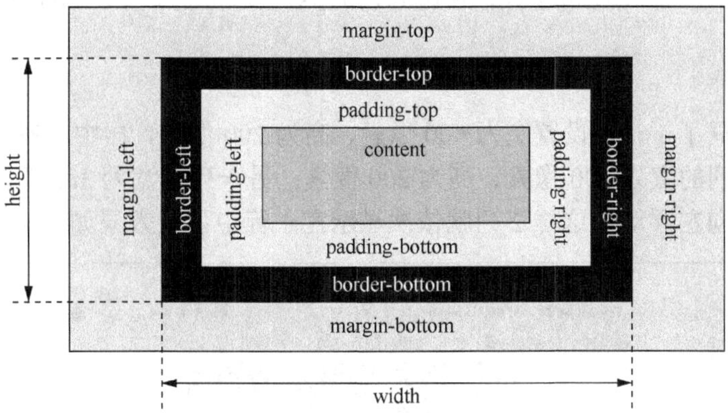

图 2-19 IE 盒子模型

在使用 div 布局网页时，通常将 div 和其他如<a>标记、<ul>标记、<li>标记看作一个盒子，而这些元素之间的位置关系使用 width、height、margin、padding、border 等属性来定义。

width 属性用来定义宽度，height 属性用来定义高度，margin 属性用来定义外边距，padding 属性用来定义内边距，border 属性用来定义边框。

标准盒子模型和 IE 盒子模型的主要区别是宽和高包含的范围不同，标准盒子就是 content 内容本身，而 IE 盒子则包括边框和内边距。

2.2.4 一行多列布局居中

一行多列布局，首先要先定义 1 行，设置宽、高、居中属性，然后分别把每一列插入这行内，利用区域的 float 浮动属性把正常的竖向方向改为横向方向，2 列的宽度和为行的宽度，下面介绍 1 行 2 列布局居中，多列布局与此类似。

1. 网页主体内容

```
<div id="layout">
   <div id="left"></div>
   <div id="right"></div>
</div>
```

2. CSS 样式表

```
<style type="text/css">
```

```
#layout{ width:400px; height:200px; margin:0 auto;}
#left{ width:100px; height:200px; float:left; background-color:#33CCFF;}
#right{ width:300px; height:200px; float:left; background-color:#0099FF;}
</style>
```

这里先布局了 1 行，设置宽为 400 像素、高为 200 像素，居中对齐。然后在这行中插入 2 列，一列的宽为 100 像素、高为 200 像素；另一列的宽为 300 像素、高为 200 像素。使每列都向左浮动，这样 2 列就依次显示在 1 行中了，效果如图 2-20 所示。

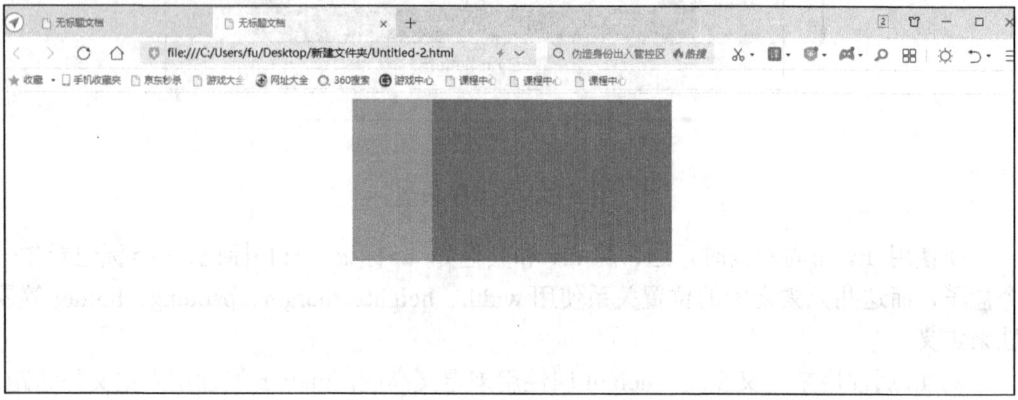

图 2-20　1 行 2 列居中布局 1

将上述 1 行 2 列布局居中的代码修改为如下代码，将会看到如图 2-21 所示的效果。网页主体内容的代码如下。

```
<div id="layout">
  <div id="left"></div>
  <div id="right"></div>
</div>
```

CSS 样式表的代码如下。

```
<style type="text/css">
#layout{ width:400px; height:200px; margin:0 auto;}
#left
{
   width:100px;
   height:200px;
   float:left;
```

```
        margin-left:10px;
        border-left:10px;
        padding-left:10px;
        padding-right:10px;
        border-right:10px;
        margin-right:10px;
        background-color:#33CCFF;
    }
    #right{  width:300px;  height:200px;  float:left;  background-color:
#0099FF;}
    </style>
```

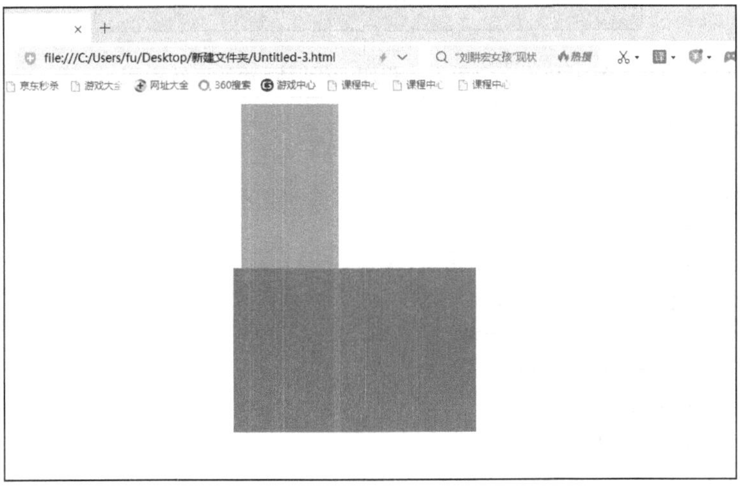

图 2-21　1 行 2 列居中布局 2

将第一个 div 标记（盒子）的左外边距、左边框、左内边距和右内边距、右边框、右外边距都设置为 10 像素，再加上它的内容宽度 width 200 像素，这样它占的页面宽度实际就是 200+10+10+10+10+10+10=260 像素了。第 2 个 div 区域的宽度为 200 像素，第一个与第二个宽度和就是 460 像素，整个行的宽度为 400 像素。所以第 2 个 div 区域在这行内就显示不下，转到下一行显示了。如果将 2 个 div 都显示在一行内，则需要将整个行的宽度设置为 460 像素，或者将第 2 个 div 区域调整为 240 像素。

例 2-11　下面以制作辽宁生态工程职业学院网站首页布局为例进行介绍，最终效果如图 2-22 所示。

我们首先新建 index.html 页面和 images 文件夹，将需要的图片放到 images 文件夹中，通过分析辽宁生态工程职业学院首页，我们发现从上到下共有 6 部分，分别为网站 logo、导航、轮播图、新闻通告、70 年祝贺、联系方式，所以设计 6 个 div，效果图如图 2-22 所示。

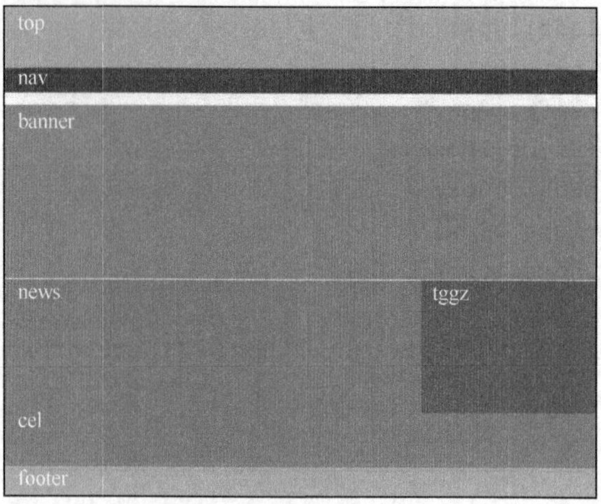

图 2-22　辽宁生态工程职业学院网站首页结构图

具体代码如下。

```
<body>
<div id="logo"></div>
<div id="nav"></div>
<div id="baibian"></div>
<div id="banner"></div>
<div class="content">
<div id="news"></div>
<div id="tggz"></div>
</div>
<div id="cel"></div>
<div id="footer"></div>
</body>
```

CSS 样式的代码如下。

```
<style type="text/css">
#logo{width:1227px; height:124px; background-color:#a9cdef; margin:0 auto;}
#nav{width:1227px;height:50px;background-color:#01488a; margin:0 auto;}
#baibian{width:1227px;height:26px; margin:0 auto;}
#banner{width:1227px; height:354px;background-color:#d69495; margin:0 auto;}
.content{width:1227px; height:274px; margin:0 auto;}
#news{width:867px;  height:274px;background-color:#a197f7;  float:left;}
```

```
    #tggz{width:360px;   height:274px;background-color:#11835f;   float:
right;}
    #cel{both:clear;width:1227px; height:112px;background-color:#55b547;
margin:0 auto;}
    #footer{width:1227px; height:60px;background-color:#c2e83d; margin:
0 auto;}
    </style>
```

Web 标准的核心思想就是结构与表现的分离，我们定义一行一列的区域，把这个区域居中，然后编写这个区域的样式，通过背景的方式嵌入顶部图片，实现了结构和表现的分离。

2.2.5　CSS 语法结构

CSS 的语法结构仅由 3 个部分组成：选择符 Selector、属性 Property 和值 Value，具体使用方法如下。

```
Selector {Property:Value;}
```

1）选择符又称选择器，指这组样式编码所要针对的对象，可以是一个 XHTML 标记（如 body、h1），也可以是定义了特定<id>或<class>的标记（如#nav，选择符表示选择<div id="nav">，即一个被指定了 id 名为 nav 的对象）。浏览器将对 CSS 选择符进行严格解析，每一组样式均会被浏览器应用到对应的对象上。

2）属性是 CSS 样式控制的核心，对于每个 XHTML 标记，CSS 都提供了丰富的样式属性，如颜色、大小、浮动方式等。

3）值是指属性的值，形式有两种，一种是指定范围的值（如 float 属性，只可能应用 left、right、none 这 3 种值），另一种为数值（如 width 能够使用 0～9999 像素或其他数学单位来指定）。

2.2.6　样式表在网页中嵌入的方式

1. 行内插入方式

以下一段文字样式与<p>标记写在了一行，称为行内插入方式。

```
<head>
<title>行内样式</title>
</head>
<body>
<p style="color:#FF0000;">一段文字</p>  <!--行内样式表-->
</body>
</html>
```

只有在一个网页的一两个地方才使用的 CSS，采用行内插入方式。

2. 文档头部方式

（1）ID 选择符方式

以下代码通过给 p 标记定义一个名称 color，然后在<head>与</head>之间编写#color 的样式来控制文本的颜色，称为 ID 选择符方式。ID 选择符的特点是给每个标记先命名，然后编写样式，命名具有唯一性。

主体内容的代码如下。

```
<body>
<p id="color">一段文字</p>  <!-- 头部 ID 选择符方式,唯一性-->
</body>
```

样式表的代码如下。

```
<head>
<title>头部 ID 方式 ID 选择符方式</title>
<style type="text/css">
#color
{
    color:#0000FF;
}
</style>
</head>
```

（2）class 选择符方式

class 选择符方式与 ID 选择符方式不同，它可以定义一个样式，在内容区可以多次引用，如以下代码所示。

主体内容部分的代码如下。

```
<body>
<p class="color">一段文字</p>
<p class="color">又有一个要用这个颜色</p> <!-- 头部 class 选择符方式-->
</body>
</html>
```

CSS 样式表部分的代码如下。

```
<head>
<meta http-equiv="Content-Type" content="text/html; charset=gb2312" />
<title>头部 ID 方式 class 选择符方式</title>
<style type="text/css">
.color
```

```
{color:#0000FF;}
</style>
</head>
```

只在单个网页中使用的 CSS，采用文档头部方式。

（3）外连 CSS 文件方式

外连样式表方式是把样式表写在一个扩展名为.css 的文件中，其他的网页通过“<link rel="stylesheet" href="样式表文件的名称"type="text/css">”方式把这个样式表文件嵌入自己的网页中。例如：

主体内容的代码如下。

```
<body>
<p id="red">一段文字</p>
<p class="green">另一个颜色</p><!-- 头部 ID 选择符方式-->
</body>
</html>
```

样式表部分的代码如下。

```
<head>
<meta http-equiv="Content-Type" content="text/html; charset=gb2312"/>
<title>外连方式</title>
<link rel="stylesheet" href="ys.css" type="text/css">
</head>
外连样式表文件 ys.css
#red{color:red;}
.green{color:green;}
```

当有多个网页要使用 CSS 时，采用外连 CSS 文件的方式，这样网页的代码将大大减少，修改起来非常方便，3 种用法可以混用，且不会造成混乱。3 种 CSS 的执行优先级是行内方式、文档头部方式、外连 CSS 文件。

例 2-12　下面以制作辽宁生态工程职业学院网站头部为例进行介绍。

网页顶部宽度是 100%显示，上边是一个蓝色边框，左侧是一张 logo 图片，右侧是一个搜索的文本框和“搜索”按钮。制作辽宁生态工程职业学院网站头部效果，如图 2-23 所示。

图 2-23　辽宁生态工程职业学院网站头部效果

具体操作代码如下。

HTML 代码如下。

```
<!--top 是顶部的盒子-->
<div id="top">
   <!--logo 放 logo 图片-->
   <div id="logo">
      <img src="images/logo.jpg"></img>
   </div>
<!--search 是搜索框和按钮-->
   <div id="search">
     <div id="search-wrap">
     <input type="text" placeholder="输入关键词" name="word">
     <button  type="submit">搜索</button>
    </div>
   </div>
</div>
```

CSS 代码如下。

```
<style type="text/css">
*{margin:0px; padding:0px;}
#top{width:100%;
    height:140px;
    border-top:#00488a solid 3px;
}
#logo{float:left; margin-top:30px; margin-left:300px;}
#search{float:left; margin-left:200px; margin-top:80px;}
</style>
```

注意：网页的<body>、<ul>、<li>、<p>等标记有自己固有的样式，如<p>标记为段落标记，它规定了段落与段落的间距，可以对这些标记通过编写 CSS 样式更改这些标记固有的值，以达到用户想要的效果。这里，我们把<body>的 margin-top 属性值改为 0，即网页的内容与网页的顶部间距为 0 像素。同样地，也可以对<p>、<ul>等标记进行样式编写。

2.2.7 float 浮动属性

正常的网页文档流方向是竖向的，例如，上文定义了 2 个 div 区域，无论第一个 div 区域有多宽，第 2 个 div 区域一定是显示在它的下面，而不会显示在它的右边，而利用 float 浮动属性则可以改变这种文档流方式。float 属性有 3 个值，分别为 left、right 和 none，含义分别为向左浮动、向右浮动、取消浮动，<div>、<ul>、<li>、<a>等标记都可以使用这个属性。

主体内容的代码如下。

```
<body>
<div id="left"></div>
<div id="right"></div>
</body>
```

样式表的代码如下。

```
<style type="text/css">
#left{width:100px; height:100px; float:left;}
#right{width:100px; height:100px; float:left;}
</style>
```

上述代码定义了 2 个 div 区域，设置第一个 div 的 float 属性值为 left，它就会靠在网页左侧显示，设置第 2 个 div 的 float 属性为 left，使它向左浮动，就可以使它显示到第一个 div 区域的右侧了，改变竖向文档流为横向文档流。

2.2.8　列表标记在导航栏中的应用

ul 是 unorder list 的缩写，也就是不分顺序的列表，li 是 list 缩写，是列表的每一个项，使用<a>标记可以制作具体文字或图像等内容的链接。<ul>、<li>、<a>标记是比较常用的几个标记，例如：

```
<ul><font size="5">姓名</font>
<li><a href="#"><font size="5">张三</font></a></li>
<li><a href="#"><font size="5">李四</font></a></li>
<li><a href="#"><font size="5">王五</font></a></li>
</ul>
```

运行上述代码，得到的效果如图 2-24 所示。

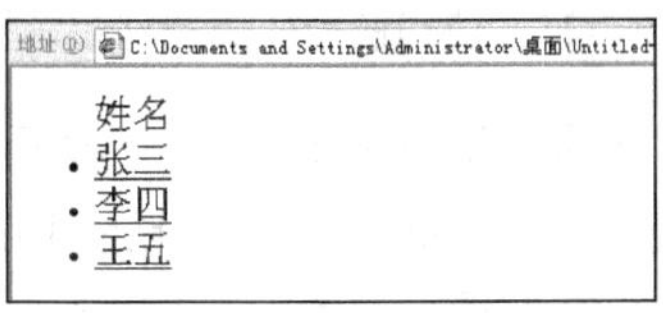

图 2-24　<ul>、<li>、<a>标记的应用

2.2.9　使用链接伪类控制超链接

定义超链接时，经常需要为超链接指定不同的状态，使超链接在单击前、单击后和鼠标指针悬停时的样式不同。在 CSS 中，通过链接伪类可以实现链接不同的 4 种状态。

1）a:link{CSS 样式规则; }：未访问时超链接的状态。

2）a:visited{CSS 样式规则; }：访问后超链接的状态。

3）a:hover{CSS 样式规则; }：鼠标指针经过、悬停时超链接的状态。

4）a: active{CSS 样式规则; }：鼠标单击不动时超链接的状态。

具体实现代码如下。

HTML 结构的代码如下。

```
<a href="#">辽宁生态工程职业学院网站首页</a>
```

CSS 代码如下。

```
<style type="text/css">
a:link,a:visited{                                /*未访问和访问后*/
    color:red;                                   /*设置未访问和访问后的颜色*/
    text-decoration:none;                        /*清除超链接默认的下划线*/
    }
a:hover{                                         /*鼠标指针悬停*/
    color:green;                                 /*鼠标指针悬停时的颜色*/
    text-decoration:underline;                   /*鼠标指针悬停时出现下划线*/
}
a:active{color:yellow;}                          /*单击鼠标时颜色变为黄色*/
</style>
```

运行上述代码，得到的效果如图 2-25 所示。

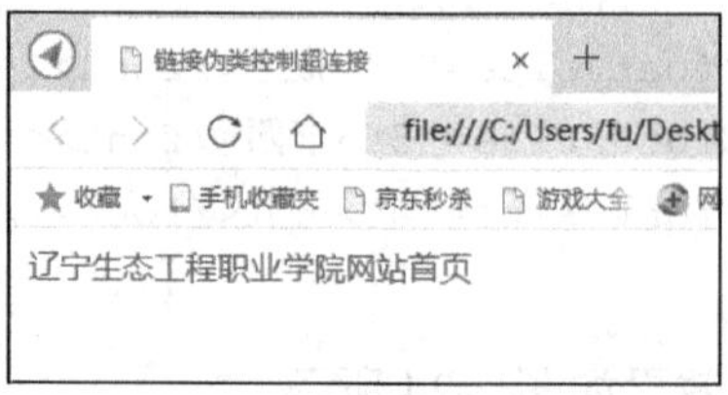

图 2-25　使用链接伪类控制超链接

图 2-25 中，超链接按设置的默认样式显示，文本颜色为橙色、无下划线。当鼠标指针移到链接文本和单击链接文本不动时，会分别显示相应样式的效果。需要注意的是，同时使用链接的 4 种伪类时，通常按照 a:link、a:visited、a:hover 和 a:active 的顺序书写，否则定义的样式可能不起作用。

例 2-13　下面以制作辽宁生态工程职业学院网站导航栏为例进行介绍。

可以使用超链接制作导航，导航是网站中最重要的内容，用户可以通过导航快速查找到自己想要的内容，辽宁生态工程职业学院网站的首页导航有 11 个栏目，分别是学校概况、组织结构、党建专栏、教学教研、学生工作、名师风采、招生就业、校企合作、集团办学、国际交流、信息公开，如图 2-26 所示。每个 1 级栏目又有各自的 2 级栏目，首先完成 1 级栏目的制作。

图 2-26　辽宁生态工程职业学院网站导航栏

通常使用<ul>、<li>标记进行显示格式的控制，使用<a>标记进行链接，然后利用 CSS 来控制样式。具体页面代码如下。

HTML 代码如下。

```
<div id="nav">
    <ul>
        <li><a href="#">首页</a></li>
        <li><a href="#">学校概况</a></li>
        <li><a href="#">组织结构</a></li>
        <li><a href="#">党建专栏</a></li>
        <li><a href="#">教学教研</a></li>
        <li><a href="#">学生工作</a></li>
        <li><a href="#">名师风采</a></li>
        <li><a href="#">招生就业</a></li>
        <li><a href="#">校企合作</a></li>
        <li><a href="#">集团办学</a></li>
        <li><a href="#">国际交流</a></li>
        <li><a href="#">信息公开</a></li>
    </ul>
</div>
```

CSS 代码如下。

```
#nav{width:100%; height:55px; background-color:#00488a;}
#nav ul{margin-left:200px;}
#nav ul li{float:left; list-style-type:none; margin-top:20px;}
#nav ul li a{color:white;display:block;width:115px;text- decoration:
none;}
```

注意：

1）在使用盒子模型时，要使用盒子模型的 margin、border、padding 等属性，首先要给这个盒子的宽 width 和高 height 属性赋值，否则这些属性将不起作用。

2）为了让<a>标记可以像 div 一样以一块区域的样式显示，给它添加了 display:block 属性，这样用户就可以在一块区域上单击链接了。

3）为了让字体显示在背景图片横线的上面，控制 ul 的 margin-top 属性，让<a>标记以区域形状显示，给宽和高赋值，这样就可以控制显示的样式了。

4）#cleft1 ul li{list-style:none;}的目的是把列表项的每一项前面的圆点去掉。

2.2.10 overflow 属性

overflow 属性一般用于隐藏超过 div 范围的元素，包括不隐藏（visible）、直接隐藏（hidden）、用滚动条隐藏（scroll）、自动（auto）这 4 个属性。

1）不隐藏：如果不想设置 overflow 属性的值，则默认的 overflow 属性值是 visible。

2）直接隐藏：hidden 是与 visible 相反的值，它将所有超出盒子的内容都隐藏掉。

3）用滚动条隐藏：将会隐藏渲染到盒子之外的内容，但它将提供一个滚动条在盒子内部滚动，从而看见下面的内容。

4）自动：很像 scroll，它唯一解决的是在你不需要的时候也会出现滚动条的问题。

2.2.11 元素的定位

1. 相对定位

如果对一个元素进行相对定位（position:relative），首先它将出现在它所在的位置上，然后通过设置垂直或水平位置，让这个元素“相对于”它的原始起点进行移动。相对定位时，无论元素是否进行移动，它仍然占据原来的空间。因此，移动元素会导致它覆盖其他框。

例如：

```
#mybox{position:relative;left:20px;top:20px;}
```

上述代码的效果就是使这个层向下和向左移动 20 像素。

2. 绝对定位

绝对定位（position:absolute），表示位置将依据浏览器左上角的 0 点开始计算。绝对定位使元素与文档流无关，因此不占据空间。

普通文档流中元素的布局就像绝对定位的元素不存在时一样，它相对于最近的已定位的祖先元素。如果元素没有已定位的祖先元素，那么它的位置相对于最初的包含块。因为绝对定位的框与文档流无关，所以它们可以覆盖页面上的其他元素并可以通过 z-index 来控制这些框的堆放次序。z-index 的值越高，框在堆中的位置也就越高。

例 2-14 下面以制作网站内容部分为例进行介绍。

div+CSS 主要通过<div>、<ul>、<li>、<a>等标记制作具体页面，下面使用这几个标记制作学院要闻、通告公知、图片新闻、版权信息部分，效果如图 2-27 所示。

图 2-27　辽宁生态工程职业学院网站内容部分

（1）制作要闻通告

这部分内容由两部分组成。

HTML 代码如下。

```
<div id="news">
    <div id="nimage">
        <h3>学院要闻 COLLEGE NEWS</h2>
        <img src="images/yw.png"/>
    </div>
    <div id="ntext">
         <a>更多+</a>
        <ul>
            <li>辽宁生态工程职业学院召开第十七<span class="rq">11-29</span>
</li>
            <li>学院举行大学生就业创业专题报告会<span class="rq">11-28</span>
</li>
```

```
                <li>学院举行大学生就业创业专题报告会<span class="rq">11-28</span>
</li>
                <li>学院举行大学生就业创业专题报告会<span class="rq">11-28</span>
</li>
                <li>学院举行大学生就业创业专题报告会<span class="rq">11-28</span>
</li>
                <li>学院举行大学生就业创业专题报告会<span class="rq">11-28</span>
</li>
                <li>学院举行大学生就业创业专题报告会<span class="rq">11-28</span>
</li>
                <li>学院举行大学生就业创业专题报告会<span class="rq">11-28</span>
</li>
               </ul>
              </div>
              <div id="tggz">
                <h3>通告公知 NOTICI</h2>
              <h4>更多+</h4>
              <ul>
                <li><img src="images/ri.jpg" /> <text>辽宁省生态环保产业校企联
盟...</text></li>
                <li><img src="images/ri.jpg" /> <text>辽宁省生态环保产业校企联
盟...</text></li>
                <li><img src="images/ri.jpg" /> <text>辽宁省生态环保产业校企联
盟...</text></li>
                <li><img src="images/ri.jpg" /> <text>辽宁省生态环保产业校企联
盟...</text></li>
              </ul>
              </div>
```

CSS 代码如下。

```
#news{width:1200px; height:400px; margin:0 auto; margin-top:10px;}
#nimage{width:40%; float:left;}
#news h3{color:#01488c;}
#nimage img{width:100%; height:100%;}
#ntext{width:30%;float:left;}
#ntext a{float:right;}
#ntext ul{clear:both; margin-left:10px;}
#ntext ul li{list-style-type:none; border-bottom:#cccccc solid 1px;
padding-top:18px;}
```

```
.rq{display:block; width:50px; float:right;}
#tggz{width:30%;float:left;}
#tggz h3{padding-left:30px;}
#tggz h4{float:right;}
#tggz ul {margin-left:15px;}
#tggz ul li{list-style-type:none; padding-top:5px;}
#tggz ul text{vertical-align:top;}
```

（2）制作“庆祝中国共产党成立 100 周年”图片新闻

这部分内容相对简单，就是插入一张图片，定义好宽度和高度即可。

HTML 代码如下。

```
<div id="cel">
<img src="images/100.jpg" />
</div>
```

CSS 代码如下。

```
#cel{width:1200px; height:120px; margin:0 auto;}
```

注意：编写中间部分的内容时，是把 4 个列首先放到一个大的区域 content 中，然后把 4 个区域的 float 属性设置为 left，这样 4 个区域就可以依次从左到右显示了，然后在每个部分制作具体的内容。

2.2.12　表格标记

1. table 标记

表格标记使用<table></table>定义表格的开始和结束，其属性如表 2-3 所示。

表 2-3　表格标记的属性

属性名	取值	含义	默认值
border	整数	表格边框的粗细，该值为 0，则表格没有边框；值越大，则表格边框越粗	0
width	整数或百分比（如 60%）	表格宽度，百分比以相对于充满窗口的百分比计，整数时以像素点为单位	取值为百分比时为 100%
cellpadding	整数	每个表项内容与表格边框之间的距离，以像素点为单位	0
cellspacing	整数	表格边框之间的距离，以像素点为单位	—
bordercolor	颜色值	表格边框的颜色	#000000
background	图像文件名	表格的背景图	无
align	left|center|right	表格的位置	left

2. tr 标记

使用行标记<tr></tr>定义表格一行的开始和结束，其属性如表 2-4 所示。

表 2-4　行标记的属性

属性名	取值	含义	默认值
align	left|center|right	本行各表格项的横向排列方式	left（左对齐）
bgcolor	颜色值	本行各表格项的背景色	#000000
valign	top|middle|bottom	本行各表格项的纵向排列方式	Middle
width	百分值|整数	本行宽度（受 table 的 width 属性值制约）	—
height	整数	本行高度，以像素点为单位	—

3. td 标记

使用列标记<td></td>定义表格中一个单元格的开始和结束，其属性如表 2-5 所示。

表 2-5　列标记的属性

属性名	取值	含义	默认值
align	left|center|right	本表格项的横向排列方式	left（左对齐）
bgcolor	颜色值	本表格项的背景色	#000000
valign	top|middle|bottom	本表格项的纵向排列方式	middle
width	百分值|整数	本表格项的宽度	—
height	整数	本表格项的高度，以像素点为单位	—
background	图像文件名	本表格项的背景图像	无
colspan	整数	按列横向结合	1
rowspan	整数	按行纵向结合	1

例如，想要布局 1 行 11 列的表格，使用<table>、<tr>、<td>标记创建一个 1 行 11 列的表格，表格的宽度为 942 像素、高度为 30 像素，居中显示，背景颜色为#00259d，代码如下。

```
<table width="942" height="30" align="center" bgcolor="#00295d">
<tr>
    <td></td>
    <td></td>
    <td></td>
    <td></td>
    <td></td>
    <td></td>
    <td></td>
```

```
        <td></td>
        <td></td>
        <td></td>
        <td></td>
    </tr>
    </table>
```

例 2-15　下面以制作网页导航为例进行介绍。

网页导航是网页中非常重要的部分，用户通过导航可快速查找到想要的内容。当插入顶部图片后，接下来利用<table>、<tr>、<td>等标记制作网页的导航栏，如图 2-28 所示。

图 2-28　网页导航栏的效果

插入网站首页、系部概况、专业建设、课程改革、师资队伍、产学结合、技能鉴定、学生工作、下载专区等 9 个导航栏目内容，通过<font>标记调整字体的大小和颜色，代码如下。

```
    <table width="942" height="30" align="center" bgcolor="#00295d">
    <tr>
        <td width="40"></td>
        <td align="center"><font color="#FFFFFF" size="2">网站首页|</font>
</td>
        <td align="center"><font color="#FFFFFF" size="2">系部概况|</font>
</td>
        <td align="center"><font color="#FFFFFF" size="2">专业建设|</font>
</td>
        <td align="center"><font color="#FFFFFF" size="2">课程改革|</font>
</td>
        <td align="center"><font color="#FFFFFF" size="2">师资队伍|</font>
</td>
        <td align="center"><font color="#FFFFFF" size="2">产学结合|</font>
</td>
        <td align="center"><font color="#FFFFFF" size="2">技能鉴定|</font>
</td>
        <td align="center"><font color="#FFFFFF" size="2">学生工作|</font>
</td>
        <td align="center"><font color="#FFFFFF" size="2">下载专区|</font>
</td>
```

```
    <td width="150"></td>
</tr>
</table>
```

注意：在导航栏中，插入了 11 列而不是实际导航内容的 9 列，目的是设置左列和右列 width 属性，让 2 列占据一定的宽度，以达到用户想要显示的效果。

<table>、<tr>、<td>控制显示效果的属性比较多，如 table 的 cellpading 属性控制的是单元格边框和内容之间的距离，cellspacing 属性控制的是单元格与单元格之间的距离。

网站与用户交互的最主要方式就是表单，用户填写表单提交给网站相关信息，网站通过程序对用户信息进行处理，然后返回给用户相应的页面。登录邮箱、论坛等网站时往往需要注册一些基本信息，它是通过 HTML 表单来实现的。

2.2.13 表单标记

1. form 标记

form 标记定义表单的开始和结束，其属性有以下两个。

1）method（方法）属性，取值为 post 或 get。

2）action 属性，指出了用户所提交的数据将由哪个服务器的哪个程序处理，可处理用户提交数据的服务器程序种类较多，如 CGI 程序、ASP 脚本程序、PHP 程序等。

2. input 标记

input 标记定义表单的输入域，由 type 属性值给出。可由 type 给出的输入域类型如表 2-6 所示。

表 2-6 type 输入域类型

输入域名称	说明
Text（文本框）	输入一行文字
Radio（单选按钮）	当有多个选项时，只能选择其中的一项
Checkbox（复选框）	当有多个选项时，可以选择其中的多项
Submit（提交按钮）	将数据传递给服务器
Password（密码输入文本框）	用户输入的字符以“*”显示
Reset（重置按钮）	将用户输入的数据清除
hidden（隐藏域）	在浏览器中不显示，但可通过程序取其值或改变其值，其主要用于浏览器向服务器传递数据而不想让浏览器用户知道的情形
Button（按钮）	普通按钮，单击后的操作需要设计程序来完成
name	输入域的名称
value	输入域的值

3. select 标记

select 标记用于定义下拉列表选项，以 option 标记给出各选项。例如：

```
<select>
    <option>选项一</option>
    <option>选项二</option>
    <option>选项三</option>
</select>
```

4. textarea 标记

textarea 标记用于定义一个可以输入多行文字的输入域。

1）属性 rows，定义输入的行数。

2）属性 cols，定义输入的列数。

5. onmouseover、onmouseout 事件

例如，可以编写 ys1 样式，当鼠标指针移到<li>标记上时，即会触发 ys1 的样式，这里的<li>标记也可以是其他的标记，代码如下。

```
<li onmouseover="this.className=''ys1"></li>
```

又如，可以编写 ys2 样式，当鼠标指针移到<li>标记上时，即会触发 ys2 的样式，这里的<li>标记也可以是其他的标记，代码如下。

```
<li onmouseover="this.className=''ys2"></li>
```

例 2-16　下面以使用表单标记制作网络论坛注册页面为例进行介绍，效果如图 2-29 所示。

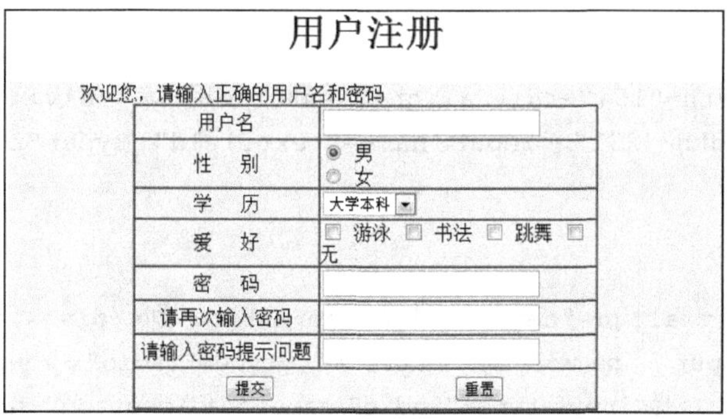

图 2-29　网络论坛页面

1）新建页面，在页面上输入“用户注册”，并居中显示。

2）插入宽度为600像素、背景颜色为黄色的2行1列的表格，并居中显示。

3）在表格的第1行第1列输入滚动字幕标记<marquee></marquee>，并设置相应的属性。

4）在表格的第2行第1列插入表单。

5）在上述表单中插入8行2列的表格。

6）按照图2-29所示的效果插入相应的文字及表单项。

具体代码如下。

```
<!DOCTYPE html PUBLIC "-//W3C//DTD XHTML 1.0 Transitional//EN" "http://www.w3.org/TR/xhtml1/DTD/xhtml1-transitional.dtd">
<html xmlns="http://www.w3.org/1999/xhtml">
<head>
<meta http-equiv="Content-Type" content="text/html; charset=UTF-8" />
<title>网上论坛用户注册</title>
</head>
<body>
<h1 align="center">用户注册</h1>
<table width="600" border="0" align="center" cellpadding="0" cellspacing="0" bgcolor="#FFFF33">
 <tr>
 <td align="center">
 <marquee direction="right" loop="-1" width="500" scrolldelay="1">欢迎您,请输入正确的用户名和密码</marquee></td>
  </tr>
  <tr>
  <td height="209"><form id="form1" name="form1" method="post" action="">
  <table width="391" height="150" border="1" align="center" cellpadding="0" cellspacing="0">
   <tr>
   <td width="154"><div align="center">用户名</div></td>
   <td width="231"><input name="textfield" type="text" size="25"/></td>
   </tr>
   <tr>
   <td><div align="center">性   别</div></td>
   <td><input name="radiobutton" type="radio" value="radiobutton" checked="checked" />男<input type="radio" name="radiobutton" value="radiobutton" />女</td>
    </tr>
```

```
<tr>
<td width="154"><div align="center">学   历</div></td>
 <td><select name="select">
       <option>大学本科</option>
       <option>研究生</option>
       <option>大专</option>
       <option>中专</option>
     </select>
   </td>
   </tr>
   <tr>
   <td  width="154"><div  align="center"> 爱     好 </div>
</td>
   <td><input type="checkbox" name="checkbox" value="checkbox"/>
       游泳
       <input type="checkbox" name="checkbox2" value="checkbox"/>
       书法
       <input type="checkbox" name="checkbox3" value="checkbox"/>
       跳舞
       <input type="checkbox" name="checkbox4" value="checkbox"/>
       无
    </td>
    </tr>
    <tr>
      <td><div align="center">密   码</div></td>
      <td ><input name="textfield2" type="text" size="25"/></td>
    </tr>
    <tr>
      <td><div align="center">请再次输入密码</div></td>
      <td ><input name="textfield2" type="text" size="25"/></td>
    </tr>
     <tr>
     <td><div align="center">请输入密码提示问题</div></td>
     <td ><input name="textfield2" type="text" size="25"/></td>
    </tr>
    <tr>
      <td colspan="2"><table width="100%" border="0">
      <tr>
       <td><div align="center">
       <input type="submit" name="Submit" value="提交"/>
       </div></td>
```

```
            <td><div align="center">
            <input type="reset" name="Submit2" value="重置" />
            </div></td>
            </tr>
            </table></td>
            </tr>
          </table>
          </form>
    </td>
    </tr>
    </table>
    </body>
    </html>
```

注意：这里的表单制作只是在网页上显示的内容，如果要实现注册和留言则要编写动态网页程序。在这里的表单部分要注意每个输入的元素的命名，即 name 属性的命名，在编写后台时要使用这个名称。

技能实践

制作辽宁生态工程职业学院信息工程学院网站专业介绍页面，主要是考查学生对 HTML 语法、文本控制标记、图像标记及超链接标记的掌握程度，该实例既有文字又有图片，单击图片即可跳转到“信息工程学院”首页。在图文混排的效果图中，图像居左排列，文字居右排列，图像与文字之间有一定的距离。文字由标题、段落内容组成，使用水平线将标题和文字内容分开，设置它们的文本格式，效果如图 2-30 所示。

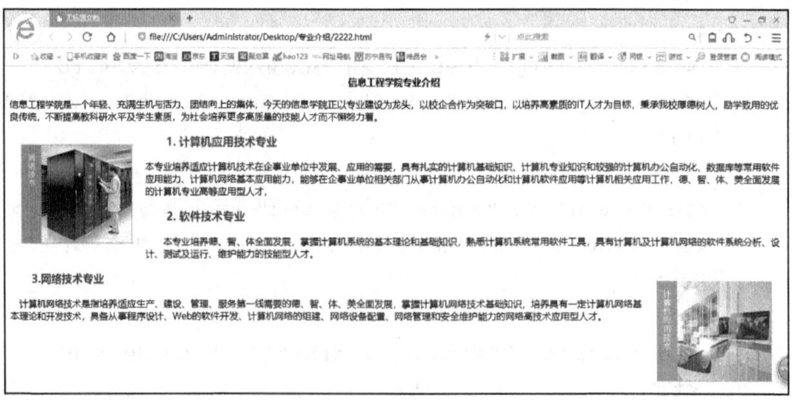

图 2-30　辽宁生态工程职业学院——信息工程学院专业介绍页面

具体代码如下。

```
<body>
    <p align="center"><strong>信息工程学院专业介绍</strong></p>
    <p>信息工程学院是一个年轻、充满生机与活力、团结向上的集体，今天的信息学院正以专业建设为龙头，以校企合作为突破口，以培养高素质的IT人才为目标，秉承我校厚德树人，励学致用的优良传统，不断提高教科研水平及学生素质，为社会培养更多高质量的技能人才而不懈努力着。</p>

    <img src="images/1.jpg" width="200" align="left" vspace="20" hspace="20"/>
    <h3>    <font color="red">1. 计算机应用技术专业</font></h3>
    <p>本专业培养适应计算机技术在企事业单位中发展、应用的需要，具有扎实的计算机基础知识、计算机专业知识和较强的计算机办公自动化、数据库等常用软件应用能力、计算机网络基本应用能力，能够在企事业单位相关部门从事计算机办公自动化和计算机软件应用等计算机相关应用工作，德、智、体、美全面发展的计算机专业高等应用型人才。</p>
    <h3>    <font color="red">2. 软件技术专业</font></h3>
    <p>    本专业培养德、智、体全面发展，掌握计算机系统的基本理论和基础知识，熟悉计算机系统常用软件工具，具有计算机及计算机网络的软件系统分析、设计、测试及运行、维护能力的技能型人才。</p>
    <img src="images/2.jpg" width="200" align="right" vspace="20" hspace="20"/>
    <h3>    <font color="red">3.网络技术专业 </font></h3>
    <p>  计算机网络技术是指培养适应生产、建设、管理、服务第一线需要的德、智、体、美全面发展，掌握计算机网络技术基础知识，培养具有一定计算机网络基本理论和开发技术，具备从事程序设计、Web的软件开发、计算机网络的组建、网络设备配置、网络管理和安全维护能力的网络高技术应用型人才。</p>
    </body>
```

思 考 练 习

1．XHTML 和 HTML 有什么区别？

2．前端页面由哪 3 层构成？作用是什么？

3．什么是语义化的 HTML？

4．HTML5 为什么只需要写“!DOCTYPE HTML”？

5．HTML5 有哪些新特性？移除了哪些元素？如何处理 HTML5 新标签的浏览器兼容问题？如何区分 HTML 和 HTML5？

项目3 使用HTML5+CSS3制作网页

知识目标

1）熟悉HTML5标签的使用。
2）掌握CSS3选择器的内容。
3）掌握form表单元素及其属性。
4）掌握视口创建的方法。
5）掌握媒体查询的方法。
6）掌握百分百布局的使用方法。
7）掌握栅格系统的使用方法。
8）掌握弹性盒布局的创建方法。

技能目标

1）能使用HTML5+CSS3标签制作页面。
2）能开发响应式网页。
3）会使用弹性盒布局网页。

知识架构

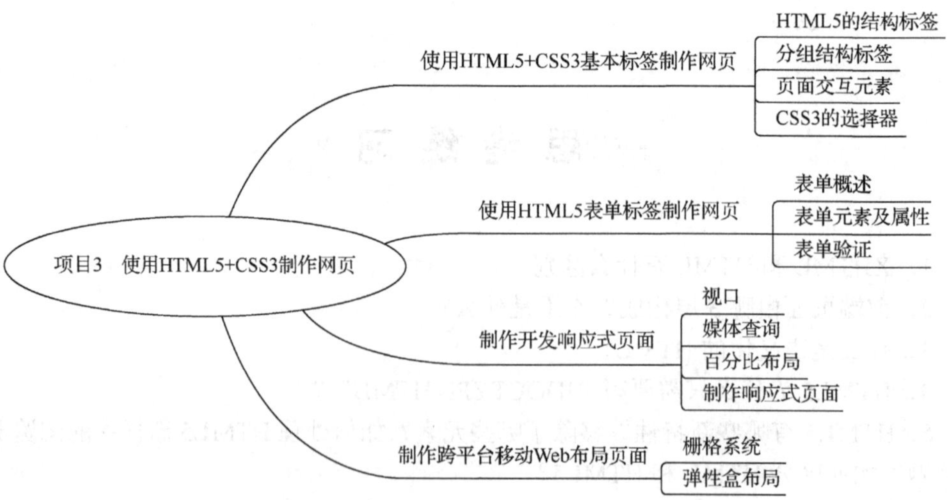

任务 3.1　使用 HTML5+CSS3 基本标签制作网页

3.1.1　HTML5 的结构标签

header 元素、nav 元素、article 元素、section 元素、aside 元素及 footer 元素都是用于搭建页面结构的元素，具体区别如下。

1. header 元素

header 元素是一种具有引导和导航作用的结构元素，该元素可以包含所有通常放在页面头部的内容。header 元素通常用来放置整个页面或页面内的一个内容区块的标题，也可以包含网站 logo 图片、搜索表单或其他相关内容。

header 元素的基本语法结构如下。

```
<header>
    <h1>网页主题</h1>
    ......
</header>
```

2. nav 元素

nav 元素用于定义导航链接，该元素可以将具有导航性质的链接归纳在一个区域中，使页面元素的语义更加明确。其中的导航元素可以链接到站点的其他页面，或者当前页的其他部分。

例如：

```
<nav>
    <ul>
        <li><a href="#">首页</li>
        <li><a href="#">专业设置</li>
        <li><a href="#">作品展示</li>
        <li><a href="#">联系我们</li>
    </ul>
</nav>
```

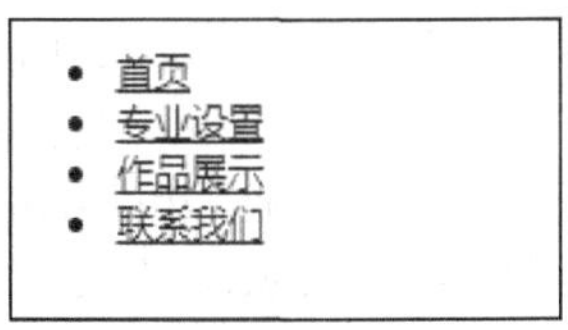

图 3-1　nav 元素的运行效果

运行上述代码，得到的效果如图 3-1 所示。

在上述代码中，通过在 nav 元素内部嵌套无序列表 ul 来搭建导航结构。通常，一个 HTML 页面中可以包含多个 nav 元素，作为页面整体或不同部分的导航。

3. article 元素

article 元素代表文档、页面或应用程序中与上下文不相关的独立部分，该元素经常被用于定义一篇日志、一条新闻或用户评论等。总之 article 所表示的和展现的内容，是外表独立出来的内容，所以它有自己独立的标题、页脚。在一个页面中，article 元素可以出现多次。

article 元素的基本语法结构如下。

```
<article>
    <header>
        <h1>我是 Article 元素</h1>
        <p>Article 元素</p>
    </header>
    <footer>
        <p>页脚</p>
    </footer>
</article>
```

```
<article>
    <h1>这是一个内嵌页面</h1>
</article>
```

运行上述代码，得到的效果如图 3-2 所示。

图 3-2　article 元素的运行效果

4. section 元素

section 元素用于对网站或应用程序中页面上的内容进行分块，强调分块。其一般用于页面中具有明显独立的内容，一个 section 元素通常由内容和标题组成。

例如：

```
<article>
    <section>
        <h1>计算机应用技术专业</h1>
        <p>培养思想政治坚定、德技并修、全面适应计算机应用行业的发展，具有较高思想觉悟、爱岗敬业、团结协作、德智体美等全面发展的；掌握办公自动化应用、网络配置、微型计算机组装等基础知识；具有较强的计算机程序开发、网络组建与管理能力、图形图像处理与制作能力、网站建设与制作能力；培养从事微型计算机安装调试与维修、局域网管理、网站架构设计与管理、图形图像处理与制作等工作岗位的高级技术技能人才。</p>
```

```
        </section>
        <section>
            <h1>计算机网络技术专业</h1>
            <p>本专业培养理想信念坚定,德、智、体、美、劳全面发展,具有一定的科学文化水平,良好的人文素养、职业道德和创新意识,精益求精的工匠精神,较强的就业能力和可持续发展的能力,掌握本专业的知识和技术技能,面向网络集成行业、网络设备厂商及各类企事业单位,在网络工程、网络管理、网络应用等岗位群,从事网络系统设计与组建、网络运行维护与安全管理、网站建设与管理、网络设备销售与维护等工作的高素质技术技能人才。</p>
        </section>
    </article>
```

注意：article 和 section 区别是，article 元素代表文档、页面或应用程序中独立完整的、可以被外部引用的内容，如博客中的一篇文章、论坛中的一个帖子或一个浏览者的评论等。因为 article 元素是一段独立的内容，所以 article 元素通常包含头部（header 元素）、底部（footer 元素）。section 元素由内容及标题组成，用于对网站或应用程序中页面上的内容进行分块。

5. aside 元素

aside 元素用于定义当前页面或文章的附属信息部分，它可以包含与当前页面或主要内容相关的引用、侧边栏、广告、导航栏等其他类似的有别于主要内容的部分。aside 元素可以有多种形式，其中最常见的形式是侧边栏，表示 article 元素内容之外的、与 article 元素的内容相关的辅助信息。

aside 元素的作用，一方面是，被包含在 article 元素中作为主要内容的附属信息部分，其中的内容可以是与当前文章有关的相关资料、名词解释等。

例如：

```
    <article>
      <h1>《网络操作系统》课程简介</h1>
      <p>本课程是计算机应用技术专业的必修课程,主要学习 Windows server 的网络操作系统基本知识、账户管理、权限设置等知识;能够进行基本的系统管理、常用服务器的搭建。能安装、卸载 Linux 操作系统,具备 Linux 环境下网络配置与 TCP/IP 管理的基本能力。</p>
    <aside>通过本课程的学习,重点加强学生的理论基础和训练学生的实际操作能力。</aside>
    </article>
```

运行上述代码，得到的效果如图 3-3 所示。

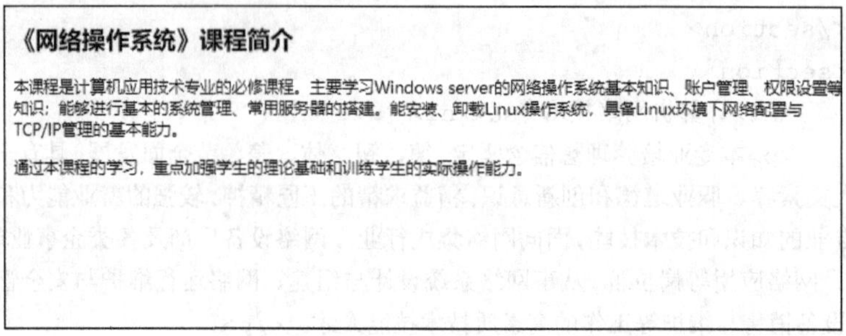

图 3-3　aside 元素的运行效果

另一方面是，在 article 元素之外使用，作为页面或站点全局的附属信息部分。最典型的是侧边栏，其中的内容可以是友情链接、博客中的其他文章列表、广告单元等。

6. footer 元素

footer 元素用于定义一个页面或区域的底部，它可以包含所有通常放在页面底部的内容。

例如：

```
<footer>
    <ul>
        <li>关于我们</li>
        <li>联系客服</li>
        <li>合作招商</li>
        <li>隐私政策</li>
    </ul>
</footer>
```

3.1.2　分组结构标签

分组元素用于对页面中的内容进行分组。HTML5 中涉及 3 个与分组有关的元素，分别是 figure 元素、figcaption 元素和 hgroup 元素。

1. figure 元素和 figcaption 元素

figure 元素的内容应该与主内容相关，但如果被删除，也不会对文档流产生影响。figure 元素一般表示文档主体流内容中的一个独立单元，它用于表示网站制作页面上一块独立的内容，将其从网页上移除后不会对网页上的其他内容产生影响。figure 所表示的内容可以是图片、统计图等，例如：

```
<figure>
   <img src="one.jpg" alt=""/>
   <img src="two.jpg" alt=""/>
   <img src="three.jpg" alt=""/>
   <figcaption>
     这是一组图片
   </figcaption>
</figure>
```

figcaption 元素一般是充当 figure 元素中的第一个或最后一个子元素来为 figure 元素定义标题或对其进行相关解释。在使用 figcaption 元素时，它最好是 figure 块的第一个或最后一个元素。

例如：

```
<figure>
<figcaption>figure 和 figcaption 标签</figcaption>
<p>figure 标签</p>
<p>figcaption 标签</p>
</figure>
```

2. hgroup 元素

hgroup 元素用于将多个标题（主标题和副标题或子标题）组成一个标题组，通常它与 h1～h6 元素组合使用。通常，将 hgroup 元素放在 header 元素中。

hgroup 元素用于对整个页面或页面中一个内容区块的标题进行组合，用来设置标题，通常放在 header 中。例如，在一个区段中有连续的 h 系列的标签元素，则可以使用 hgroup 将它们括起来。hgroup 只对标题进行组合，而对标题的样式没有影响。

例如：

```
<hgroup>
<h1>计算机应用技术专业</h1>
<h2>软件技术专业</h2>
<h3>云计算专业</h3>
</hgroup>
```

注意：如果只有一个标题元素，则不建议使用 hgroup 元素。当出现一个或一个以上的标题与元素时，推荐使用 hgroup 元素作为标题元素。当一个标题包含副标题、section 或 article 元素时，建议将 hgroup 元素和标题相关元素存放到 header 元素容器中。

3.1.3 页面交互元素

1. details 元素和 summary 元素

details 元素用于描述文档或文档中某个部分的细节。summary 元素经常与 details 元素配合使用，作为 details 元素的第一个子元素，用于为 details 定义标题。标题是可见的，当用户单击标题时，会显示或隐藏 details 中的其他内容，如图 3-4 所示。

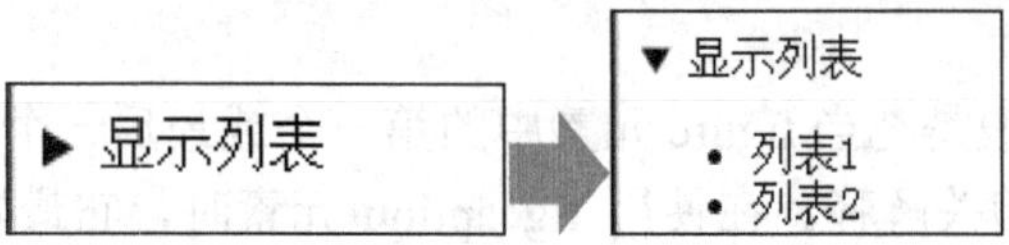

图 3-4 details 元素和 summary 元素的运行效果

2. progress 元素

progress 元素用于定义一个正在完成的进度条，这个进度可以是不确定的，只是表示进度正在进行，但是不清楚还有多少工作量没有完成。progress 元素常用的属性值有：value，表示已经完成的工作量；max，表示总共有多少工作量。

注意：value 和 max 的值必须大于 0，且 value 的值要小于或等于 max 的值。

3. meter 元素

meter 元素用于表示指定范围内的数值。例如，显示硬盘容量或某个候选者的投票人数占投票总人数的比例等，都可以使用 meter 元素。meter 元素的属性如表 3-1 所示。

表 3-1 meter 元素的属性

属性	说明
high	定义度量的值位于哪个点，哪个点即被界定为高的值
low	定义度量的值位于哪个点，哪个点即被界定为低的值
max	定义最大值，默认值是 1
min	定义最小值，默认值是 0
optimum	如果该值高于 high 属性的值，值越高越好；如果该值低于 low 属性的值，值越低越好
value	定义度量的值

例 3-1 下面以制作一个基本的页面为例进行介绍，具体代码如下。

```
<!DOCTYPE html>
<html lang="en">
<head>
    <meta charset="UTF-8">
```

```
        <title>页面交互</title>
    </head>
    <body>
        <details>
            <summary>
                软件技术
            </summary>
                <ul>
                    <li>软件 201 班</li>
                    <li>软件 202 班</li>
                    <li>软件 203 班</li>
                </ul>
        </details>
        <h1>学习情况</h1>
        <progress max="100" value="5">
        </progress>
        <h1>成绩表</h1>
        杨嘉瑞：<meter value="80" min="0" max="100" low="60" high="80"
tile="80 分" optimum="100"></meter><br>
        张丽丽：<meter value="66" min="0" max="100" low="60" high="80"
tile="66 分" optimum="100"></meter><br>
        王美如：<meter value="50" min="0" max="100" low="60" high="80"
tile="60 分" optimum="100"></meter><br>
        李明浩：<meter value="90" min="0" max="100" low="60" high="80"
tile="90 分" optimum="100"></meter>
    </body>
    </html>
```

运行上述代码，得到的效果如图 3-5 所示。

图 3-5　学习情况效果

3.1.4　CSS3 的选择器

CSS3 中新增了多种选择器，使用选择器可以大幅提高开发人员书写和修改样式表的效率。

选择器是 CSS3 中的一个重要内容。

1. 属性选择器

属性选择器可以根据元素的属性及属性值来选择元素。CSS3 中新增了 3 种属性选择器，即 E[att^=value]属性选择器、E[att$=value]属性选择器、E[att*=value]属性选择器。

（1）E[att^=value]属性选择器

E[att^=value]属性选择器用于选择名称为 E 的标记，且该标记定义了 att 属性，att 属性值包含前缀为 value 的子字符串。该选择器的 E 元素可以省略，如果省略则表示可以匹配满足条件的任意元素。

注意：属性值以 value 开头。

（2）E[att$=value]属性选择器

E[att*=value]选择器用于选择名称为 E 的标记，且该标记定义了 att 属性，att 属性值包含 value 子字符串。该选择器的 E 元素也可以省略，如果省略则表示可以匹配满足条件的任意元素。div[id*=section]表示匹配包含 id 属性，且 id 属性值包含"section"字符串的 div 元素。

注意：属性值以 value 结束。

（3）E[att*=value]属性选择器

E[att*=value]选择器用于选择名称为 E 的标记，且该标记定义了 att 属性，att 属性值包含 value 子字符串。该选择器的 E 元素也可以省略，如果省略则表示可以匹配满足条件的任意元素。

注意：属性值中包含了 value。

上述 3 个属性的示例代码如下。

```
<!DOCTYPE html>
<html>
<head lang="en">
    <meta charset="UTF-8">
    <title></title>
    <style>
        [id *= ir] {
            background-color: rgb(53, 221, 67);
        }
        [id ^= se] {
            background-color: rgb(227, 241, 24);
        }
        [id $= rd] {
            background-color: rgb(152, 24, 226);
        }
```

```
    </style>
</head>
<body>
    <div id="first">第一个 div 元素。(*= 包含特定值元素)</div>
    <div id="second">第二个 div 元素。(^= 包含以特定值开头的元素)</div>
    <div id="third">第三个 div 元素。($= 包含以特定值结尾的元素)</div>
</body>
</html>
```

运行上述代码，得到的效果如图 3-6 所示。

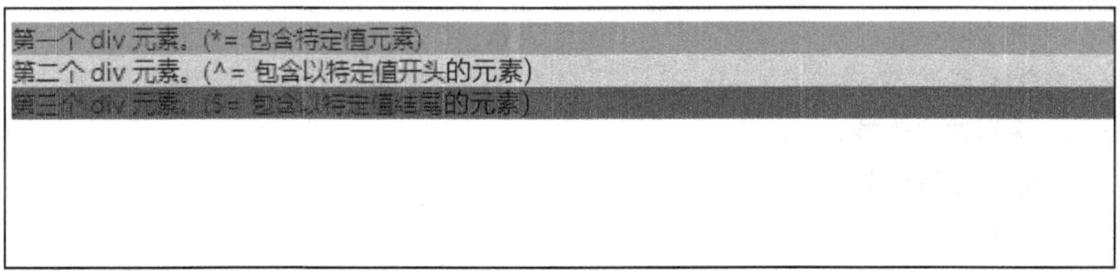

图 3-6　属性选择器的运行效果

2. 伪类选择器

常用的结构化伪类选择器有:root 选择器、:not 选择器、:only-child 选择器、:first-child 和:last-child 选择器、:nth-child(n)和:nth-last-child(n)选择器、:nth-of-type(n)和:nth-last-of-type(n)选择器、:empty 选择器、:target 选择器等。

结构性伪类选择器的共有特征是允许开发者根据文档结构来指定元素的样式。

（1）:nth-child(n)选择器和:nth-last-child(n)选择器

1）E:nth-child(n)选择器用来定位某个父元素的一个或多个特定的子元素。其中，n 表示其参数，可以是整数值，如 1、2、3、4、…；也可以是表达式，如 2n+1、n+5 等；还可以是关键词，如 odd、even 等，但参数 n 的起始值始终是 1，而不是 0。

注意：当 E:nth-child(n)选择器中的 n 为一个表达式时（其中 n 从 0 开始计算），当表达式的值为 0 或小于 0 时，不选择任何匹配的元素。对于选择名称为 E 的标记，E 元素也可以省略，如果省略则表示可以匹配满足条件的任意元素。

例如：

```
<!DOCTYPE html>
<html lang="en">
<head>
    <meta charset="UTF-8">
    <title>二级院部</title>
    <style>
```

```
        p,h1{
            width:270px;
            height:40px;
        }
        p:nth-child(2n){
           background-color: #af3992;
        }
    </style>
</head>
<body>
<p>1 林学院</p>
<p>2 园林学院</p>
<p>3 环境艺术学院</p>
<p>4 信息工程学院</p>
</body>
</html>
```

运行上述代码，得到的效果如图 3-7 所示。

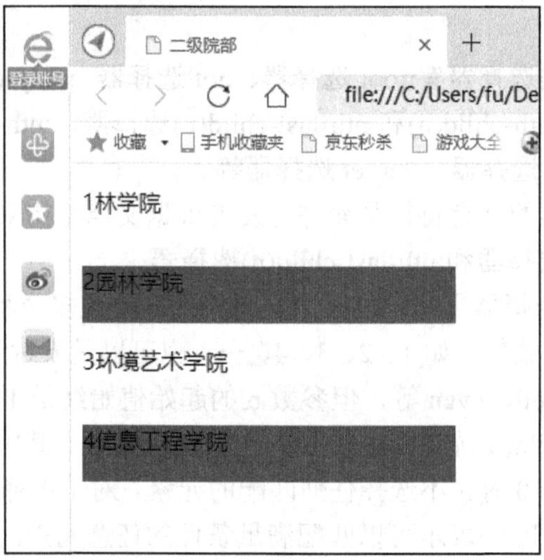

图 3-7　E:nth-child(n)选择器的运行效果

2）E:nth-last-child(n)选择器和前面的 E:nth-child(n)选择器非常相似，只是这里多了一个 last。last 起的作用和 E:nth-child(n)选择器有所区别，从某父元素的最后一个子元素开始计算，来选择特定的元素。

（2）E:nth-of-type(n)选择器和 E:nth-last-of-type(n)选择器

1）E:nth-of-type(n)选择器和 E:nth-child(n)选择器类似，区别在于只计算父元素中指定的某种类型的子元素。当某个元素中的子元素不仅是同一种类型的子元素时，使用E:nth-of-type(n)选择器来定位父元素中某种类型的子元素。E:nth-of-type(n)选择器中的n和E:nth-child(n)选择器中的*n*的含义是一样的，可以是具体的整数，也可以是表达式，还可以是关键词。

2）E:nth-last-of-type(n)选择器和前面的E:nth-of-type(n)选择器相似，只是这里多了一个last。last起的作用和E:nth-of-type(n)选择器有所区别，从某父元素的最后一个子元素开始计算，来选择特定的元素。

例如：

```
<!DOCTYPE html>
<html lang="en">
<head>
    <meta charset="UTF-8">
    <title>信息工程学院</title>
    <style>
        p,h1{
            height:50px;
            width:300px;
            border:1px solid #3da523;
        }
        p:nth-of-type(2n){
            background-color: rgb(226, 43, 89);
        }
    </style>
</head>
<body>
    <p>专业设置</p>
    <h1>计算机应用技术专业</h1>
    <p>1 网页制作</p>
    <p>2 计算机基础</p>
    <p>3 三维设计</p>
    <p>4 图像处理</p>
    <h1>软件技术专业</h1>
    <p>1Python 程序设计</p>
    <p>2Java 程序设计</p>
    <p>3 软件测试</p>
    <p>4 移动 Web 开发</p>
</body>
</html>
```

运行上述代码，得到的效果如图 3-8 所示。

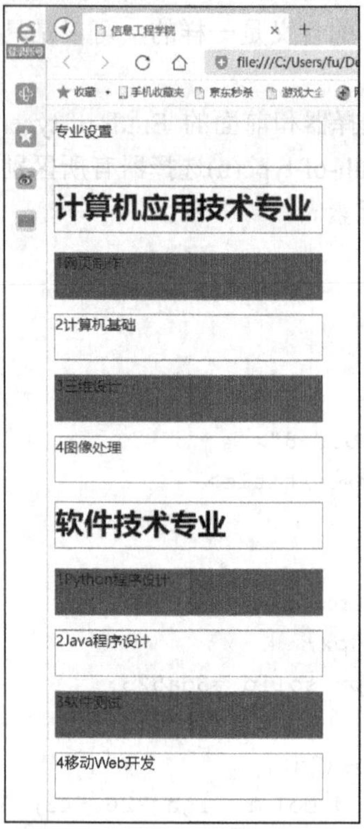

图 3-8　E:nth-of-type(n)选择器的运行效果

（3）E:first-child 选择器和 E:last-child 选择器

1）E:first-child 选择器表示的是选择父元素的第一个子元素的元素 E。简单理解就是选择元素中的第一个子元素，而不是后代元素。

2）E:last-child 选择器与 E:first-child 选择器的作用类似，不同的是 E:last-child 选择器选择的是元素中的最后一个子元素。

例如：

```
<!DOCTYPE html>
<html lang="en">
<head>
    <meta charset="UTF-8">
    <title>软件技术专业</title>
    <style>
        p{
```

```
            height:50px;
            width:300px;
            border:1px solid #3da523;
        }
         p:first-child{
        background-color: tomato;

        }
    </style>
</head>
<body>

    <p>1Python 程序设计</p>
    <p>2Java 程序设计</p>
    <p>3 软件测试</p>
    <p>4 移动 Web 开发</p>
</body>
</html>
```

运行上述代码，得到的效果如图 3-9 所示。

图 3-9　E:first-child 和 E:last-child 选择器的运行效果

（4）:root 选择器

:root 选择器用于匹配文档的根元素，在 HTML 中，根元素始终是 html 元素。也就是说，使用:root 选择器定义的样式，对所有的页面元素都生效。对于不需要该样式的元素，可以单独设置样式进行覆盖。

（5）:not 选择器

如果对某个结构元素使用样式，但是想排除这个结构元素下面的子结构元素，让它不使用这个样式，可以使用:not 选择器。

（6）:only-child 选择器

:only-child 选择器用于匹配属于某个父元素的唯一子元素的元素。也就是说，如果某个父元素仅有一个子元素，则使用:only-child 选择器可以选择这个子元素。

（7）:empty 选择器

:empty 选择器用于选择没有子元素或文本内容为空的所有元素。

（8）:target 选择器

:target 选择器用于为页面中的某个 target 元素（该元素的 id 被当作页面中的超链接来使用）指定样式。只有用户单击了页面中的超链接，并且跳转到 target 元素后，:target 选择器所设置的样式才会起作用。

任务 3.2　使用 HTML5 表单标签制作网页

3.2.1　表单概述

网站怎么与用户进行交互呢？答案是使用 HTML 表单（form）。HTML 提供了许多可以一起使用的元素，这些元素能用来创建一个用户可以填写并提交到网站或应用程序的表单。在动态网页技术中，表单的作用是十分重要的，用户与服务器的交互就是通过表单来完成的。原则上，所有的表单标签都要放置在<form>标签中。

HTML 表单是由一个或多个小部件组成的。这些小部件可以是文本字段（单行或多行）、选择框、按钮、复选框或单选按钮。HTML 表单和常规 HTML 文档的主要区别在于，大多数情况下，表单收集的数据被发送到 Web 服务器。在这种情况下，需要设置一个 Web 服务器来接收和处理数据。通过表单把用户输入的数据传送到服务器端，这样服务器端程序就可以处理表单传过来的数据。

例如：

```
<!DOCTYPE html>
<html>
    <head>
        <meta charset="UTF-8">
        <title>第一个 HTML 表单示例</title>
        <style type="text/css">
            form {
```

```
            display: table;
        }

        div.form-example {
            display: table-row;
        }

        label,
        input {
            display: table-cell;
            margin-bottom: 10px;
        }

        label {
            padding-right: 10px;
        }
    </style>
</head>

<body>
    <form action="send.php" method="get">
        <div class="form-example">
            <label for="name">用户昵称：</label>
            <input type="text" name="nickname" id="nickname" required>
        </div>
    <div class="form-example">
            <label for="email">邮箱地址：</label>
            <input type="email" name="mail" id="mail" required>
        </div>
    <div class="form-example">
            <input type="submit" value="发送信息">
        </div>
    </form>
</body>
</html>
```

在上述代码中，form 元素表示了文档中的一个区域，此区域包含交互控制元件，用来向 Web 服务器提交信息。基本的表单格式如下。

```
<form  action="服务器文件"  method="传送方式"></form>
```

所有 HTML 表单都以一个<form>开始，<form>标签是成对出现的，以<form>开始，以</form>结束。这个元素正式定义了一个表单，就像 div 元素或 p 元素，它是一个容器元素，但它也支持一些特定的属性来配置表单的行为方式。它的所有属性都是可选的，但实践中最好设置 action 属性和 method 属性。

其中，action 属性表示输入的数据被传送到的地方，也就是在提交表单时应该把所收集的数据送给谁去处理，如上例中的 PHP 页面（send.php）。属性 method 表示数据传送的方式，也就是发送数据的 HTTP 方法（它可以是 get 或 post）。一般来说，所有表单控件（文本框、文本域、按钮、单选按钮、复选框等）都必须放在 <form></form> 标签之间。上述代码运行后的效果如图 3-10 所示。

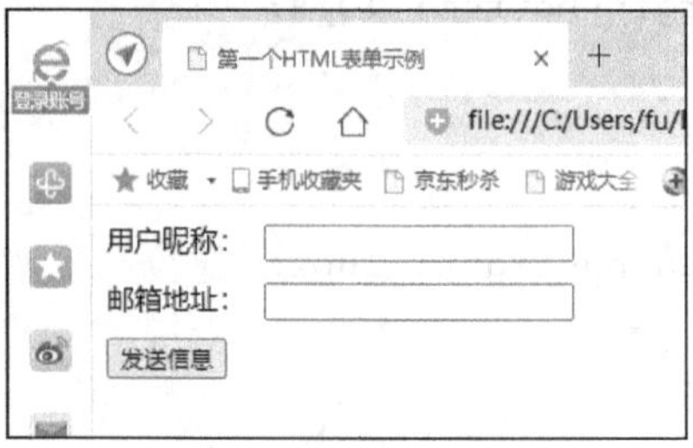

图 3-10　第一个 HTML 表单示例效果

3.2.2　表单元素及属性

常用的表单元素有 label、input 和 button 元素等，具体描述如表 3-2 所示。

表 3-2　常用的表单元素

元素	描述
label	label 元素表示用户界面中某个元素的说明
input	input 元素用于为基于 Web 的表单创建交互式控件，以便接收来自用户的数据
button	button 元素表示一个可单击的按钮，可以用在表单或文档其他需要使用简单标准按钮的地方
fieldset	fieldset 元素可将表单中的相关元素进行分组
legend	legend 元素用于表示它的父元素<fieldset>的内容的标题
textarea	textarea 元素表示一个多行纯文本编辑控件
select	select 元素表示一个控件，提供一个选项菜单
option	option 用于定义在 select、optgroup 或 datalist 元素中包含的项

1. 输入框和按钮

当用户需要在表单中输入字母、数字等内容时，就会用到<input>标签，<input>标签一般用于搜集用户信息。根据不同的 type 属性值，输入字段拥有多种形式，可以是文本字段、密码框、单选按钮、复选框、按钮等，其基本语法格式如下。

```
<form>
    <input type="控件类型" name="名称" value="文本" />
</form>
```

其中，type 属性代表输入框的类型，当 type="text"时，输入框为文本输入框；当 type="password"时，输入框为密码输入框。name 属性用于为此控件命名，以备后台程序使用。value 属性表示输入框的默认值。

输入框和按钮的使用示例如下。

```
<!DOCTYPE html>
<html>

    <head>
        <meta charset="UTF-8">
        <title>常见表单元素</title>
        <style type="text/css">
            form {
                /*居中表单*/
                margin: 0 auto;
                width: 400px;
                /*显示表单的轮廓*/
                padding: 1em;
                border: 1px solid #CCC;
                border-radius: 1em;
            }

            form h2 {
                color: #C0C4CC;
            }

        form div+div {
                margin-top: 5px;
            }

        form div {
                font-size: 16px;
                padding: 5px;
            }
```

```
            #login_name,
            #login_pwd {
                width: 240px;
                padding: 5px;
            }

            label {
                display: inline-block;
                width: 90px;
                text-align: right;
            }

        .btn_submit {
                padding-left: 100px;
            }
        </style>
    </head>
    <body>
        <form action="#" method="post">
            <h2>用户登录</h2>
            <div class="form-example">
                <div class="login_name">
                    <label for="login_name">登录名：</label>
                    <input type="text" name="login_name" id="login_name"
                        placeholder="请输入用户名"/>
                </div>
                <div class="login_pwd">
                    <label for="login_pwd">密码：</label>
                    <input type="password" name="login_pwd" id="login_pwd"
                        placeholder="请输入密码"/>
                </div>
                <div class="btn_submit">
                    <input type="submit" name="btn_login" value="登录"/>
                </div>
            </div>
        </form>
    </body>

</html>
```

运行上述代码，得到的效果如图 3-11 所示。在代码中使用 div 元素可以使我们更加方便地构造自己的代码，并且更容易样式化。

图 3-11　常用表单元素的示例效果 1

在上述代码中，用到了<label>标签、文本输入框、密码输入框及提交按钮。下面详细介绍这几个控件的用法。

<label>标签用来表示用户界面中某个元素的说明。<label>标签不会向用户呈现任何特殊效果，它的作用是为用户改进可用性。如果在<label>标签内单击文本，就会触发此控件。也就是说，当用户单击<label>标签时，浏览器就会自动将焦点转到和标签相关的表单控件上（自动选中和该<label>标签相关连的表单控件）。它的使用方法如下。

```
<label for="login_name">登录名：</label>
<input type="text" name="login_name" id="login_name" placeholder= "
请输入用户名"/>
```

将一个<label>标签和一个 input 元素放在一起会有一些优势：用户除了可以通过单击 input 元素获得焦点，还可以单击关联的<label>标签来激活控件。在本例中，单击文字“登录名”也可以让 input 元素获得焦点，这种方式为激活 input 提供了方便，包括那些使用触摸屏设备的。如果想要将一个<label>标签和一个 input 元素匹配在一起，就需要给 input 元素一个 id 属性。而<label>标签需要一个 for 属性，其值和 input 元素的 id 属性一样。另外，也可以将 input 元素直接放在<label>标签中，这种情况就不需要 for 属性和 id 属性了，因为这时关联是隐含的。例如：

```
<label>登录名：
    <input type="text" name="login_name" placeholder="请输入用户名" />
</label>
```

在 input 元素中，最重要的属性是 type 属性。这个属性非常重要，因为它定义了 input 的行为方式，它可以从根本上改变元素。在上述代码中，我们使用值 text（type 属性的默认值）作为第一个输入。它表示一个基本的单行文本字段，可接收任何类型的文本输入。对于第二个输入，通过设置 type 属性值为 password 来设置该类型框，它不会为输入的文本添加任何特殊的约束，但是它会模糊输入字段中的值（如使用点或星号表示），这样它就不能被他人读取，如图 3-12 所示。

图 3-12　type 属性值为 password 的输入效果

在表单中有两种按钮可以使用，分别为提交按钮和重置按钮。当用户需要提交表单信息到服务器时，需要用到提交按钮。可以使用相应类型的 input 元素来生成一个按钮，在 input 元素中将 type 属性定义为 submit 值的按钮会发送表单的数据到 form 元素的 action 属性所定义的网页中。只有当 type 值设置为 submit 时按钮才有提交作用，它的使用方法如下。

```
<input type="submit" name="" value=" "/>
```

当用户需要重置表单信息到初始状态时，如用户输入“用户名”后，发现书写有误，可以使用重置按钮使输入框恢复到初始状态。只需要把 type 属性设置为 reset 即可。单击 type 属性定义为 reset 值的按钮，将所有表单控件重新设置为它们的默认值。只有当 type 属性设置为 reset 时，按钮才有重置作用，value 的值表示按钮上显示的文字，使用方法如下。

```
<input type="reset" name="" value=" "/>
```

在 input 元素中还可以将 type 属性设置为 button 来创建按钮，它其实是 input 元素的特殊版本，被用来创建一个没有默认值的可单击按钮。单击 type 属性定义为 button 值的按钮，会发现没有任何反应，这时可以使用 JavaScript 来自定义按钮的动作。它的使用方法如下。

```
<input type="button" name="" value=" "/>
```

input元素在HTML5中已经被button元素取代。button元素也表示一个可单击的按钮，可用在表单或文档其他需要使用简单标准按钮的地方。对于button元素来说，它也接收一个type属性，它接收submit、reset或button这3个值中的任何一个。button元素的主要优点是，input元素只允许纯文本作为其标签，而button元素允许完整的HTML内容，允许更复杂、更有创意的按钮文本。它的使用方法如下。

```
<button name=" ">按钮</button>
```

2. 单选按钮、复选框、下拉列表

在使用表单设计用户信息编辑时，为了减少用户的操作，需要使用选择框。HTML中有两种选择框，即单选按钮和复选框，两者的区别是用户只能选择单选按钮选项中的一项，而可以选择复选框中的多项，甚至全选。选择框也属于input元素的一种，其使用方法如下。

```
<input type="radio/checkbox" value=" " name=" " checked="checked"/>
```

其中，type="radio"表示此控件是一个单选按钮。一般使用value属性定义此控件被提交时的值。使用checked表示控件是否默认被选择。在同一个单选按钮组中，所有单选按钮的name属性使用同一个值；一个单选按钮组中同一时间只有一个单选按钮可以被选中。当type="checkbox"时表示复选框，和单选按钮一样，value属性定义此控件提交到服务器的值，当设置checked="checked"时，该选项被默认选中。

下拉列表在网页中也会经常用到，它可以有效地节省网页空间，既可以单选，又可以多选。它的使用方法如下。

```
<select name=" " id=" ">
    <option value="提交值">选项</option>
</select>
```

其中，value的值是向服务器提交的值，而<option>标签之间的选项值是在页面上显示的值。若设置selected="selected"属性，则该选项就被默认选中。

单选按钮、复选框和下拉列表的使用示例如下。

```
<!DOCTYPE html>
<html>

    <head>
        <meta charset="UTF-8">
        <title>常用表单元素</title>
        <style type="text/css">
```

```
            form {
                margin: 0 auto;
                max-width: 600px;
            }

            form div+div {
                margin-top: .5em;
            }

            form legend {
                font-size: 16px;
            font-weight: bold;
            }

            #addr {
                width: 150px;
                padding: 5px;
            }
        </style>
    </head>
    <body>
        <form action="#" method="post">
            <fieldset>
                <legend>基本信息</legend>
                <div>昵称：<span>apple</span></div>
                <div>性别：</div>
                <div>
                    <input type="radio" name="gender" id="male" value="1"/>
                    <label for="male">男生</label>
                    <input type="radio" name="gender" id="female" value=
"0" />
                    <label for="female">女生</label>
                </div>
                <div>关注领域：</div>                    <div>
                    <input type="checkbox" name="tag" id="tg_0" value=
"travel"/>
                    <label for="tg_0">旅游</label>
                    <input type="checkbox" name="tag" id="tg_1" value=
"tech"/>
```

```
                    <label for="tg_1">科技</label>
                    <input type="checkbox" name="tag" id="tg_2" value=
"literature"/>
                    <label for="tg_2">文学</label>
                    <input type="checkbox" name="tag" id="tg_3" value=
"food"/>
                    <label for="tg_3">美食</label>
                </div>
                <div>
                    <label for="addr">所在地：</label>
                    <select name="addr" id="addr">
                    <option value="0" selected>---请选择---</option>
                        <option value="1">北京</option>
                        <option value="2">上海</option>
                        <option value="3">广州</option>
                        <option value="4">深圳</option>
                    </select>
                </div>
            </fieldset>
        </form>
    </body>
    </html>
```

运行上述代码，得到的效果如图 3-13 所示。

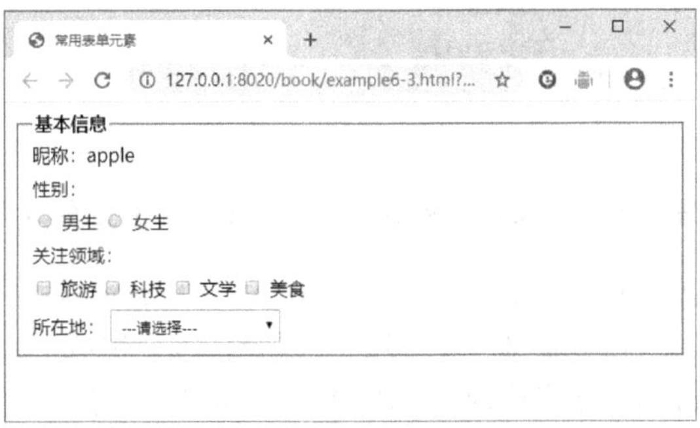

图 3-13　常用表单元素的示例效果 2

上述代码中用到了单选按钮、复选框和下拉列表。在使用单选按钮时，需要注意同一组的单选按钮的 name 取值需要一致，如上述代码中设置为同一个名称“gender”，这样同一组的单选按钮才可以起到单选的作用。

下拉列表<select>标签也可以进行多选操作，在<select>标签中设置 multiple="multiple"

属性，就可以实现多选功能。在 Windows 操作系统下，进行多选时按住 Ctrl 键的同时单击（在 Mac 下使用 Command+单击），就可以选择多个选项。在上述代码中的“<label for="addr">所在地：</label>”的<div>标签之后添加如下代码：

```
<div>
    <label for="pet">喜欢的宠物：</label>
      <select name="pets" id="pets" multiple="multiple">
        <option value="1">猫咪</option>
        <option value="2">丁丁狗</option>
        <option value="3">恐龙</option>
        <option value="4">小兔子</option>
    </select>
</div>
```

给<select>标签设置 multiple 属性之后，用户就可以选择多个喜欢的宠物了，效果如图 3-14 所示。

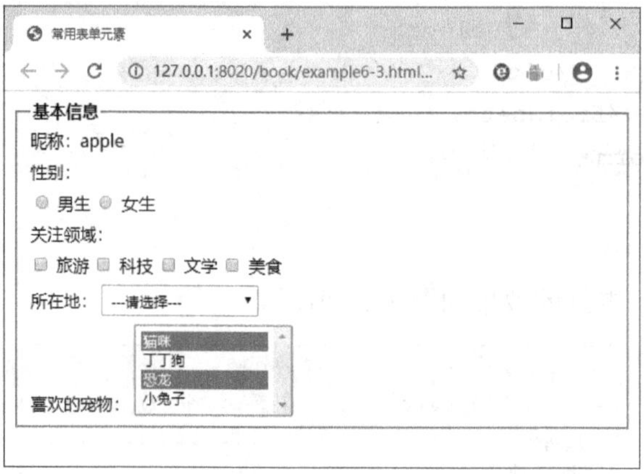

图 3-14　在<select>标签中加入 multiple 属性后的效果

图 3-13 所对应的代码中还用到了 fieldset 元素和<legend>标签，fieldset 元素可将表单中的相关元素分组。它可以将表单内容的一部分打包，生成一组相关表单的字段。当一组表单元素放到 fieldset 元素中时，浏览器会以特殊方式来显示它们，它们可能有特殊的边界、3D 效果，甚至可以创建一个子表单来处理这些元素。<legend>标签可为 fieldset 元素定义标题，使用方法如下。

```
<fieldset>
    <legend>标题</legend>
    <!--其他表单控件-->
</fieldset>
```

3. 文本输入域和文件输入控件

当用户需要在表单中输入大段文字时，就要用到文本输入域。textarea 元素表示一个多行纯文本编辑控件，它的使用方法如下。

```
<textarea name=" " rows="行数" cols="列数">文本</textarea>
```

首先，<textarea>标签是成对出现的，以<textarea>开始，以</textarea>结束。cols 表示多行输入域的列数，rows 表示多行输入域的行数，在<textarea></textarea>标签之间可以输入默认值。<textarea>标签这里要和<input>标签区别，input 是一个空元素，这意味着它不需要关闭标签。相反，textarea 不是一个空元素，因此必须使用适当的结束标记来关闭它。要定义 input 的默认值，就必须使用 value 属性，例如：

```
<input type="text" value="默认值"/>
```

若想定义 textarea 的默认值，则只需在 textarea 元素的开始和结束标记之间放置默认值即可，例如：

```
<textarea>默认值</textarea>
```

在<input>标签中设置 type 类型为 file 的 input 元素，可使用户选择一个或多个元素以提交表单的方式上传到服务器中，或者通过 JavaScript 的 File API 对文件进行操作，使用方法如下。

```
<input type="file" id=" " name=" ">
```

如果不希望用户上传任何类型的文件，则可以使用 input 的 accept 属性，accept 属性接收一个逗号分隔的 MIME 类型字符串，如“:accept="image/png, image/jpeg"”或“accept=".png, .jpg, .jpeg"”表示可以接收 PNG/JPEG 文件，而“accept="image/*"”表示可以接收任何图片文件类型。

textarea 元素的使用示例如下。

```
<!DOCTYPE html>
<html>

    <head>
        <meta charset="UTF-8">
        <title>常用表单元素</title>
        <style type="text/css">
            form {
                margin: 0 auto;
                max-width: 600px;
```

```
            }

            form div+div {
                margin-top: .5em;
            }

            form legend {
                font-size: 16px;
                font-weight: bold;
            }
                #nickname {
                box-sizing: border-box;
                width: 400px;
                padding: 5px;
            }

            #intro {
                box-sizing: border-box;
                width: 400px;
                height: 100px;
            }

            .btn {
                margin-top: 10px;
                text-align: center;
            }

            .btn input {
                padding: 5px 20px;
            }
        </style>
    </head>

    <body>
        <form action="#" method="post">
            <fieldset>
                <legend>申请者信息</legend>
                <div>
                    <label for="name">您的昵称： </label>
                    <input type="text" name="nickname" id="nickname">
```

```
                </div>
                <div>
                    <label for="intro">自我介绍：</label>
                    <textarea name="intro" rows="4" cols="30" id="intro">
</textarea>
                </div>
            </fieldset>
            <fieldset>
                <legend>照片选择</legend>
                <label>请选择一张近照：
                <input type="file" name="avatar" id="avatar" value=""
                        accept="image/png, image/jpeg" />
                </label>
            </fieldset>
            <div class="btn">
                <input type="submit" value="提交"/>
                <input type="reset" value="重置"/>
        </div>
        </form>
    </body>
</html>
```

运行上述代码，得到的效果如图 3-15 所示。

图 3-15　常用表单元素的示例效果 3

在上述代码中，用到了文本输入域和文件输入控件。其中，<textarea>标签可以通过 cols 和 rows 属性来规定 textarea 的尺寸，不过更好的办法是使用 CSS 的 height 和 width 属性，使表单的样式更美观。在上述代码中，通过“accept="image/png, image/jpeg"”指定了接收的文件是 PNG/JPEG 文件类型，单击“选择文件”按钮，打开文件对话框，会显示满足条件的文件，而其他文件则会自动隐藏。

4. HTML5 新增表单元素

datalist 元素是 HTML5 新增的标签，主要用于自动匹配表单可能的输入。它包含了一组 option 元素，这些元素表示其他表单控件可选值。datalist 元素将用户可能输入的值，放在 option 列表中，然后使用 list 属性将数据列表绑定到一个文本域中（通常是一个 input 元素）。当用户在对应的表单输入时，就可以根据输入的关键字自动匹配 option 列表的内容，也可以输入 option 中不存在的值。一旦数据列表与输入框相关联，它的选项用于自动完成用户输入的文本。通常，datalist 元素作为一个下拉列表向用户展示，在输入框中输入可能匹配的内容。它的使用方法如下。

```
<input type="text" name="myColor" id="myColor" list="mySuggestion">
<datalist id="mySuggestion">
     <option value="自动匹配的内容">
</datalist>
```

如果想要将 input 和 datalist 元素匹配在一起，就需要给 datalist 元素一个 id 属性，而 input 元素需要一个 list 属性，其值和 datalist 元素的 id 属性一样。

datalist 元素的使用示例如下。

```
<!DOCTYPE html>
<html>
    <head>
        <meta charset="UTF-8">
        <title></title>
        <style type="text/css">
            form {
                margin: 20px auto;
                max-width: 600px;
            }
            #pet-choice{
                width:300px;
                padding: 2px;
            }
```

```
            input[type="submit"]{
                padding: 2px 10px;
                margin-left: 5px;
            }
        </style>
    </head>
    <body>
        <form action="#" method="post">
            <label for="pet-choice">我最喜爱的宠物：</label>
            <input list="pets" id="pet-choice" name="pet-choice" />
            <datalist id="pets">
                <option value="猫咪">
                <option value="丁丁狗">
                <option value="恐龙">
                <option value="小兔子">
                <option value="小鸟">
            </datalist>
            <input type="submit" value="确认"/>
        </form>
    </body>
</html>
```

运行上述代码，得到的效果如图 3-16 所示。

图 3-16　自动匹配的表单输入效果

HTML5 还拥有多个新的表单输入类型。这些新特性提供了更好的输入控制和验证。input 元素是所有 HTML 元素中最强大的，也是最复杂的，这主要是由其大量 type 属性和 attribute 属性的相互组合造成的。表 3-3 列出了<input>标签常用的 type 属性。

表 3-3 input 标签常用的 type 属性

属性	描述
text	单行文本字段
password	一个值被遮盖的单行文本字段。使用 maxlength 指定可以输入的值的最大长度
submit	用于提交表单的按钮
reset	用于将表单的内容设置为默认值的按钮
button	无默认行为的按钮
radio	单选按钮，使用 value 属性定义此控件被提交时的值，使用 checked 表示控件是否默认被选择
checkbox	复选框，使用 value 属性定义此控件被提交时的值，使用 checked 属性指示控件是否被选择
file	此控件可以让用户选择文件，使用 accept 属性定义控件可以选择的文件类型
email	HTML5 新增用于编辑 E-mail 的字段
number	HTML5 新增用于输入浮点数的控件
tel	HTML5 新增用于输入电话号码的控件，可以使用属性（如 pattern 和 maxlength）来约束控件输入的值
url	HTML5 新增用于编辑 URL 的字段
search	HTML5 新增用于输入搜索字符串的单行文本字段。换行会被从输入的值中自动移除
range	HTML5 新增用于输入不精确值的控件
color	HTML5 新增用于指定颜色的控件
date pickers	HTML5 新增可供选取日期和时间的新输入类型，包括 date、month、week、time、datetime-local 等

3.2.3 表单验证

访问一个带注册表单的网站时，如果提交的输入信息没有符合预期的格式，注册页面会给反馈信息，如提示“该字段是必填的”（意思是该字段不能为空）、“请填写正确的手机号”、“请输入一个合法的邮箱地址”及“密码长度应该是 6～20 位的，且至少包含一个大写字母及一个数字”等，这就是表单校验。

表单校验可以通过多种不同的方式实现。在实践中，一般会使用客户端校验与服务器端校验相结合的方式，以保证数据的正确性与安全性。在本书中我们侧重学习客户端校验。客户端校验发生在浏览器端，指的是表单数据被提交到服务器之前的校验，这种方式能实时反馈用户的输入校验结果。这种类型的校验有两种方式：第一种是 JavaScript 校验，这是可以完全自定义的实现方式；另一种是 HTML5 内置校验，不需要 JavaScript，而且性能更好，但是不能像 JavaScript 那样可以自定义。本节着重讲解 HTML5 内置的表单数据校验。

HTML5 一个特别有用的新功能是，可以在不写一行 JavaScript 脚本代码的情况下，对用户的输入进行数据校验，这是通过表单元素的校验属性实现的。这些属性可以让你定义一些规则，用于限定用户的输入，如某个输入框是否必须输入，或者某个输入框的字符串的最小、最大长度限制，或者某个输入框必须输入一个数字、邮箱地址等，还有数据必须匹配的模式。如果表单中输入的数据都符合这些限定规则，那么表示这个表单校验通过，否则校验未通过。当一个元素校验通过时，该元素将可以通过 CSS 伪类:valid 进行特殊的样式化；如果一个元素未校验通过，则该元素将可以通过 CSS 伪类:invalid 进行特殊的样式化。

例 3-2 下面通过一个案例进行介绍，具体的代码如下。

```
<!DOCTYPE html>
<html>

        <head>
                <meta charset="UTF-8">
                <title></title>
                <style type="text/css">
                        form {
                                margin: 30px auto;
                                width: 480px;
                        }

                        input {
                                width: 280px;
                                padding: 5px;
                        }

                        input:invalid {
                                /*校验没有通过的样式*/
                                box-shadow: 0 0 1px 1px red;
                        }

                        input:focus:invalid {
                                outline: none;
                        }

                        input:valid {
                                /*校验通过的样式*/
                                border: 2px solid green;
                        }

                        button {
                                padding: 5px 10px;
                                margin-left: 10px;
```

```
            }
        </style>
    </head>
    <body>
        <form>
            <label for="email">邮箱: </label>
            <input type="email" id="email" name="email" required>
            <button>确认</button>
        </form>
    </body>
</html>
```

运行上述代码，得到的效果如图 3-17 和图 3-18 所示。在上述代码中，设置 input 输入框的 type 类型为 email，并添加属性 required，加上 required 属性会自动校验输入数据是否为空。如果未输入，当用户单击“确认”按钮时，会提示“请填写此字段。”的错误信息。此外，Chrome 浏览器会自动检测邮箱格式是否正确。当邮箱格式不正确时，通过伪元素:invalid 设置校验不成功时 input 框的样式为红色，页面提示邮箱格式不正确；当输入正确的 E-mail 格式时，通过伪元素:valid 设置 input 框的样式变为绿色，表单能正常提交。

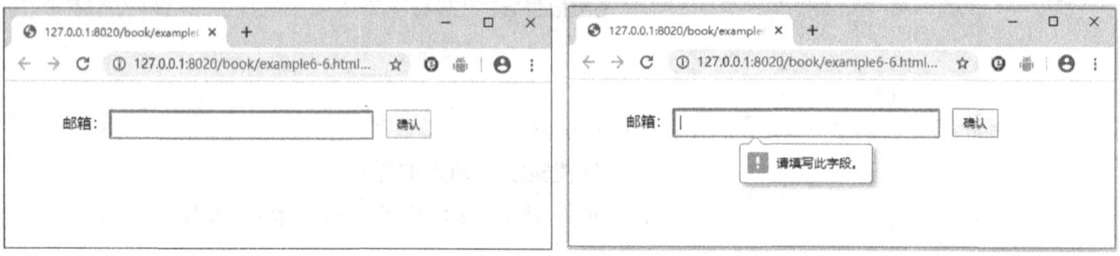

图 3-17　输入框为空时的校验效果

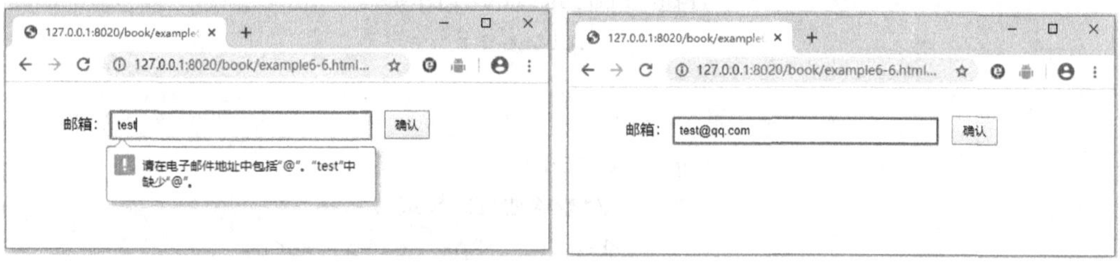

图 3-18　E-mail 输入错误和输入正确时的校验效果

例 3-3　下面以使用 form 表单元素及属性制作一个信息注册页面为例进行介绍，效果图如图 3-19 所示。

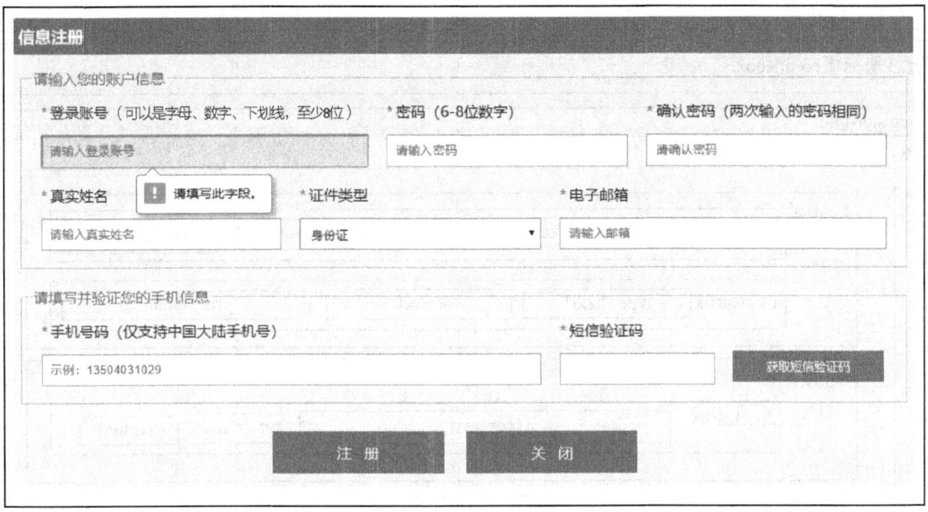

图 3-19　信息注册页面的效果图

注册登录页面一直是 Web 应用中最基础的一环，注册登录的意义就在于给每个用户自己的个人中心，包括数据的同步，或是用户注册后会通过用户已完善的资料进行相关的内容推荐。用户打开网站后的第一步可能就是登录注册页面。注册作为一项基础功能，使用场景一般是用户初次使用应用，属于相对低频次的操作，一般会关联到产品内的个人资料和设置模块。大部分的 Web 应用是需要注册登录的。

1. 页面结构分析

有了前导知识做铺垫，接下来我们分析如何实现用户注册页面。注册页面的主体结构由表单组成。form 表单中有两个表单域 fieldset 和一个 div.commit，分别用来输入账户信息和验证手机验证码并提交。在每个表单域中可以使用 div 来布局每一项，如图 3-20 所示。

2. 样式分析

1）设置最外层的 container 为定宽居中，并重置所有元素的 box-sizing 属性为 border-box。

2）form 表单的 fieldset 和 legend 样式需要调整，默认样式不符合要求。

3）每个 fieldset 中的表单控件放在 div.item，每个 div.item 需要设置左浮动排成一行，外层 div 需要清除浮动。

4）修改各表单控件的默认样式，以满足项目需求。

5）设置未填写信息的提示样式，并填写正确的样式等。

6）对 div.commit 中的按钮进行样式设置并居中显示。

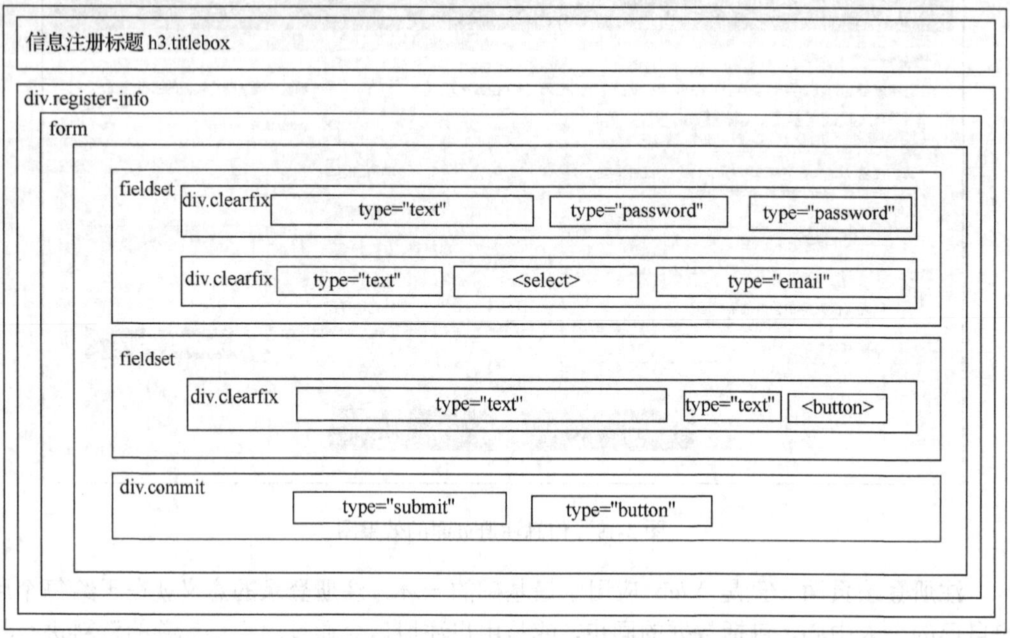

图 3-20　信息注册页面的结构图

3. 制作页面结构

对信息注册页面的结构和样式有所了解后，即可编写代码来实现它。图 3-19 所示页面的 HTML 代码如下。

```
<!DOCTYPE html>
<html>
    <head>
        <meta charset="UTF-8"/>
        <title>信息注册</title>
        <link rel="stylesheet" type="text/css" href="css/style.css" />
    </head>

    <body>
        <section class="container">
            <header class="titlebox">
            <h3>信息注册</h3>
            </header>
            <div class="register_info">
                <form action="#" method="post">
                    <fieldset>
```

```
                    <legend>请输入您的账户信息</legend>
                    <div class="clearfix">
                        <div class="item item_m">
                            <div class="info_text_d"><span>*</span>登
录账号（可以是字母、数字、下划线,至少8位）</div>
                            <div class="info_input_d"><input type= "text"
name="usrname" id="usrname" placeholder="请输入登录账号" required /></div>
                        </div>
                        <div class="item item_s">
                            <div class="info_text_d"><span>*</span>密
码（6-8位数字）</div>
                            <div class="info_input_d"><input type=
"password" name="psw" id="psw" placeholder="请输入密码" required/></div>
                        </div>
                        <div class="item item_s">
                            <div class="info_text_d"><span>*</span>
确认密码（两次输入的密码相同）</div>
                        <div class="info_input_d"><input type="password"
name="repsw" id="repsw" placeholder="请确认密码" required/></div>
                        </div>
                    </div>
                    <div class="clearfix">
                        <div class="item item_s">
                            <div class="info_text_d"><span>*</span>
真实姓名</div>
                            <div class="info_input_d"><input type="text"
name="realname" id="realname" placeholder="请输入真实姓名" required/></div>
                        </div>
                        <div class="item item_s">
                    <div class="info_text_d"><span>*</span>证件类型
</div>
                        <div class="info_input_d">
                            <select name="cardtype">
                            <option value="1" selected>身份证</option>
                            <option value="2">中国人民解放军军官证</option>
                                    <option value="3">普通护照</option>
                                    <option value="4">港澳通行证</option>
                                </select>
                            </div>
```

```
                        </div>
                    <div class="item item_m">
                        <div class="info_text_d"><span>*</span>电子邮
箱</div>
                        <div class="info_input_d"><input type="email"
name="email" id="email" placeholder="请输入邮箱" required /></div>
                        </div>
                    </div>

                </fieldset>
                <fieldset>
                    <legend>请填写并验证您的手机信息</legend>
                    <div class="clearfix">
                    <div class="item item_l">
        <div class="info_text_d"><span>*</span>手机号码(仅支持中国大陆手机号)
</div>
                <div class="info_input_d"><input type="tel" name="tel"
id="tel" placeholder="示例：13504031029" required/></div>
                </div>
                    <div class="item item_xs">
                        <div class="info_text_d"><span>*</span>短信验证码
</div>
                        <div class="info_input_d"><input type="text"
name="num" id="num" required/></div>
                        </div>
                    <div class="item item_xs">
                    <div class="btn_d"><button>获取短信验证码</button>
</div>
                    </div>
                    </div>
                </fieldset>
                <div class="commit">
                    <input type="submit" value="注  册"/>
                    <input type="button" value="关  闭"/>
                </div>
                </form>
            </div>
        </section>
    </body>
```

```
</html>
```

4. 定义CSS样式

1）根据页面效果，首先进行全局样式设置，将.container容器设为定宽居中，代码如下。

```
/*common style*/
.container {
   width: 980px;
   margin-left: auto;
   margin-right: auto;
   margin-top: 20px;
}
*{
   margin: 0px;
   padding: 0px;
   box-sizing: border-box;
}
```

2）设置header元素的样式，代码如下。

```
/*设置 header 元素的样式*/

header.titlebox {
   height: 40px;
   background: #de5939;
   border-top-left-radius: 3px;
   border-top-right-radius: 3px;
}

header.titlebox h3 {
   padding-left: 5px;
   font-size: 18px;
   font-weight: bold;
   color: #fff;
   line-height: 40px;
}
```

3）设置 fieldset 和 legend 的样式，代码如下。

```
.register_info {
    padding: 15px 5px;
}
.register_info fieldset {
    border: .5px solid #ccc;
    margin-bottom: 20px;
}

.register_info fieldset legend {
    color: #de5939;
}
```

4）设置每个表单项的样式，代码如下。

```
/*设置每个表单项的样式*/

.clearfix {
    clear: both;
}

.item {
    float: left;
}

*+.item {
    margin-left: 10px;
}
.item_s {
    width: 280px;
    padding: 10px;
}
.item_m {
    width: 380px;
    padding: 10px;
}
.item_xs {
    width: 180px;
```

```
    padding: 10px;
}
.item_l {
    width: 560px;
    padding: 10px;
}
.info_text_d {
    margin-bottom: 10px;
}
.info_text_d span {
    display: inline-block;
    margin-right: 3px;
    color: #de5939;
}
.info_input_d input {
    display: block;
    width: 100%;
    line-height: 30px;
    padding: 4px;
}
.info_input_d select {
    width: 100%;
    padding: 8px;
    line-height: 30px;
}
.btn_d button {
    width: 165px;
    height: 34px;
    color: #fff;
    background: #DE5939;
    border: none;
    margin-top:35px;
}
```

5）设置“提交”按钮和“关闭”按钮的样式，代码如下。

```
.commit {
```

```
    margin-top: 30px;
    text-align: center;
}

.commit input {
    display: inline-block;
    width: 186px;
    height: 46px;
    background: #DE5939;
    color: #fff;
    text-align: center;
    border: none;
    font-size: 16px;
    margin-right: 20px;
}
```

6）设置表单校验，代码如下。

```
input:focus:invalid {     /*校验 input 未校验成功时的样式*/
    background-color: #ffe7e7;
}

input:valid {     /*校验 input 校验成功时的样式*/
    border: 1px solid green;
}

textarea:focus:invalid {     /*校验 textarea 未校验成功时的样式*/
    background-color: #ffe7e7;
}

textarea:valid {     /*校验 textarea 校验成功时的样式*/
    border: 1px solid green;
}
```

注意：信息注册页面中用到了 HTML5 表单元素和表单验证，除此之外，还需要用到 div 的布局，应用了浮动和清除浮动，建议在完成本案例后尝试各表单的验证效果，并查看 HTML5 自带的表单验证是否满足需求，如果不能，则建议使用正则表达式。通过本案例的练习，读者应能够熟悉表单控件的类型和使用，并通过表单元素的校验属性来限定用户的输入，掌握使用 CSS 伪类:valid 和:invalid 进行特殊的样式化的方法，能够制作 HTML5 表单页面。

任务 3.3　制作开发响应式页面

在之前的内容中讲解了如何使用 HTML5、CSS3 来制作网页，本任务将在 HTML5 和 CSS3 知识的基础上进行响应式 Web 设计。响应式这个概念是为解决移动互联网浏览而诞生的。随着显示屏幕越来越多样，为了适应显示屏的大小，响应式设计也就应运而生。那么响应式设计到底指的是什么呢？响应式设计是指自动识别屏幕宽度并做出相应调整的网页设计，布局和展示的内容可能会有所变动。也就是说，制作的一个网站同时能兼容多个终端，大大节省了资源。当对移动端进行页面适配时，首先应了解视口、媒体查询及百分比布局。

3.3.1　视口

1. 视口概述

视口是指用户网页的可视区域，它定义了浏览器能显示内容的屏幕区域。那么 PC 上的 Web 页面在移动设备上打开是什么样子的呢？

在浏览器中访问新浪首页，打开 Chrome 开发者工具，本节中使用 Chrome 自带的移动终端模拟器。单击“模拟器”按钮，打开 Chrome 开发者工具中的模拟器，选择一种手机型号，查看新浪首页的手机视图，如图 3-21 所示。

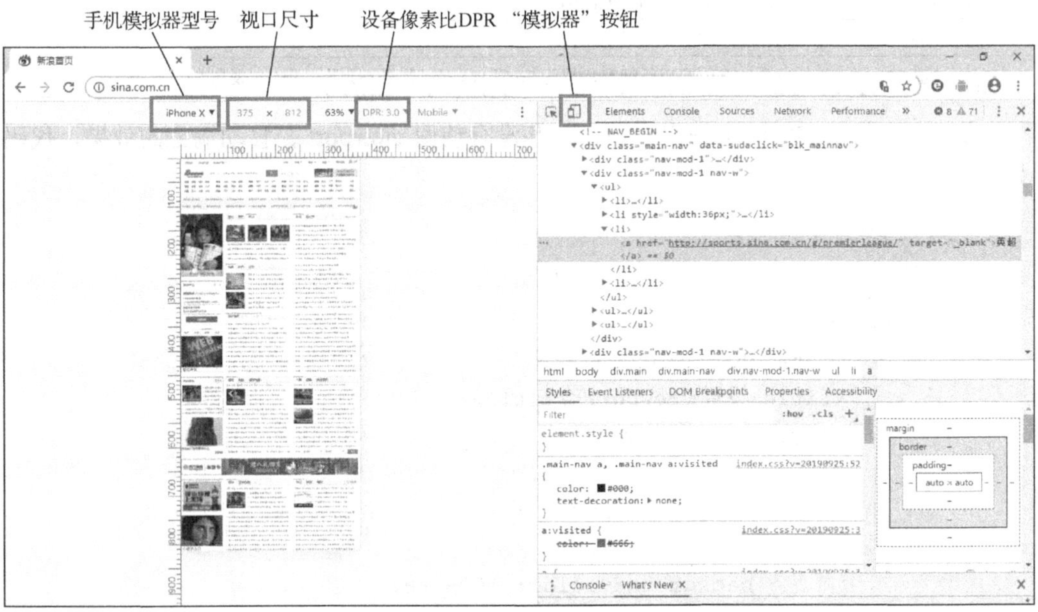

图 3-21　新浪首页的移动端浏览器视图

从图 3-21 可以看到，网页并没有超出手机的屏幕，而是自动缩放了。实际上，手机浏览器会把页面放到一个虚拟的视口（viewport）中。在渲染网页时，如它原本是显示在宽 980 像素的屏幕上的，那同样的内容被压缩到一个很小的手机屏幕上，用户要花较多的时间放大屏幕，才能看清网页上的内容或与网页交互。如果我们想要在更小的屏幕上显示网页，必须显式地设置 viewport。现代浏览器引进了<viewport meta>标签，从而使网页开发者可以控制 viewport 的大小和缩放。

2. 设置视口

一个常用的针对移动网页优化过的页面的<viewport meta>标签大致如下。

```
<meta name="viewport" content="width=device-width, initial-scale=1.0">
```

在移动端布局时，在<meta>标签中我们会将 width 设置成 device-width，device-width 一般表示设备分辨率的宽度。<viewport meta>标签共有 6 个属性，如表 3-4 所示。

表 3-4　<viewport meta>标签的属性及说明

属性	说明
width	设置 viewport 的宽度，默认视口宽度，可以为指定的一个值或特殊的值，如 device-width 为设备的宽度（单位为缩放为 100%时的 CSS 的像素）
height	设置 viewport 的高度，和 width 相对应
initial-scale	初始缩放比例，即当页面第一次加载时的缩放比例
maximum-scale	允许用户缩放到的最大比例
minimum-scale	允许用户缩放到的最小比例
user-scalable	是否允许用户进行缩放，值为 no 或 yes，no 代表不允许，yes 代表允许

例 3-4　使用实例演示使用 viewport 和没有使用 viewport 在移动端上的效果，代码如下。

```
<!DOCTYPE html>
<html>

    <head>
        <meta charset="UTF-8">
        <title>设置 viewport</title>
        <style type="text/css">
            .test {
                margin: 0 auto;
                width: 100%;
                background-color: #009688;
                color: white;
```

```
            font-size: 24px;
            font-weight: bold;
            text-align: center;
            height: 812px;
            line-height: 812px;
            font-family: sans-serif;
        }
    </style>
    </head>

    <body>

        <div class="test">
            Hello,my sunshine!
        </div>

    </body>
</html>
```

例 3-4 中，一个宽度为 100%的页面在移动设备浏览时，网页进行了自动缩放，div 中的文字“Hello,my sunshine!”变得很小。未设置视口时的效果如图 3-22（a）所示。

如果在第 6 行代码上面加上 viewprot 的属性之后，网页在移动端进行了屏幕的适配，文字变得清晰可见。代码如下：

```
    <meta name="viewport" content="width=device-width,initial-scale=1,
minimum-scale=1,maximum-scale=1,user-scalable=no"/>
```

设置视口时的效果如图 3-22（b）所示。

理论上现在有两个 viewport，即 layout viewport（布局视口）和 visual viewport（视觉视口），下面分别进行介绍。

1）布局视口：如果把移动设备上浏览器的可视区域设为 viewport，则某些网站会因为 viewport 太窄而显示错乱，所以这些浏览器就默认会把 viewport 设为一个较宽的值，如 980 像素，从而使那些为 PC 浏览器设计的网站也能在移动设备浏览器上正常显示。这个浏览器默认的 viewport 称为布局视口，要注意其不是网页的实际宽度大小。

2）视觉视口：视觉视口表示浏览器内看到的网站的显示区域，用户可以通过缩放来查看网页的显示内容，从而改变视觉视口。视觉视口类似于放大镜中显示的内容，它不会影响布局视口的宽度和高度。

在例 3-4 中，网页能适配移动端需要满足两个条件，一是让设备独立像素（dips）与 CSS 像素是 1∶1（initial-scale=1）的关系，二是布局视口的宽度和设备的宽度一样（width=device-width）。

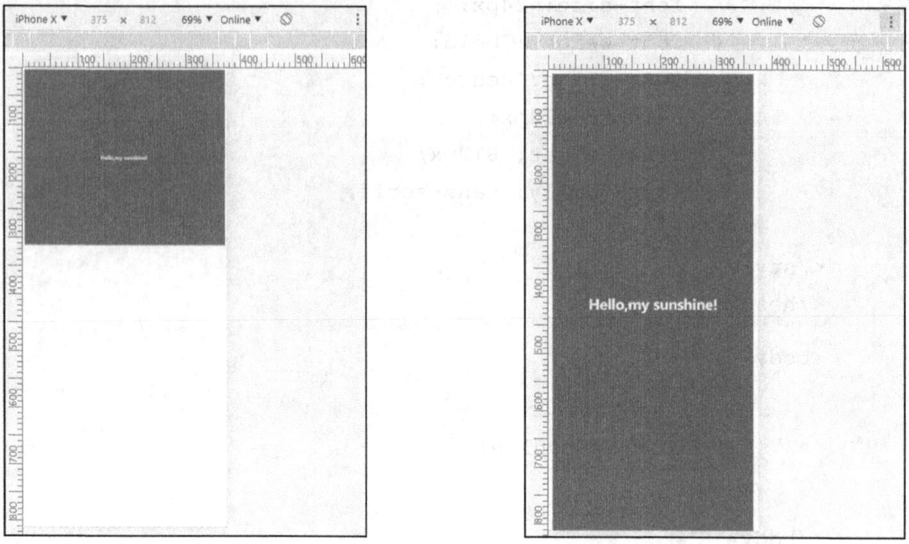

(a)　　　　　　(b)

图 3-22　设置视口时的效果

3.3.2　媒体查询

在 3.3.1 节中，我们使用视口来告诉浏览器，网页要怎样渲染在移动端设备上。这里有一个问题，移动端设备有各种各样不同的尺寸，而且在不同移动端设备的 CSS 文件中，1 像素所表示的物理像素的大小是不同的，因此通过一套样式，无法实现各端的自适应。考虑到用户在任何设备上的体验，那么能不能给每一种设备编写不同的样式来实现自适应的效果呢？答案是可以，这时就需要用到媒体查询。

1. 基本媒体查询

媒体查询提供了简单的方法来根据不同的设备特征应用不同的样式，如设备的宽度、高度或像素比等，使页面在不同终端设备下达到不同的渲染效果。

进行媒体查询的方式有以下两种。

1）利用 link 元素添加 media 属性，使用方法如下。

```
<!-- link 元素中的 CSS 媒体查询 -->
<link rel="stylesheet"  media="screen and (min-width:800px)" href=
"patterns.css"/>
```

我们只需要在网页中添加另外的样式表，并附上媒体查询即可。media="screen and (min-width:800px)"的含义是：样式表 patterns.css 只在屏幕大于等于 800 像素时应用。

screen 表示媒体类型，媒体类型允许用户指定文件将如何在不同的媒体上呈现，该文件可以以不同的方式显示在屏幕或纸张上。媒体类型常用的是 screen 和 print，screen 表示用于计算机屏幕、平板计算机、智能手机等，print 在需要设置用户打印页面的样式时使用。

大多数媒体属性可以带有“min-”或“max-”前缀，用于表达“最低…”或“最高…”。常用的媒体查询的两个属性是 max-width 和 min-width。max-width 表示在视口宽度小于其赋值时生效，min-width 表示在视口宽度大于其赋值时生效。max-width 和 min-width 是基于浏览器窗口大小的。上述代码中的“min-width:800px”，表示此样式只在视口宽度大于等于 800 像素时应用。它的书写方式主要分为两个部分，第一个部分指的是媒体特性，第二部分为媒体特性所指定的值，而且这两个部分之间使用冒号分隔。

2）@media 的形式，这种方式的 http 请求会少一些，但 html 文件会变大。其使用方法如下。

```
<!-- 样式表中的 CSS 媒体查询 -->
<style>
    @media screen and (min-width: 800px) {
        body{
                background-color: green;
            }
    }
</style>
```

同样地，上述代码表示 body 的绿色背景色的样式只在屏幕大于等于 800 像素时应用。使用 Media Queries 时必须要使用“@media”开头，然后指定媒体类型，随后是指定媒体特性。媒体查询可以通过给不同分辨率的设备编写不同的样式来实现响应式的布局。例如，为不同分辨率的屏幕设置不同的背景图片，或者给小屏幕手机和大屏幕手机设置不同像素的图片，通过媒体查询就能很方便地实现。

例 3-5　使用媒体查询的示例代码如下。

```
<!DOCTYPE html>
<html>

    <head>
        <meta charset="UTF-8">
        <title></title>
        <meta name="viewport" content="width=device-width, initial-
scale=1.0">
        <style type="text/css">
            body {
                background-color: green;
```

```
        }
        @media screen and (max-width: 400px) {
            body {
                background-color: red;
            }
        }
        @media screen and (min-width: 800px) {
            body {
                background-color: blue;
            }
        }
    </style>
</head>
</body>
</html>
```

例 3-5 是一个简单的媒体查询，当屏幕宽度小于等于 400 像素时页面背景是红色的，当屏幕宽度为 401～799 像素时页面背景是绿色的，当屏幕宽度大于等于 800 像素时页面背景是蓝色的（本书为单色印刷，不显示具体的颜色，可在实际操作中查看，下同），如图 3-23 所示。

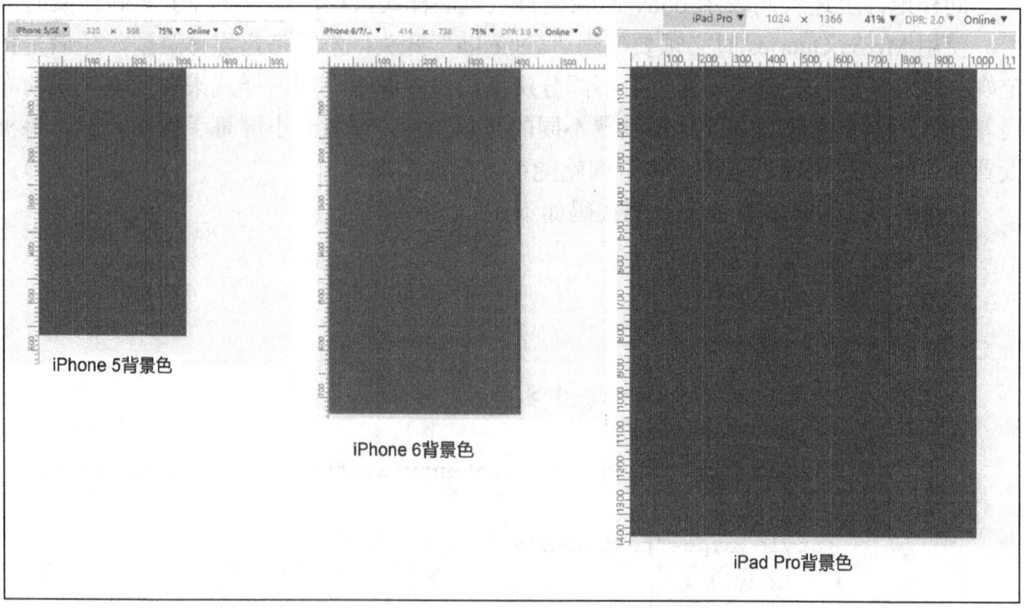

图 3-23　使用媒体查询设置背景色的效果

2. 选择断点

在媒体查询中，页面改变布局的那个点称为断点，根据网页布局设计可以有一个或多个断点。那么在哪里设置断点呢？我们应该根据网页的内容来找到合适的断点。可以在设计稿的中间添加断点，不同的断点有不同的效果。

例 3-6　使用选择断点的示例代码如下。

```
<!DOCTYPE html>
<html>
    <head>
        <meta charset="UTF-8">
        <title>媒体查询</title>
        <meta name="viewport" content="width=device-width, initial-
scale=1.0">
        <style type="text/css">
            h1 {
                position: absolute;
                text-align: center;
                width: 100%;
                font-size: 6em;
                font-family: sans-serif;
            }

            body {
                background-color: blue;
            }

            .happy {
                opacity: 0
            }

            .sad {
                opacity: 1
            }

            @media screen and (max-width: 600px) {
                body {
                    background-color: pink;
                }
                .happy {
```

```
                opacity: 1
            }
            .sad {
                opacity: 0
            }
        }
    </style>
</head>

<body>
    <div>
        <h1 class="happy">快乐</h1>
        <h1 class="sad">忧伤</h1>
    </div>
</body>

</html>
```

例 3-6 中，将小于等于 600 像素宽度的背景颜色设置为粉色，并显示文字“快乐”；将大于 600 像素宽度的背景颜色设置为蓝色，并显示文字“忧伤”，那么 600 像素处就是一个断点，页面效果如图 3-24 所示。

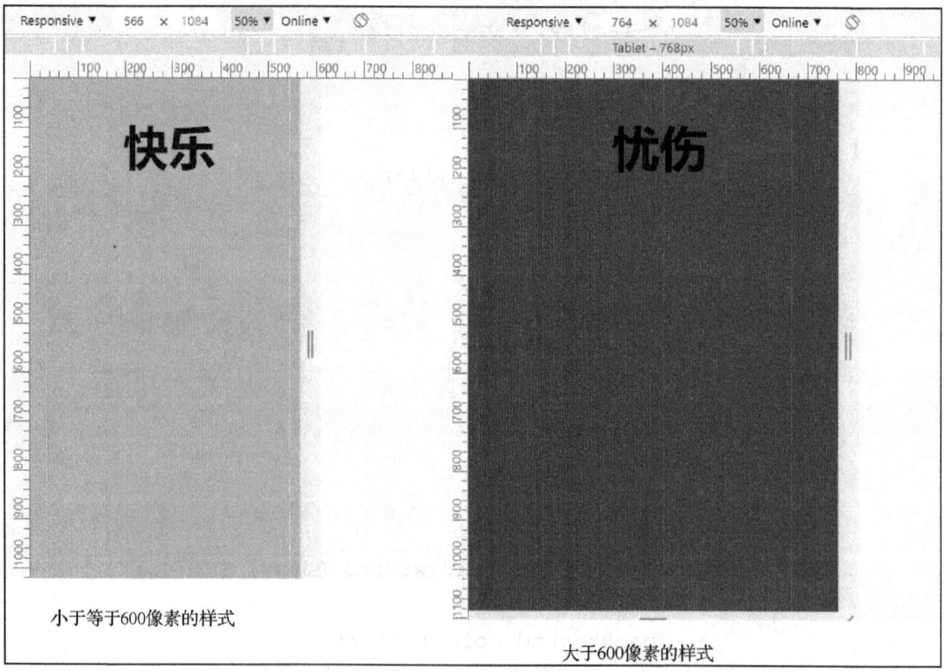

图 3-24　使用断点设置不同样式的效果

3. 复杂媒体查询

有时我们需要更复杂的媒体查询，如果需要添加多个媒体查询的条件，就可以使用逻辑操作符，包括 not、and 和 only 等，构建复杂的媒体查询。and 操作符用来把多个媒体属性组合成一条媒体查询，只有当每个属性都为真时，结果才为真。not 操作符用来对一条媒体查询的结果进行取反。only 操作符仅在媒体查询匹配成功的情况下被用于应用一个样式，这对于防止选中的样式被用在老式浏览器中很有用。若使用了 not 或 only 操作符，必须明确指定一个媒体类型。也可以将多个媒体查询以逗号分隔放在一起；只要其中任何一个为真，则整个媒体语句返回真，相当于 or 操作符。

例 3-7　使用复杂媒体查询的示例代码如下。

```
<!DOCTYPE html>
<html>

    <head>
        <meta charset="UTF-8">
        <meta name="viewport" content="width=device-width, initial-
scale=1.0">
        <title></title>
        <style type="text/css">
            h1 {
                position: absolute;
                text-align: center;
                width: 100%;
                font-size: 6em;
                font-family: sans-serif;

            }
            body {
                background-color: blue;
            }
            .happy {
                opacity: 0
            }
            .sad {
                opacity: 1
            }
            @media screen and (min-width: 400px) and (max-width: 800px) {
                body {
                    background-color: pink;
```

```
            }
            .happy {
                opacity: 1
            }
            .sad {
        opacity: 0
            }
        }
    </style>
</head>
<body>
    <div>
        <h1 class="happy">快乐</h1>
        <h1 class="sad">忧伤</h1>
    </div>
</body>

</html>
```

例 3-7 使用了复杂媒体查询，“@media screen and (min-width: 400px) and (max-width: 800px)”表示将宽度为 400～800 像素的背景颜色设置为粉色，并显示文字“快乐”；将其他尺寸的背景颜色设置为蓝色，并显示文字“忧伤”。效果如图 3-25 所示。

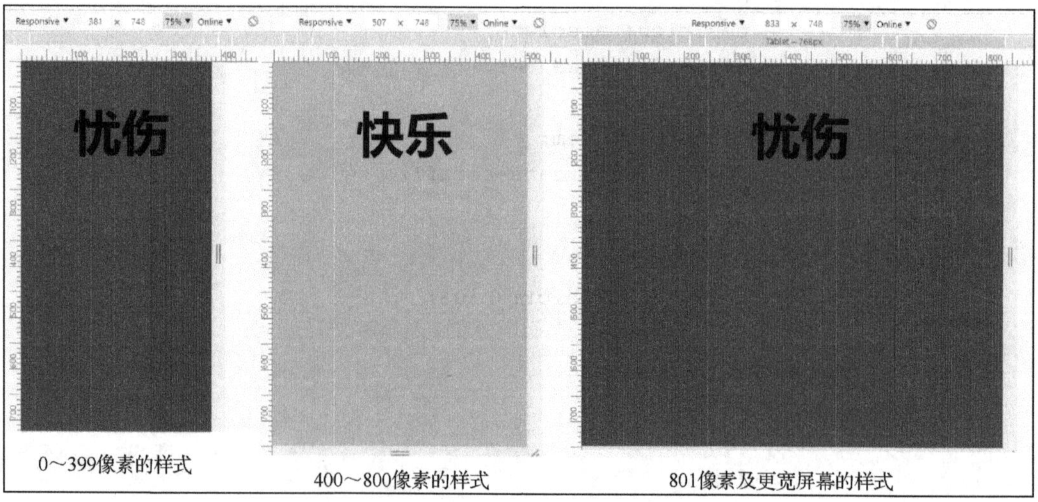

图 3-25 使用复杂媒体查询设置样式的效果

3.3.3 百分比布局

百分比布局也称流式布局，是指使用百分比定义宽度，根据视口和父元素的实时尺寸进行调整，尽可能地适应各种屏幕。

在前两节的内容中提到，在屏幕适配时网页内容需要适应视口的宽度。过大的 CSS 宽度或绝对定位会让元素要么太大，要么不能完全适应屏幕的大小。当某一元素的尺寸大于其容器时，它就会溢出，这时我们可以将宽度设置为 100%，它就会相对于父元素的宽度而变化，只有这样才能避免左右滚动。在定义元素宽度时，应采用相对宽度来防止元素溢出视口，而如果设置为像素，则元素的大小将固定不变，不管屏幕尺寸如何都是如此，用户体验较差。

我们还可以设置元素的最大宽度 max-width，这样，元素会在需要时变小，但反之不会超过所设的最大宽度。实际上，如果同时设置了 width 和 max-width，最大宽度会覆盖宽度设定。同样，我们也可以设置 min-width 和 min-height，如给每个可单击元素添加最小宽度和最小高度。

例 3-8　下面通过案例来介绍百分比布局的使用，具体代码如下。

```
<!DOCTYPE html>
<html>
    <head>
        <meta charset="UTF-8">
        <meta name="viewport" content="width=device-width,initial-
scale=1"/>
    <title></title>
        <style type="text/css">
            .box {
                width: 100%;
                color: white;
                height: 100px;
                font-size: 32px;
                text-align: center;
                line-height: 100px;
                float: left;
            }
            .orange {
                background: orange;
            }
            .green {
                background: green;
            }
            .blue {
```

```
            background: darkblue;
        }
        .purple {
            background: purple;
        }
        .red {
            background: red;
        }
        @media screen and (min-width: 600px) {
            .blue {
                width: 40%;
            }
            .purple {
                width: 60%;
            }
        }
    </style>
</head>

<body>
    <div class="container">
        <header class="box orange">头部</header>
        <nav class="box green">导航栏</nav>
        <section>
            <aside class="box blue">侧边栏</aside>
            <article class="box purple">文章</article>
        </section>
        <footer class="box red">页脚</footer>
    </div>
</body>

</html>
```

例 3-8 的页面结构是一个常用的网页结构，包括头部、导航栏、侧边栏、文章及页脚等。在移动设备视图下它们的宽度是 100%，布局应该是竖着排成一列。当页面变宽时，侧边栏和文章部分会由竖直排列变成水平排列，这时就需要用到百分比布局。例 3-8 中定义的媒体查询，分别设置侧边栏的宽度为 40%、文章宽度为 60%，当屏幕大于 600 像素时这两个 div 呈水平排列，效果如图 3-26 所示。

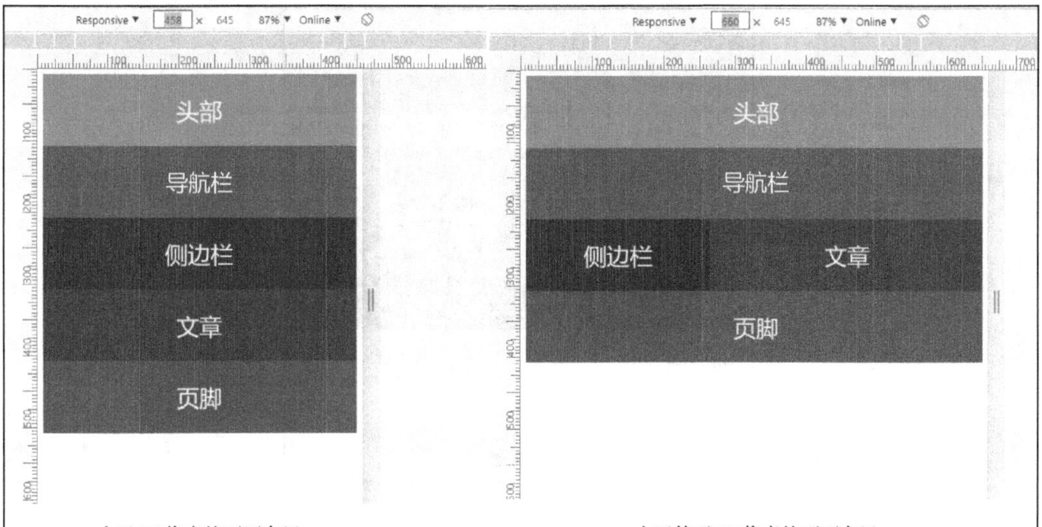

小于600像素的页面布局　　大于等于600像素的页面布局

图 3-26　百分比布局样式的效果

3.3.4　制作响应式页面

下面利用视口、媒体查询和百分比布局制作一个垃圾分类页面的响应式设计，在 PC 端和手机端的显示效果如图 3-27 和如图 3-28 所示。

图 3-27　垃圾分类网站在 PC 端的显示效果

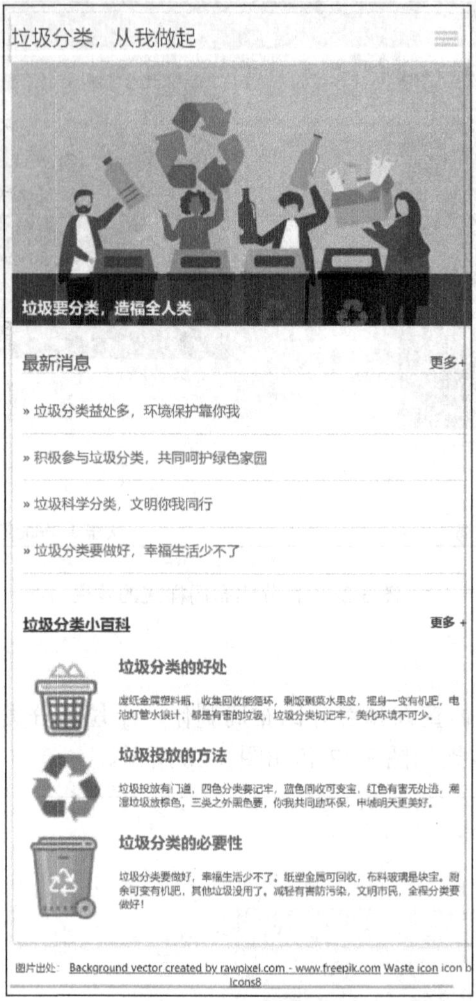

图 3-28　垃圾分类网站在手机端的显示效果

1. 页面结构分析

有了前导知识做铺垫，接下来我们进行页面分析。该页面的页面结构如图 3-29 所示。

图 3-29 中，垃圾分类页面结构包含头部 header、导航栏 nav、主内容区 main 和页面底部 footer 共 4 个部分。其中，主内容区又包含 div.photo-show 图片展示部分、div.top-news 最新消息部分及 div.tips 垃圾分类小常识部分。<header>在手机屏幕上是一个折叠菜单按钮，nav 导航栏是一个列表，主内容区分别是 3 个大的 div，在屏幕尺寸变化时，通过媒体查询使这 3 个 div 放置的位置发生变化。

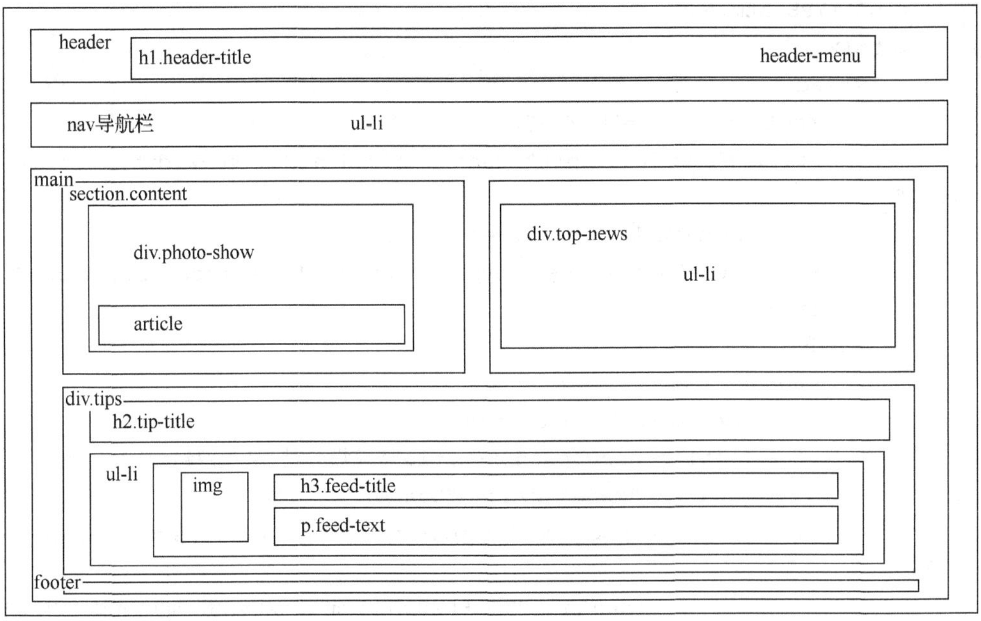

图 3-29　垃圾分类页面的结构

2. 样式分析

1）整个 body 在页面中应该设置为 100%，并加上视口 meta_viewport。

2）使用百分比对页面进行布局，设置头部 header、导航栏 nav、div.photo-show 图片展示部分、div.top news 最新消息部分，div.tips 垃圾分类小常识部分和页面底部 footer 的初始宽度都应该是 100%。

3）初始状态可以从小屏幕开始，设置媒体查询让汉堡菜单代替导航栏，当屏幕放大到中等屏幕时设置媒体查询让汉堡菜单消失，导航栏出现。当屏幕放大到大屏幕时，设置媒体查询，让 div.photo-show 和 div.top-news 在一行排列。

4）在设置 div.photo-show 图片展示时，要相应地使用百分比来放置 article 文字的位置。

5）导航菜单的字体大小在屏幕缩放的时候需要相应地变化，建议使用 em 单位设置大小。

6）给 div.garbage-tips 部分的 ul 设置单击样式修改。

3. 具体操作

（1）制作页面结构

对页面的结构有所了解后，即可开始编写代码来实现它。HTML 部分的代码如下。

```
<!DOCTYPE html>
<html>
    <head>
        <meta charset="UTF-8"/>
        <meta name="viewport" content="width=device-width,initial-
scale=1"/>
        <title>垃圾分类页面</title>
        <link rel="stylesheet" type="text/css" href="css/style.css" />
    </head>
    <body>
        <header class="header">
            <div class="header-inner">
                <h1 class="header-title">垃圾分类,从我做起</h1>
                <a id="menu" class="header-menu">
                    <svg xmlns="http://www.w3.org/2000/svg" viewBox="0
0 24 24">
                        <path d="M2 6h20v3H2zm0 5h20v3H2zm0 5h20v3H2z"/>
                    </svg>
                </a>
            </div>
        </header>
        <nav id="drawer" class="nav">
            <ul class="nav-list">
                <li class="nav-item">
                    <a href="#">新闻</a>
                </li>
                <li class="nav-item">
                    <a href="#">政策</a>
                </li>
                <li class="nav-item">
                    <a href="#">文化</a>
                </li>
                <li class="nav-item">
                    <a href="#">关于</a>
                </li>
            </ul>
        </nav>

        <main class="main">
            <section class="content">
```

```
                <section class="photo_show">
                    <article class="description">
                        <h2>垃圾要分类,造福全人类</h2>
                    </article>
                </section>
                <section class="top-news">
                    <h2 class="news-title">最新消息<a href="#" class=
"news-more">更多+ </a>
                    </h2>
                    <ul>
                        <li class="top-news-item">
                            <a href="#">垃圾分类益处多,环境保护靠你我</a>
                        </li>
                        <li class="top-news-item">
                            <a href="#">积极参与垃圾分类,共同呵护绿色家园</a>
                        </li>
                        <li class="top-news-item">
                            <a href="#">垃圾科学分类,文明你我同行</a>
                        </li>
                             <li class="top-news-item">
                            <a href="#">垃圾分类要做好,幸福生活少不了
                        </li>
                    </ul>
                </section>

                <section class="garbage-tips">
                    <h2 class="tips-title">
                        <span>垃圾分类小百科</span>
                        <a href="#" class="news-more">更多 +</a>
                    </h2>

                    <ul>
                        <li class="feed">
                            <img class="feed-thumbnail" src="img/icons8-
full-trash-50.png" alt="">
                            <h3 class="feed-title"><a href="#">垃圾分类的
好处</a></h3>
                <p class="feed-text">废纸金属塑料瓶,收集回收能循环,剩饭剩菜
水果皮,摇身一变有机肥,电池灯管水银计,都是有害的垃圾,垃圾分类切记牢,美化环境不可少。</p>
                </li>
```

```
                <li class="feed">
                <img class="feed-thumbnail" src="img/icons8-recycle-48.png" alt="">
                <h3 class="feed-title"><a href="#">垃圾投放的方法</a></h3>
                <p class="feed-text">垃圾投放有门道,四色分类要记牢,蓝色回收可变宝,红色有害无处逃,潮湿垃圾放棕色,三类之外黑色要,你我共同助环保,申城明天更美好。</p>
                          </li>
                    <li class="feed">
                    <img class="feed-thumbnail" src="img/icons8-waste-64.png" alt="">
                    <h3 class="feed-title"><a href="#">垃圾分类的必要性</a></h3>
                    <p class="feed-text">垃圾分类要做好,幸福生活少不了。纸塑金属可回收,布料玻璃是块宝。厨余可变有机肥,其他垃圾没用了。减轻有害防污染,文明市民,全程分类要做好!</p>
                </section>
            </main>
            <footer>
                图片出处:
            <a href="https://www.freepik.com/free-photos-vectors/background">Background vector created by rawpixel.com - www.freepik.com</a>
                <a target="_blank" href="https://icons8.com/icons/set/ waste">Waste icon</a> icon by
                <a target="_blank" href="https://icons8.com">Icons8</a>
            </footer>
        </body>
    </html>
```

（2）定义CSS样式

1）设置全局样式，代码如下。

```
/*commen style*/

* {
    box-sizing: border-box;
}

body {
    width: 100%;
    font-size: 12px;
```

```
    color: #424242;
}

ul {
    list-style: none;
    padding: 0;
    margin: 0;
}
```

2）设置 header 头部的样式，代码如下。

```
.header-inner {
    width: 100%;
    margin-left: auto;
    margin-right: auto;
}

.header {
    box-shadow: 0 2px 5px rgba(0, 0, 0, 0.26);
    min-height: 56px;
    transition: min-height 0.3s;
}

.header-title {
    font-weight: 300;
    font-size: 3em;
    margin: 0.5em 0.25em;
    display: inline-block;
    color: #212121;
    }
```

3）设置 nav 导航栏的样式，代码如下。

```
/*设置导航栏的样式*/

.nav {
    width: 100%;
    margin-left: auto;
    margin-right: auto;
}
.nav-list {
```

```
    width: 100%;
    padding: 0;
    margin: 0;
}

.nav-item {
    display: inline-block;
    width: 24%;
    text-align: center;
    line-height: 24px;
    padding: 24px;
    text-transform: uppercase;
}
.nav a {
    text-decoration: none;
    color: #616161;
    padding: 1.5em;
    font-size: 1.25em;
}
.nav a:hover {
    text-decoration: underline;
    color: #212121;
}
/*将汉堡按钮先隐藏*/
.header-menu {
    display: none;
}
```

4）设置 div.photo-show 部分的样式，代码如下。

```
/*设置 main 部分的样式*/
.main {
    box-shadow: 0 2px 5px rgba(0, 0, 0, 0.26);
width: 100%;
    margin-left: auto;
    margin-right: auto;
}
/*设置 div.photo_show 的样式*/
.photo_show {
    width: 100%;
```

```
    position: relative;
    background-image: url(../img/people-sorting-garbage-recycling_
53876-59907.jpg);
    background-size: cover;
    height: 300px;
}
.photo_show article {
    box-sizing: border-box;
    background-color: #000;
    background-color: rgba(0, 0, 0, 0.7);
    position: absolute;
    bottom: 0;
    height: 20%;
    width: 100%;
    color: #fff;
    padding: 1em;
}
```

5）设置 div.top-news 部分的样式，代码如下。

```
/*设置 div.top-news 的样式*/
.top-news {
    height: 300px;
    border-bottom: 1px solid #E0E0E0;
    padding: 1em;
}
.news-title {
    font-weight: 500;
    border-bottom: 1px solid #E0E0E0;
    line-height: 24px;
    font-size: 20px;
}

.news-more {
    float: right;
    font-size: .8em;
    color: #333;
    text-decoration: none;
}
```

```
.top-news-item {
   border-bottom: 1px solid #E0E0E0;
   padding: 1em 0;
   line-height: 20px;
   font-size: 16px;
}

.top-news-item:before {
   content: "» ";
}

.top-news-item:last-child {
   border-bottom: none;
}

.top-news-item a {
   text-decoration: none;
   color: #666;
   padding-top: 1.5em;
   padding-bottom: 1.5em;
}

.top-news-item a:hover,
.top-news-item a:active {
   text-decoration: underline;
}
```

6）设置 div.tips 部分的样式，代码如下。

```
/*设置 div.tips 部分的样式*/

.garbage-tips {
   clear: both;
   padding: 1em;
}
.tips-title>span {
   font-weight: 500;
   line-height: 24px;
   font-size: 20px;
   color: #616161;
```

```
}
.feed {
    clear: both;
    margin: 24px 0;
}
.feed-thumbnail {
    width: 100px;
    float: left;
    margin-right: 1em;
}

.feed-title {
    font-size: 1.5em;
    font-weight: bolder;
}

.feed-text {
    font-size: 1em;
}

.feed-title a {
    text-decoration: none;
    color: #666;
    padding-top: 1.5em;
    padding-bottom: 1.5em;
}

.feed-title a:hover,
.feed-title a:active {
    text-decoration: underline;
}
```

7）设置 footer 部分的样式，代码如下。

```
/*设置 footer 样式部分的样式*/
footer {
    padding-top: 20px;
    text-align: center;
}
```

8）设置汉堡菜单的媒体查询，代码如下。

```
/*设置汉堡菜单的媒体查询*/

@media screen and (max-width: 549px) {
    .header-title {
        margin-left: 0;
        font-size: 2em;
        vertical-align: bottom;
    }
    .nav {
        z-index: 10;
        background-color: #fff;
        width: 300px;
        position: absolute;
        /* This trasform moves the drawer off canvas. */
        -webkit-transform: translate(-300px, 0);
        transform: translate(-300px, 0);
        /* Optionally, we animate the drawer. */
        transition: transform 0.3s ease;
    }
    .nav.open {
        -webkit-transform: translate(0, 0);
        transform: translate(0, 0);
    }
    .nav-item {
        display: list-item;
        border-bottom: 1px solid #E0E0E0;
        width: 100%;
        text-align: left;
    }
    .header-menu {
        display: inline-block;
        position: absolute;
        right: 0;
        padding: 1em;
    }
    .header-menu svg {
        width: 32px;
        fill: #E0E0E0;
```

```
    }
}
@media screen and (min-width: 549px) and (max-width: 768px) {
    main,
    .header-inner,
    .nav,
    .content {
        max-width: 540px;
        margin-left: auto;
        margin-right: auto;
    }
}

@media screen and (min-width: 768px) and (max-width: 960px) {
    .content {
        clear: both;
    }
    .photo_show {
        float: left;
        width: 50%;
    }
    .top-news {
        float: right;
        width: 45%;
    }
}

@media screen and (min-width: 960px) {
    .content {
        clear: both;
    }
    .photo_show {
        float: left;
        width: 50%;
    }
    .top-news {
        float: right;
        width: 50%;
    }
```

```
        main,
        .header-inner,
        .nav,
        .content {
            max-width: 960px;
            margin-left: auto;
            margin-right: auto;
        }
    }
```

本例中共设置了 4 个媒体查询，首先是小屏幕样式，main 中的 3 个 section 垂直排列，有一个汉堡菜单，这里的汉堡菜单目前还不能单击，需要加入 JavaScript 的单击事件。在 body 内部的<footer>标签结束之后添加 JavaScript 代码，设置单击 menu 菜单弹出相应的下拉列表，代码如下。

```
<script>
    var menu = document.querySelector('#menu');
    var main = document.querySelector('main');
    var drawer = document.querySelector('.nav');

    menu.addEventListener('click', function(e) {
        drawer.classList.toggle('open');
        e.stopPropagation();     });
    main.addEventListener('click', function() {
        drawer.classList.remove('open');
    });
</script>
```

第二个媒体查询是“@media screen and (min-width: 549px) and (max-width: 768px)”，表示屏幕尺寸为 549～768 像素的屏幕样式，汉堡菜单消失，导航菜单打开。第三个媒体查询是“@media screen and (min-width: 768px) and (max-width: 960px)”，表示大屏幕的页面样式，main 中的 div.photo-show 和 div.top-news 排成一行。最后一个媒体查询是“@media screen and (min-width: 960px)”表示超大屏幕的页面样式，页面定宽居中显示。

媒体查询和百分比布局结合可以用来进行响应式设计。在本例中用到了视口、媒体查询和百分比布局。视口告诉浏览器，网页要怎样渲染在移动端设备上，百分比布局和媒体查询可以自定义网页在各屏幕上的自适应样式。通过本例的练习，读者能够掌握媒体查询和百分比布局的作用和使用方法，理解这两者在响应式设计中的应用，能够通过媒体查询和百分比布局来制作响应式网站。

任务 3.4 制作跨平台移动 Web 布局页面

3.4.1 栅格系统

响应式页面可以响应的前提有两点：页面布局具有规律性；元素的宽、高可使用百分比代替固定数值，而这两点正是栅格系统本身具有的典型特点，所以利用栅格系统进行响应式的设计是顺理成章的。之前我们知道，要让网站根据浏览器的大小来改变页面元素的大小，就不能将列宽设为固定的像素，而应当使用百分比来确定列的宽度。栅格系统中有一些动态调整的纵列，当窗口变小时，它们将自动顺延到下一行。

例 3-9 下面我们使用案例进行介绍，代码如下。

```
<!DOCTYPE html>
<html>

    <head>
        <meta charset="UTF-8">
        <meta name="viewport" content="width=device-width,initial-
scale=1"/>
        <title></title>

        <style type="text/css">
            body {
                color: white;
                font-size: 24px;
                text-align: center;
            }

            .row {
                width: 100%;
            }
            /*伪元素:after 的一个很重要的用法——清除浮动*/

            .row :after {
                clear: left;
                content: '';
                display: table;
                /*该元素会作为块级表格来显示*/
            }
```

```
        .col1 {
            width: 20%;
            float: left;
        }
        .col2 {
            width: 60%;
            float: left;
        }
        .orange {
            background: orange;
        }
        .green {
            background: green;
        }

        .blue {
            background: darkblue;
        }

        .purple {
            background: purple;
        }


        .red {
            background: red;
    }

        @media screen and (max-width: 500px) {
            .row {
                width: 100%;
            }
            .col1,
            .col2 {
            float: none;
                width: 100%;
            }
        }
    </style>
</head>

<body>
    <div class="container">
```

```
            <div class="row">
                <header class="orange">头部</header>
            </div>
            <div class="row">
                <nav class="green col1">导航栏</nav>
                <article class="purple col2">文章</article>
                <aside class="blue col1">侧边栏</aside>
            </div>
            <div class="row">
                <footer class="red">页脚</footer>
            </div>
        </div>
    </body>
</html>
```

例 3-9 演示了栅格系统在响应式设计中的应用，当屏幕宽度大于 500 像素时，导航栏、文章和侧边栏排成一行；当屏幕宽度缩小至 500 像素以内时，它们自动顺延到下一行，页面效果如图 3-30 所示。

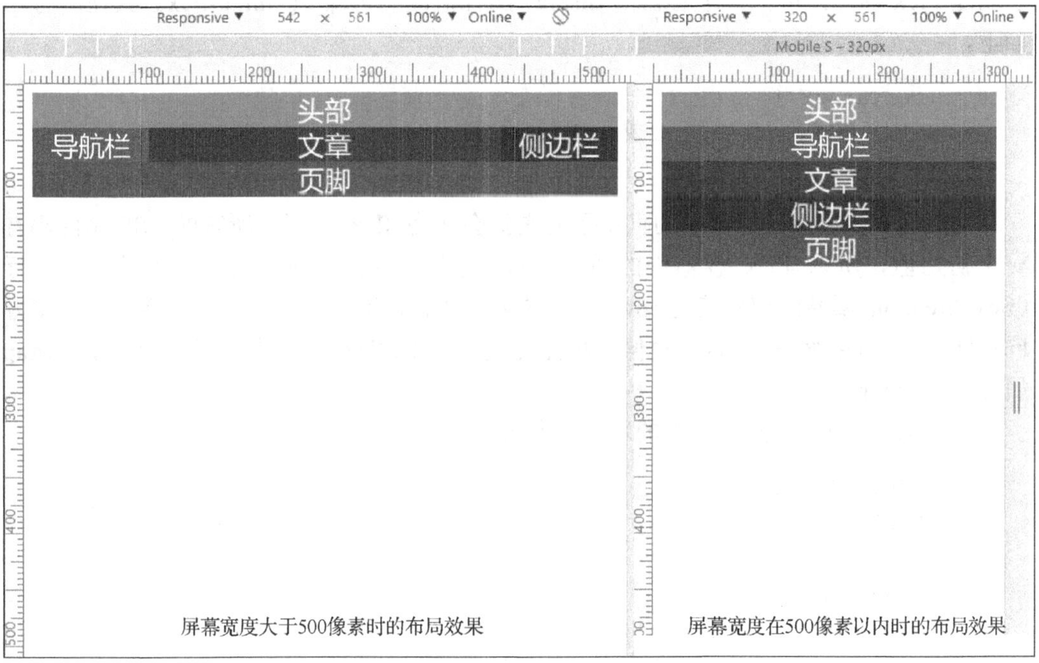

图 3-30　使用栅格系统重新布局页面的效果

3.4.2 弹性盒布局

我们知道，布局的传统解决方案基于盒状模型，依赖于 display 属性、position 属性和 float 属性。它对于那些特殊布局非常不方便，如垂直居中就不容易实现。2009 年，W3C 提出了一种新的方案——Flex 布局，可以简便、完整、响应式地实现各种页面布局。Flex 是 Flexible Box 的缩写，意为“弹性盒布局”，用来为盒状模型提供最大的灵活性。任何一个容器都可以指定为 Flex 布局，目前，它已经得到了所有浏览器的支持，这意味着，Flex 布局将成为未来布局的首选方案。

flexbox 是一整个模块，并非单一的一个属性，它涉及的东西较多，包括一系列属性。其中，一些属性是用在容器（父元素，即容器）上的，其他一些属性则是用在子元素（项目）上的。如果说常规布局是基于块与行内元素流向的，那么 Flex 布局则是基于“flex 流向”的。采用 Flex 布局的元素，称为 Flex 容器（flex container）。它的所有子元素自动成为容器成员，称为 Flex 项目（flex item）。

1. display 属性

display 属性用来定义 Flex 容器，容器是行内元素或块元素，取决于给定的值。为了创建 Flex 容器，可把一个容器的 display 属性值改为 flex 或 inline-flex。其使用方法如下。

```
.container {
    display: flex;  /*或 inline-flex*/
}
```

完成这一步之后，容器中的直系子元素就会变为 flex 元素。所有的 CSS 属性都有一个初始值，所以 Flex 容器中的所有 flex 元素都会有下列行为：元素排列为一行（flex-direction 属性的初始值是 row）；元素从主轴的起始线开始；元素不会在主维度方向拉伸，但是可以缩小；元素被拉伸以填充交叉轴大小；flex-basis 属性为 auto；flex-wrap 属性为 nowrap。

例 3-10 使用 display 属性的示例代码如下。

```
<!DOCTYPE html>
<html>

    <head>
        <meta charset="UTF-8">
        <title>flex-direction 和 flex-wrap</title>
        <style type="text/css">
            .container {
```

```
            height: 200px;
        background: mistyrose;
            display: flex;
        }

        .item {
            width: 150px;
            height: 100px;
            line-height: 100px;
            text-align: center;
            background: tomato;
            color: white;
            font-size: 2em;
            margin: auto;
        }
    </style>
</head>

<body>

    <div class="container">
    <div class="item">item1</div>
        <div class="item">item2</div>
        <div class="item">item3</div>
        <div class="item">item4</div>
    </div>

</body>
</html>
```

例 3-10 中的“display: flex;”表示设置 container 为 Flex 布局，“margin: auto;”表示使 item 水平、垂直都居中，效果如图 3-31 所示。

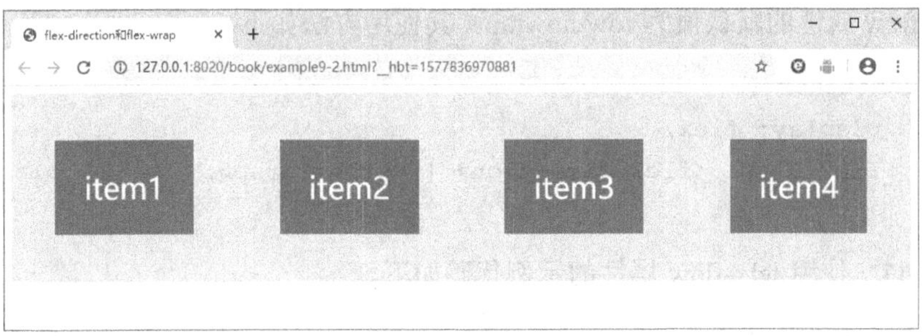

图 3-31　display 属性值为 flex 的效果

2. felx-flow 属性

felx-flow 属性是 flex-direction 属性和 flex-wrap 属性这两个属性的简写。flex-direction 属性决定了 item 的排列方向，flex-wrap 属性决定了 item 是单行排列还是多行排列。

在 Flex 容器中添加 flex-direction 属性可以更改 flex 元素的排列方向。其使用方法如下。

```
.container {
    display: flex;
    flex-direction: row | row-reverse | column | column-reverse;
}
```

flex-direction 属性的初始值是 row，元素从主轴的起始线开始，设置 flex-direction: row-reverse 可以让元素沿着行的方向显示，但是起始线和终止线位置会交换。将 Flex 容器的属性 flex-direction 改为 column，主轴和交叉轴交换，元素沿着列的方向排列显示；将 Flex 容器的属性 flex-direction 改为 column-reverse，起始线和终止线交换。

在容器中添加 flex-wrap 属性可以实现多行 Flex 容器，可以使 Flex 项目应用到多行中。

flex-wrap 属性的使用方法如下。

```
.container {
    display: flex;
    flex-wrap: nowrap | wrap | wrap-reverse;
}
```

为了实现多行效果，需要为属性 flex-wrap 添加一个属性值 wrap。如果子元素太大而无法全部显示在一行中，则会换行显示。由于 flex-wrap 的值设置为 wrap，因此容器中的子元素会换行显示。flex-wrap 的初始值是 nowrap，子元素将会缩小以适应容器，如果项目的子元素无法缩小，使用 nowrap 会导致溢出。

flex-flow 属性的默认值为 row nowrap，其使用方法如下。

```
.container {
    display: flex;
    flex-flow: <flex-direction> || <flex-wrap>;
}
```

例 3-11 使用 felx-flow 属性的示例代码如下。

```
<!DOCTYPE html>
<html>
```

```
    <head>
        <meta charset="UTF-8">
        <title>flex-direction 和 flex-wrap</title>
        <style type="text/css">
            .container {
                height: 200px;
                background: mistyrose;
                display: flex;
                flex-direction: row;
                flex-wrap: wrap;
            }
            .item {
                width: 300px;
                height: 100px;
                line-height: 100px;
                text-align: center;
                background: tomato;
                color: white;
                font-size: 2em;
                margin: 10px 20px;
            }
        </style>
    </head>

    <body>

        <div class="container">
            <div class="item">item1</div>
        <div class="item">item2</div>
        <div class="item">item3</div>
        <div class="item">item4</div>
    </div>
    </body>
</html>
```

例 3-11 中增加了 item 的宽度，由于 flex-wrap 的默认值是 nowrap，子元素会进行缩放以适应容器，因此在调整 flex-wrap 的值为 wrap 后，会让每个 item 多行排列。效果如图 3-32 所示。

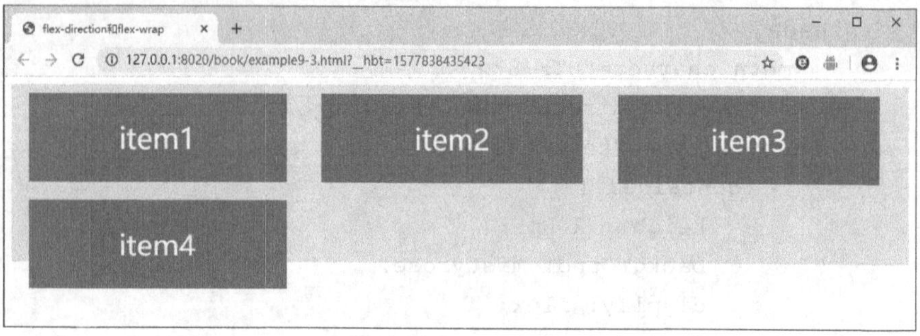

图 3-32　修改属性值 flex-wrap 为 wrap 后的效果

3. justify-content 属性

justify-content 属性定义了项目在主轴上的对齐方式。也就是说，定义了浏览器如何分配顺着父容器主轴的弹性元素之间的空间及其周围的空间。其使用方法如下。

```
    .container {
        justify-content: flex-start | flex-end | center | space-between | 
space-around;
    }
```

其默认属性值为 flex-start，表示左对齐；flex-end 表示右对齐；center 表示居中对齐；space-between 表示两端对齐，也就是项目之间的间隔都相等；space-around 表示每个项目两侧的间隔相等，也就是项目之间的间隔比项目与边框的间隔大 1 倍。

例 3-12　使用 justify-content 属性的示例代码如下。

```
    <!DOCTYPE html>
    <html>

        <head>
            <meta charset="UTF-8"/>
            <meta name="viewport" content="width=device-width,initial-
scale=1"/>
            <title></title>
            <style type="text/css">
                .navigation {
                    margin: 0;
                    list-style: none;
                    background: darkcyan;
                    display: flex;
                    flex-flow: row wrap;
                    justify-content: flex-end;
```

```
        }

        .navigation a {
            color: white;
            text-decoration: none;
            display: block;
            padding: 15px;
        }

        .navigation a:hover {
            background: #00BFFF;
        }

        @media screen and (max-width: 800px) {
            .navigation {
                justify-content: space-around;
            }
        }

        @media screen and (max-width: 500px) {
            .navigation {
                flex-flow: column wrap;
                padding: 0;
            }
            .navigation a {
                text-align: center;
                padding: 10px;
                border-top: 1px solid rgba(255, 255, 255, 0.3);
                border-bottom: 1px solid rgba(0, 0, 0, 0.1);
            }
            .navigation li:last-of-type a {
                border-bottom: none;
            }
        }
    </style>
</head>

<body>

    <ul class="navigation">
        <li>
            <a href="#">首页</a>
        </li>
        <li>
```

```
                <a href="#">产品</a>
            </li>
            <li>
                <a href="#">关于</a>
            </li>
        <li>
            <a href="#">联系我们</a>
        </li>
        </ul>
    </body>
</html>
```

例 3-12 是一个响应式的导航条，在浏览器宽度为 800 像素以上的大屏幕中，导航栏靠右对齐；设置“justify-content: flex-end;”，表示导航栏在中等大小的屏幕上居中显示；设置“justify-content: space-around;”，表示导航栏在小屏幕的移动设备上竖着排列，效果如图 3-33 所示。

（a）大屏幕导航效果

图 3-33　修改属性值 justify-content 后的效果

（b）中等屏幕导航效果

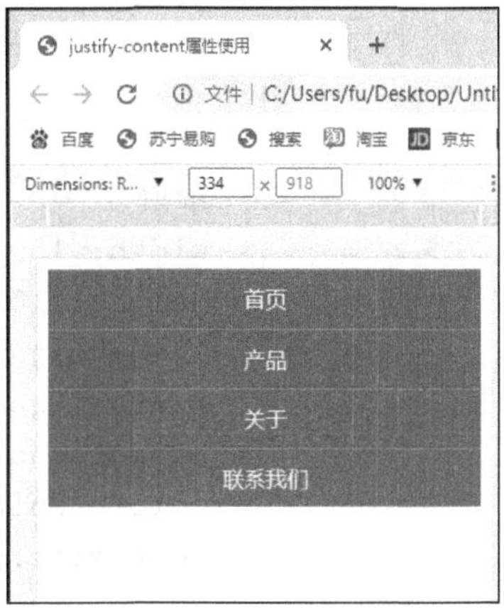

（c）小屏幕导航效果

图 3-33（续）

4. align-items 属性

align-items 属性定义项目在交叉轴上如何对齐，align-items 属性将所有直接子节点上的 align-self 值设置为一个组。使用 align-self 属性设置项目在其包含块中在垂直方向上的对齐方式。其使用方法如下：

```
.container{
    align-items: flex-start | flex-end | center | baseline | stretch;
}
```

align-items 可以取 5 个值，flex-start 表示交叉轴的起点对齐；flex-end 表示交叉轴的终点对齐；center 表示交叉轴的中点对齐；baseline 表示项目的第一行文字的基线对齐；默认值是 stretch，表示如果项目未设置高度或设为 auto，将占满整个容器的高度。

例 3-13　使用 align-items 属性的示例代码如下。

```
<!DOCTYPE html>
<html>

    <head>
        <meta charset="UTF-8">
```

```
        <title></title>
        <style type="text/css">
            .container {
                height: 200px;
                background: mistyrose;
                display: flex;
                justify-content: space-around;
                align-items: flex-end;
            }

            .item {
                width: 150px;
                height: 100px;
                line-height: 100px;
                text-align: center;
                background: tomato;
                color: white;
                font-size: 2em;

            }
        </style>
    </head>

    <body>

        <div class="container">
            <div class="item">item1</div>
            <div class="item">item2</div>
            <div class="item">item3</div>
            <div class="item">item4</div>

        </div>
    </body>

</html>
```

其中，justify-content 和 align-items 属性设置了子元素水平和垂直方向的排列方式，运行效果如图 3-34 所示。

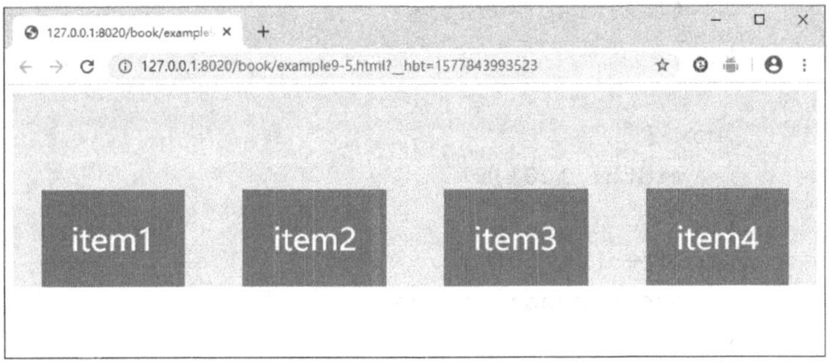

图 3-34　align-items 属性值为 flex-end 的效果

5. order 属性

默认情况下，在弹性布局中，子元素按照文档流出现的先后顺序排列。但 order 属性可以控制在伸缩容器内的显示顺序。order 属性定义项目的排列顺序，其数值越小，排列越靠前，默认为 0。

order 属性的使用方法如下。

```
.item {
   order: <integer>;
}
```

例 3-14　使用 order 属性的示例代码如下。

```
<!DOCTYPE html>
<html>
   <head>
      <meta charset="UTF-8">
      <meta name="viewport" content="width=device-width,initial-
scale=1"/>
      <title></title>
      <style type="text/css">
         body {
            color: white;
            font-size: 24px;
            text-align: center;
         }

         .container {
            width: 100%;
            display: flex;
```

```
    flex-wrap: wrap;
}

.box {
    width: 100%;
}
.orange {
    background: orange;
}
.green {
    background: green;
}
.blue {
    background: darkblue;
}
.purple {
    background: purple;
}

.red {
    background: red;
}

@media screen and (min-width: 500px) {
    .blue {
        width: 40%;
    }
    .purple {
        width: 60%;
    }
}

@media screen and (min-width: 800px) {
    .green {
        width: 20%;
        order: 1;
    }
    .purple {
        width: 50%;
        order: 2
    }
```

```
                .blue {
                    width: 30%;
                    order: 3
                }
                .red{
                    order: 4;
                }
            }
        </style>
    </head>
    <body>
        <div class="container">
            <header class="box orange">头部</header>
            <nav class="box green">导航</nav>
            <aside class="box blue">侧边栏</aside>
            <article class="box purple">文章</article>
            <footer class="box red">页脚</footer>
        </div>
    </body>

</html>
```

例 3-14 实现了一种常用的页面布局，当页面足够大时，从上到下分成 3 个部分，分别是头部（header）、躯干（body）、尾部（footer）。其中，躯干又水平分成 3 栏，从左到右为导航、文章、侧边栏。当大屏幕的媒体查询时，重新设置导航、文章和侧边栏、页脚的 order 属性值大小，重排侧边栏和文章的顺序。本例中使用了百分比控制项目的大小，页面效果如图 3-35 所示。

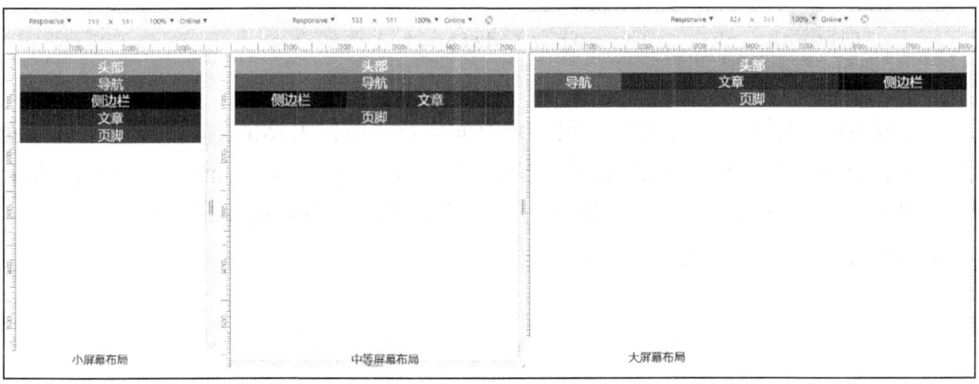

图 3-35　使用 order 属性设置响应式页面的效果

6. flex 属性

flex 属性是 flex-grow 属性、flex-shrink 属性和 flex-basis 属性的简写，默认值分别为 0、1、auto。后两个属性可选。flex 属性有两个快捷值：auto(1,1,auto)和 none(0,0,auto)。建议优先使用这个属性，而不是单独写 3 个分离的属性，因为浏览器会推算相关值。

flex 属性的使用方法如下。

```
.item {
    flex: none | [ <'flex-grow'> <'flex-shrink'>? || <'flex-basis'> ]
}
```

1）flex-grow 属性用于定义项目的放大比例，默认为 0，即如果存在剩余空间，也不放大。如果将所有项目的 flex-grow 属性都设为 1，则它们将等分剩余空间（如果有的话）。如果将一个项目的 flex-grow 属性设为 2，其他项目都为 1，则前者占据的剩余空间将比其他项多 1 倍。

flex-grow 属性的使用方法如下。

```
.item {
    flex-grow: <number>; /* default 0 */
}
```

2）flex-shrink 属性用于定义项目的缩小比例，默认为 1，即如果空间不足，该项目将缩小。如果将所有项目的 flex-shrink 属性都设为 1，则当空间不足时，都将等比例缩小。如果将一个项目的 flex-shrink 属性设为 0，其他项目都为 1，则空间不足时，前者不缩小。负值对该属性无效。

flex-shrink 属性的使用方法如下。

```
.item {
    flex-shrink: <number>; /* default 1 */
}
```

3）flex-basis 属性用于定义在分配多余空间之前，项目占据的主轴空间（main size）。浏览器根据这个属性，计算主轴是否有多余空间。它的默认值为 auto，即项目的本来大小。它可以设为与 width 或 height 属性一样的值，即项目将占据固定空间。

flex-basis 属性的使用方法如下。

```
.item {
    flex-basis: <length>; | auto; /* default auto */
}
```

例 3-15　使用 flex 属性的示例代码如下。

```
<!DOCTYPE html>
<html>

    <head>
        <meta charset="UTF-8">
        <meta name="viewport" content="width=device-width,initial-
scale=1" />
        <title></title>

        <style type="text/css">
            body {
                color: white;
                font-size: 24px;
                text-align: center;
            }
            .container {
                width: 100%;
                display: flex;
                flex-wrap: wrap;
            }

            .box {
                flex: 1 100%;
            }

            .orange {
                background: orange;
            }

            .green {
                background: green;
            }

            .blue {
                background: darkblue;
            }

            .purple {
```

```
            background: purple;
        }

        .red {
            background: red;
        }

        @media screen and (min-width: 500px) {
            .blue {
                flex: 1 auto;
            }
            .green {
                flex: 1 auto;
            }
        }

        @media screen and (min-width: 800px) {
            .blue {
                flex: 1 auto;
                order: 1;
            }
            .purple {
                flex: 2 auto;
                order: 2;
            }
            .green {
                flex: 1 auto;
                order: 3;
            }
            .red {
                order: 4;
            }
        }
    </style>
</head>

<body>
    <div class="container">
        <header class="box orange">头部</header>
```

```
            <article class="box purple">文章</article>
            <aside class="box blue">侧边栏 1</aside>
            <nav class="box green">侧边栏 2</nav>
            <footer class="box red">页脚</footer>
        </div>
    </body>

</html>
```

例 3-15 实现了另一种常用的页面布局，当页面足够大时，从上到下分成 3 个部分，分别是头部（header）、躯干（body）、尾部（footer）。其中，躯干又水平分成 3 栏，从左到右为侧边栏 1、文章、侧边栏 2。当大屏幕的媒体查询时，重新设置侧边栏 1、文章、侧边栏 2、页脚的 order 属性值大小，重排项目顺序。本例中使用了 flex 属性来分配项目大小，页面效果如图 3-36 所示。

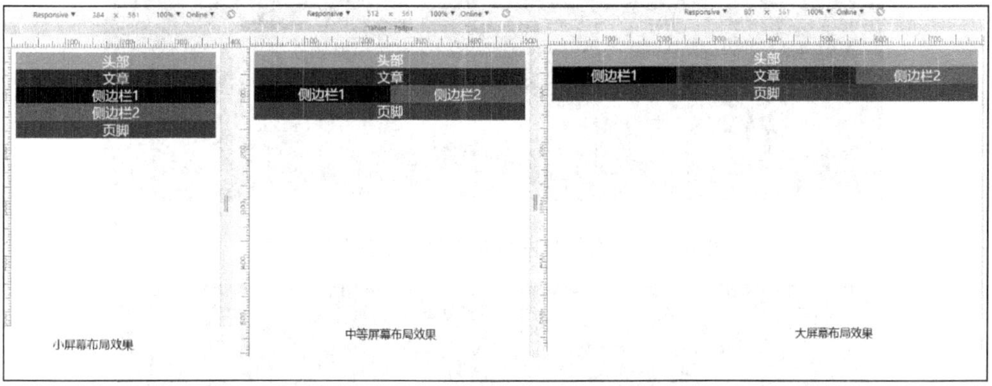

图 3-36　使用 flex 属性设置响应式页面的效果

7. align-self 属性

align-self 属性允许单个项目有与其他项目不一样的对齐方式，可覆盖 align-items 属性。其默认值为 auto，表示继承父元素的 align-items 属性，如果没有父元素，则等同于 stretch。

align-self 属性的使用方法如下。

```
.item {
    align-self: auto | flex-start | flex-end | center | baseline | stretch;
}
```

注意：float、clear、vertical-align 属性对伸缩项目没有作用。

技能实践

在任务 3.3 中讲解了通过百分比布局加上媒体查询等方式来进行屏幕适配，这其实是一种响应式设计，遵循响应式设计的原则。这意味着网站并非固定为单一尺寸，不管采用什么类型的设备，页面都会做出响应并正确调整尺寸，确保一切看起来既美观又清晰。因此，响应式才会在各种复杂分辨率的条件下都能给用户一个比较好的体验。

下面用栅格系统和弹性盒布局实现一个个人信息页面的响应式设计，在不同屏幕下的显示效果如图 3-37～图 3-39 所示。

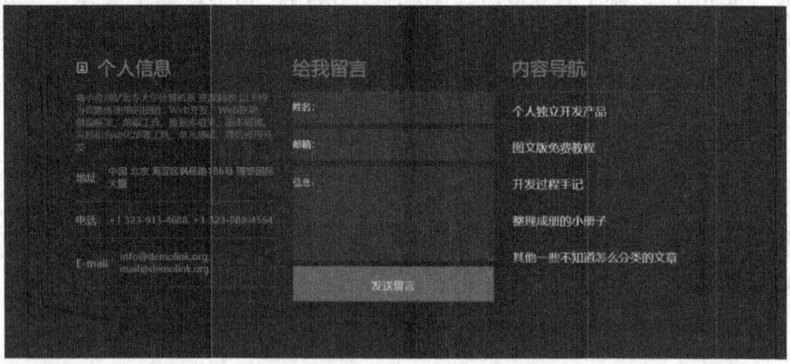

图 3-37　个人信息网页在大屏幕下的显示效果

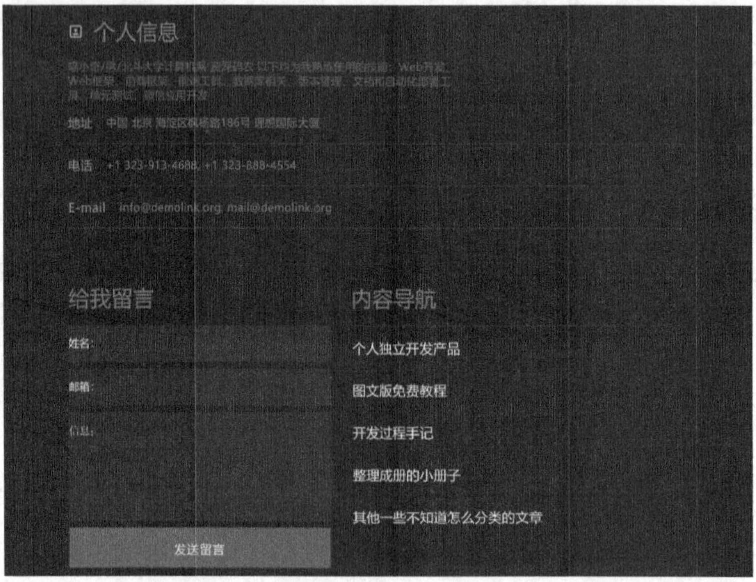

图 3-38　个人信息网页在中等屏幕下的显示效果

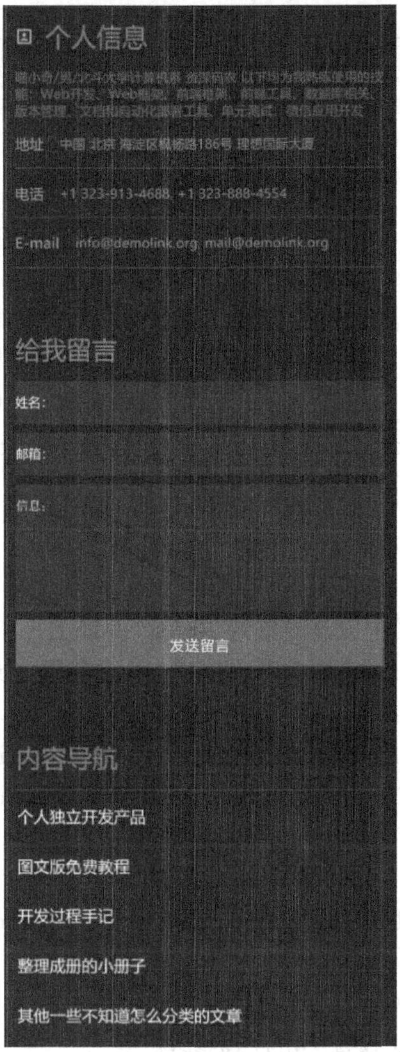

图 3-39　个人信息网页在小屏幕下的显示效果

1. 页面结构分析

有了前导知识做铺垫，接下来我们进行页面分析。该页面的结构如图 3-40 所示。

如图 3-40 所示，个人信息页面设置成一个整体的 section，在这个大的 section 中有 3 个 aside，分别对应 3 个部分：个人信息、给我留言和内容导航。个人信息部分的标题包含小图标和文字，用 div 来放置，div.contact 联系信息部分也可以用一个大的 div 放置。给我留言部分是一个标题 h3 和一个 form 表单，用 div 来布局存放表单的元素。内容导航部分是标题 h3 和一个 ul 列表。

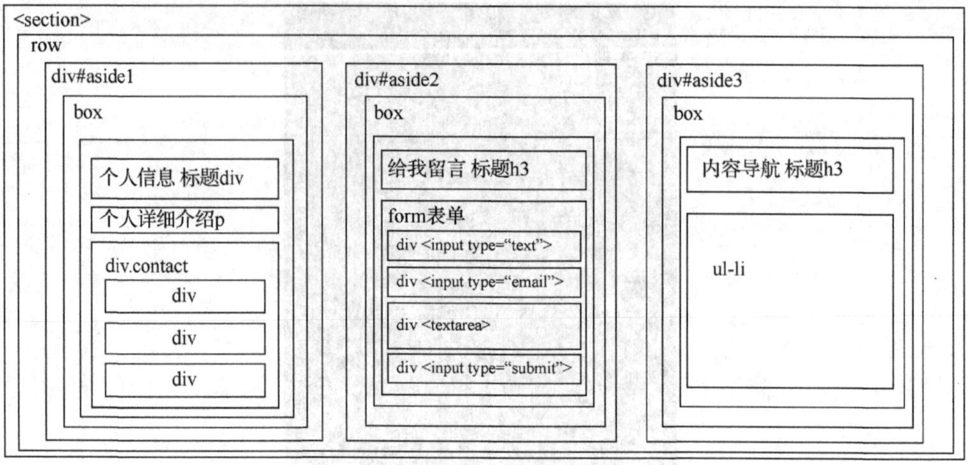

图 3-40　个人信息页面的结构图

2. 样式分析

1）整个 section 在页面中应该设置为 100%，并加上视口 meta_viewport。

2）使用弹性盒对页面进行布局，设置容器 row 的布局为 flex，分别对应项目#aside1、#aside2、#aside3 作为该容器的 3 个子元素。

3）初始状态可以从小屏幕开始，#aside1、#aside2、#aside3 都是 flex 为 1,100%，3 个项目垂直排列。当屏幕放大到中等屏幕时，设置媒体查询，让#aside1 在第一行、#aside2 和#aside3 在第二行排列。当屏幕放大到大屏幕时，设置媒体查询，让 3 个 aside 在一行排列。

4）在每个 aside 内部还可以使用 flex 布局，如第一个 aside 中 div.contact 的每个 item 又可以设置为 flex 进行横向布局。

5）在#aside2 部分表单中加上非空校验和邮箱格式校验。

6）给#aside3 部分的 ul 设置单击样式修改。

3. 具体操作

（1）制作页面结构

对页面的结构有所了解后，即可开始编写代码来实现它。页面的基本结构代码如下。

```
<section>
    <div class="row">
        <div id="aside1">
            <div class="box">
                <div>图标和标题</div>
```

```
                <p>个人简介</p>
                <div>地址、电话、邮箱</div>
            </div>
        </div>
        <div id="aside2">
            <h3>给我留言标题</h3>
            <div class="box">
                <form action="" method="post">
                    <div>text 控件</div>
                    <div>email 控件</div>
                    <div>textarea 多行文本框</div>
                    <div>submit 按钮</div>
                </form>
            </div>
        </div>
        <div id="aside3">
            <div class="box">
            <h3>内容导航标题</h3>
                <ul>
                    <li></li>
                    <li></li>
                    <li></li>
                    <li></li>
                    <li></li>
                </ul>

            </div>
        </div>
    </div>
</section>
```

按照设计稿编写完整的 HTML 代码，代码如下。

```
<!DOCTYPE html>
<html>
    <head>
        <meta charset="UTF-8">
        <meta name="viewport" content="width=device-width,initial-
scale=1" />
        <title>个人信息</title>
```

```
            <link rel="stylesheet" type="text/css" href="css/style.css"/>
    </head>
        <body>
            <section class="container-fluid  section-classic bg-image-1">
                <div class="container">
                    <div class="row justify-content-center">
                        <div id="aside1">
                            <div class="box">
                            <div class="brand">
                                <a href="#">
                <img src="img/portrait.png"alt=""class="menu_square_large"/>
                                    <span class="info-title">个人信息</span>
                                </a>
                            </div>
                            <p class="text-width-medium">喵小奇/男/北斗大学计
算机系 资深码农 以下均为我熟练使用的技能：Web 开发、Web 框架、前端框架、前端工具、数据库
相关、版本管理、文档和自动化部署工具、单元测试、微信应用开发 </p>
                            <div class="contact-classic">
                                <div class="contact-classic-item">
                                    <div class="unit align-items-center">
                                        <div class="unit-left">
                                            <h6 class="contact-classic-title">
地址</h6>
                                        </div>
                                        <div class="unit-body contact-classic-
link">
                                            <a href="#">中国 北京 海淀区枫杨路 186
号 理想国际大厦</a>
                                        </div>
                                    </div>
                                </div>
                                <div class="contact-classic-item">
                                    <div class="unit align-items-center">
                                        <div class="unit-left">
                                            <h6 class="contact-classic-title">
电话</h6>
                                        </div>
                                        <div class="unit-body contact-classic-
link">
```

```
                                <a href="#">+1 323-913-4688</a>,
                                <a href="#"> +1 323-888-4554</a>
                            </div>
                        </div>
                    </div>
                    <div class="contact-classic-item">
                        <div class="unit align-items-center">
                            <div class="unit-left">
                                <h6 class="contact-classic-title">
E-mail</h6>
                            </div>
                            <div class="unit-body contact-classic-
link">
                                <a href="#"> info@demolink.org</a>,
                                <a href="#"> mail@demolink.org</a>
                            </div>
                        </div>
                    </div>
                </div>
            </div>
            <div id="aside2">
                <div class="box">
                    <h3 class="font-weight-normal">给我留言</h3>
                    <form class="rd-form" method="post" action="#">
                        <div class="form-wrap">
                            <input class="form-input" type="text" name=
"name" placeholder="姓名：">
                        </div>
                        <div class="form-wrap">
                            <input class="form-input" type="email"
name="email" placeholder="邮箱：">
                        </div>
                        <div class="form-wrap">
                            <textarea class="form-input form-textarea"
id="contact-message-6" name="message" placeholder="信息："></textarea>
                        </div>
                        <div class="form-wrap">
                            <button class="button" type="submit">发送
留言</button>
```

```
                    </div>
                </form>
            </div>
        </div>
        <div id="aside3">
            <div class="box">
                <h3 class="font-weight-normal">内容导航</h3>
                <ul class="list-category">
                    <li class="heading-5">
                        <a href="#">个人独立开发产品<span></span></a>
                    </li>
                    <li class="heading-5">
                        <a href="#">图文版免费教程<span></span></a>
                    </li>
                    <li class="heading-5">
                        <a href="#">开发过程手记<span></span></a>
                    </li>
                    <li class="heading-5">
                        <a href="#">整理成册的小册子<span></span></a>
                    </li>
                <li class="heading-5">
                        <a href="#">其他一些不知道怎么分类的文章<span>
</span></a>
                    </li>
                </ul>
            </div>

        </div>
    </div>

</div>
</section>

</body>

</html>
```

（2）定义CSS样式

1）可以在编写HTML时对CSS样式进行设置。首先是设置全局样式，代码如下。

```
/*设置全局样式*/
* {
   margin: 0px;
   padding: 0px;
   box-sizing: border-box;
}
.container-fluid {
   width: 100%;
}
.container {
   padding-right: 15px;
   padding-left: 15px;
}
.section-classic {
   padding: 50px 0;
   color: rgba(255, 255, 255, .3);
   background: #212733;
}
.row {
   display: flex;
   flex-wrap: wrap;
   margin-right: -15px;
   margin-left: -15px;
}
#aside1,
#aside2,
#aside3 {
   flex: 1 100%;
}
.justify-content-center {
   justify-content: center !important;
}

.box {
   text-align: left;
   min-height: 100%;
   padding: 40px 15px;
   letter-spacing: .025em;
}
```

2）设置#aside1 个人信息部分的样式，代码如下。

```
/*设置 aside1 的样式*/

.brand a {
   color: #00aff0;
   font-size: 2em;
}


.bg-image-1 {
   background: url(../img/bg-image-1-1770x560.jpg);
}

.menu_square_large {
   display: inline-block;
   width: 24px;
   height: 24px;
   margin-right: 5px;
}
.text-width-medium {
   max-width: 600px;
   margin-top: 20px;
}
.contact-classic-item {
   padding: 20px 0;
   border-bottom: 1px solid rgba(255, 255, 255, .15);
}
.unit {
   display: flex;      flex: 0 1 100%;
   margin-bottom: -30px;
   margin-left: -20px;
}

.align-items-center {
   align-items: center !important;
}
.unit-left {
   flex: 0 0 auto;
}
```

```
.unit-body {
   flex: 0 1 auto;
}

.unit>* {
   margin-bottom: 30px;
   margin-left: 20px;
}

.contact-classic-title {
   color: #29c5ff;
   margin-top: 1px;
   letter-spacing: .025em;
}

h6 {
   font-size: 18px;
   line-height: 1;
   font-weight: 500;
   letter-spacing: .1em;
}

a,
a:focus,
a:active {
   color: #00aff0;
}

a,
a:focus,
a:active,
a:hover {
   text-decoration: none;
}
```

3）设置#aside2 给我留言部分的样式，代码如下。

```
/*设置 aside2 的样式*/
.font-weight-normal {
```

```
    font-weight: 400 !important;
    font-size: 2em;
    color: #00aff0;
}

.rd-form {
    margin-top: 20px;
    text-align: left;
}

.form-wrap {
    width: 100%;
        }
.form-input {
    display: block;
    width: 100%;
    font-size: 16px;
    padding-top: 18px;
    padding-bottom: 18px;
    border: none;
    color: #fff;
    background: rgba(255, 255, 255, .06);
}

.form-textarea {
    min-height: 160px;
}

.form-input::-webkit-input-placeholder {
    font-size: 16px;
    color: #FFFFFF;
}

.button {
    display: block;
    width: 100%;
    color: #fff;
    background-color: #008abd;
    border-color: #008abd;
```

```
    min-width: 222px;
    padding: 17px 33px 15px;
    font-size: 18px;
    letter-spacing: .075em;
}

*+.form-wrap {
    margin-top: 10px;
    margin-bottom: 10px;
}
```

4）设置#aside3 内容导航部分的样式，代码如下。

```
/*设置 aside3 的样式*/

*+.list-category {
    margin-top: 20px;
}

.list-category li:first-child {
    border-top: 1px solid rgba(255, 255, 255, .15);
}

.heading-5 {
    font-size: 20px;
    line-height: 1;
    font-weight: 500;
    /*color: rgba(255, 255, 255, .15);*/
    color: #fff;
}

ul {
    list-style: none;
}
.list-category {
    display: block;
    width: 100%;
}

.list-category a {
```

```
    position: relative;
    display: block;
    padding: 22px 40px 20px 2px;
    transition: color .3s ease-in-out, all .3s ease;
    background-color: transparent;
}

.list-category a {
    color: #fff;
}
.list-category a:hover {
    letter-spacing: .1em;
    background-color: #29c5ff
}

*+.list-category {
    margin-top: 20px
}
```

5）设置媒体查询，代码如下。

```
@media only screen and (min-width:576px) and (max-width:768px) {
    .container {
        max-width: 540px;
        margin-left: auto;
        margin-right: auto;
    }
}

@media only screen and (min-width:768px) and (max-width:1200px) {
    .container {
        max-width: 960px;
    margin-left: auto;
        margin-right: auto;
    }

    .row{
        justify-content: space-between;
    }
```

```
    #aside1 {
        flex: 1 100%;
        order: 1
    }
    #aside2 {
        flex: 1 auto;
        order: 2
    }
    #aside3 {
        flex: 1 auto;
        order: 3
    }
}
@media only screen and (min-width:1200px) {
.container {
        max-width: 1140px;
        margin-left: auto;
        margin-right: auto;
    }

    .row{
        flex-flow: nowrap;
    }

}
```

本例中共设置了 4 个屏幕样式，首先是默认的小屏幕样式，3 个 aside 垂直排列，第一个媒体查询是“@media only screen and (min-width:576px) and (max-width:768px)”，表示屏幕尺寸为 576～768 像素的中等屏幕样式；第二个媒体查询是“@media only screen and (min-width:768px) and (max-width:1200px)”，表示屏幕尺寸为 768～1200 像素的大屏幕样式；第三个媒体查询是“@media only screen and (min-width:1200px)”，表示超大屏幕的页面样式。

弹性盒布局是 CSS3 的一种新的布局模式，更适合响应式的设计。弹性盒布局在响应式页面设计中经常使用，Flex 布局非常灵活，任意一个容器都可以指定为 Flex 布局，块状元素只需要 display 属性规定为 Flex 即可。通过练习，读者应能够掌握弹性盒布局各属性的作用和使用方法，理解栅格系统和弹性盒布局在响应式设计中的应用，能够通过栅格系统和弹性盒布局来制作响应式网站。

思 考 练 习

1. HTML5 的结构标签有哪些？
2. 表单元素及其属性有哪些？
3. 什么是视口？
4. 什么是弹性盒布局？

项目 4　使用 JavaScript 制作网页特效

知识目标

1）掌握 document 文档对象的使用方法。

2）掌握 Date 日期时间对象的使用方法。

3）掌握函数的使用方法。

技能目标

1）能利用 document 文档对象、Date 日期时间对象在网页中显示日期和时间。

2）能利用数组和函数等功能在网页中制作轮播图效果。

知识架构

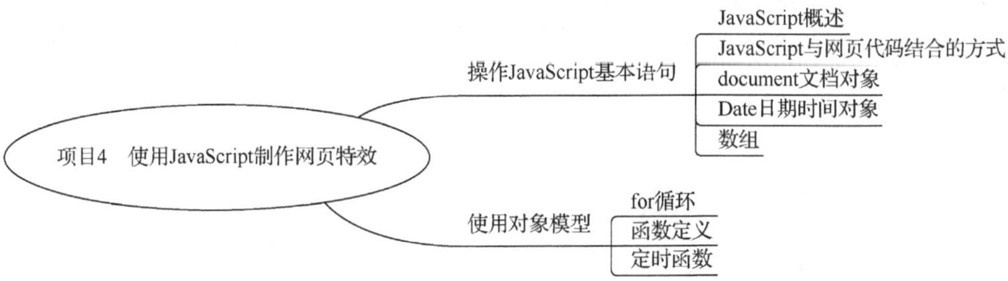

任务 4.1　操作 JavaScript 基本语句

4.1.1　JavaScript 概述

JavaScript 是一种描述性语言，是一种基于对象和事迹驱动的、具有安全性的脚本语言。重要的一点是，我们需要知道 JavaScript 是运行在客户端的，与 Java 和 PHP 不同，Java 和 PHP 是运行在服务器端的，所以 JavaScirpt 也减轻了服务器的压力。例如，表单的验证功能，可以在浏览器端进行。

4.1.2　JavaScript 与网页代码结合的方式

我们可以将 JavaScript 代码直接嵌入浏览器中执行，也可以将 JavaScript 代码单独存储为一个扩展名为.js 的文件，然后由网页嵌入 JavaScript 文件。

1）直接嵌入网页中，代码如下。

```
<script language="javascript">
alert("我是 javascript 代码");
</script>
```

上述代码中的 alert 表示打开对话框对象。

2）存储为.js 文件，然后在网页中引入。

首先通过 Dreamweaver 软件的“新建文档”对话框建立 JavaScript 文件，如图 4-1 所示。

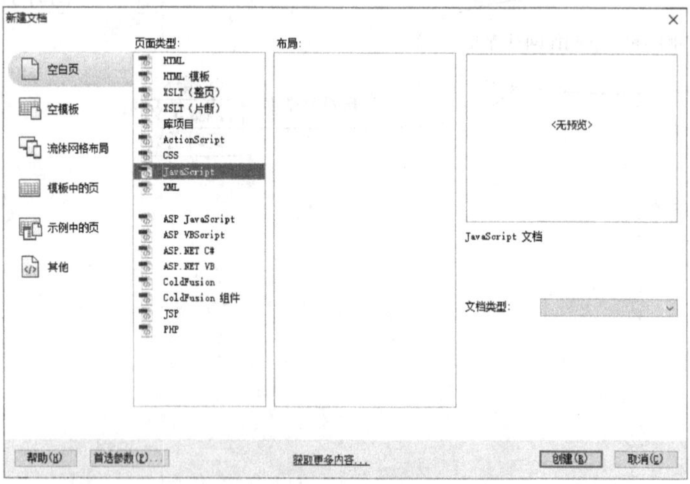

图 4-1　新建 JavaScript 文档

然后输入代码“alert("我是 javascript 代码")”，并保存为 1.js.

接下来在 HTML 代码中嵌入如下代码。

```
<body>
<script language="javascript" src="1.js"></script>
</body>
```

运行网页后，我们就会看到如图 4-2 所示的效果。

图 4-2　显示 1.js 代码中的内容

4.1.3　document 文档对象

JavaScript 语言是基于对象编程的，document 对象代表了整个 HTML 文档，可用来访问页面中的所有元素。document 对象有以下几个重要的方法。

1）getElementById( )：返回第一个指定 id 的引用。

2）getElementsByName( )：返回带有指定名称的对象的集合。

3）getElementsByTagName( )：返回带有指定标签名的对象的集合。

4）write( )：向文档中写文本、HTML 表达式或 JavaScript 代码。

本节我们重点使用 document 的 write( )方法。例如，新建一个网页，在页面中输入如下代码。

```
<script language="javascript">
   document.write("hello javascript");
</script>
```

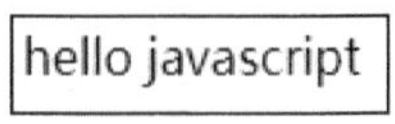

图 4-3　输出 hello javascript

运行网页后，可看到如图 4-3 所示的效果。

4.1.4　Date 日期时间对象

Date 对象用来操作日期和时间，具体的方法有以下几个。

1）getDate( )：返回一个月中的某一天，取值为 1～31。

2）getDay( )：返回一个星期中的某一天，取值为 0～6。

3）getHours( )：返回 Date 对象的小时数，取值为 0～23。

4）getMinutes( )：返回 Date 对象的分钟数，取值为 0～59。

5）getSeconds( )：返回 Date 对象的秒数，取值为 0～59。

6）getMonth( )：返回 Date 对象的月份，取值为 0～11。

7）getFullYear( )：返回 Date 对象的年份，取值为 0～9999。

4.1.5 数组

JavaScript 中的数组是具有相同数据类型的一个或多个值的集合。数组用一个名称存储一系列的值，数组的每个值使用下标区分，数组的下标从 0 开始。

可以使用“var bj=new Array("网络 181","网络 182","网络 183","网络 184");”来定义一个变量数组 bj，其中 bj[0]是网络 181，bj[1]是网络 182，bj[2]是网络 183，bj[3]是网络 184。

任务 4.2 使用对象模型

函数对任何一门语言来说都是核心的概念。通过函数可以封装任意条语句，而且可以在任何地方、任何时候调用执行。在 JavaScript 中，函数即对象，程序可以随意地操控它们。函数可以嵌套在其他函数中定义，这样它们就可以访问它们被定义时所处的作用域中的任何变量，它给 JavaScript 带来了非常强大的编程能力。

4.2.1 for 循环

for 循环是 JavaScript 的一种逻辑控制语句，它能够循环多个数据，然后对每个数据进行处理。其基本语法格式如下。

```
for(初始化;条件;增量或减量)
{
    //JavaScript 语句
}
```

例如：

```
<script language="javascript">
for(i=1;i<=100;i++)        //循环遍历 i
{
    document.write(i);     //输出每个 i 的值
    document.write("<br>");
}
</script>
```

运行上述代码后，我们会看到 1～100 被输出，并且每行都会输出空格。

4.2.2　函数定义

在 JavaScript 中，自定义函数由关键字 function、函数名、一组参数及置于括号中的准备执行的 JavaScript 语句组成，其基本语法格式如下。

```
function 函数名(参数1,参数2,参数3,...)
{
    //JavaScript语句
     [return 返回给调用者]
}
```

function 是定义函数的关键字；参数 1、参数 2、参数 3 是调用函数时接收传递过来的实际参数，也可以不带参数；{}是函数体；return 是返回给调用者的值。

例如：

```
<input type="button" value="计算1到传递值的和"  onclick="js(100)">
</button>
<script language="javascript">
    function js(k){
        var sum=0;              //定义sum最开始的值为0
        for(i=1;i<=k;i++)       //让i从1循环到k,这里k是传递过来的100
        sum=sum+i;              //i每循环一次,就统计到sum中
        alert(sum)              //输出sum的值,这个sum就是1到100的和 5050
        }
</script>
```

在上述代码中，首先定义了一个 button 按钮，当单击这个按钮时，就调用了 js 这个函数，并把 100 传递过去。js 函数利用 for 循环计算了 1～k 的值，并使用 alert( )方法将计算的结果显示出来，如图 4-4 所示。

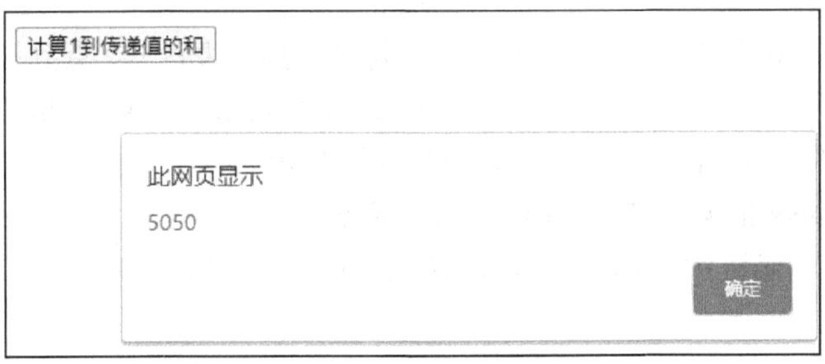

图 4-4　计算 1 到传递值的和

4.2.3 定时函数

JavaScript 中提供了两个定时函数，分别是 setTimeout( )和 setInterval( )，还提供了两个用于清除定时器的函数：clearTimeout()和 clearInterval( )。

（1）setTimeout( )函数

setTimeout( )函数用于在定义的毫秒后调用函数或表达式。

例如：

```
    <input type="button" value="setTimeout( )函数的用法"onclick="time()">
</button>
    <script language="javascript">
        function time(){
                setTimeout("alert('3 秒后输出您好')",3000)
        }
    </script>
```

在上述代码中，调用了 time( )函数，在 time( )函数中使用了 setTimeout( )函数，设置 3000 毫秒（3 秒）后输出内容，如图 4-5 所示。

图 4-5　setTimeout( )函数的用法

（2）setInterval( )函数

setInterval( )函数按照指定的周期（毫秒）调用函数或表达式，其基本语法格式如下。

```
setInterval("调用函数名称",周期间隔的毫秒数)
```

setInterval( )会按照设置的毫秒数不停地调用函数或表达式，直到被其他方法强行停止。例如，如果将上例中的 setTimeout( )函数修改为 setInterval( )函数，这个对话框就会以 3 秒为间隔不断地打开，直到用户关闭对话框为止。

（3）clearTimeout( )函数和 clearInterval( )函数

clearTimeout( )函数的作用是清除 setTimeout( )函数设置的定时器，其基本语法格式如下。

```
clearTimeout(setTimeout()返回的 ID 值)
```

clearInterval( )函数的作用是清除 setInterval( )函数设置的定时器，其基本语法格式如下。

```
clearInterval(setInterval()返回的 ID 值)
```

例 4-1　以制作学院轮播图效果为例进行介绍，效果图如图 4-6 所示。

图 4-6　轮播图的效果

1）制作顶部 logo。

HTML 代码如下。

```
<div align="center">
<img src="img/logo.png">        <!--插入图片-->
</div>
```

CSS 代码如下。

```
* {                             <!--清除固有的格式-->
      margin: 0px;
      padding: 0px;
}
   #top{text-align:center;}  <!--设置图片居中对齐-->
```

2）制作轮播图和样式。

首先插入 4 张图片，显示 4 个按钮。HTML 代码如下。

```
<div>
   <ul id="lb">
      <li class="tp"><img src="img/a1.jpg"></li>
      <li class="tp"><img src="img/a2.jpg"></li>
      <li class="tp"><img src="img/a3.jpg"></li>
      <li class="tp"><img src="img/a4.jpg"></li>
   </ul>
   <ul id="two">
      <li><span class="an">1</span></li>
      <li><span class="an">2</span></li>
      <li><span class="an">3</span></li>
```

```
            <li><span class="an">4</span></li>
        </ul>
    </div>
```

上述代码中定义了 2 个 ul，在每个 ul 中放了 4 个 li。在样式为 lb 的 ul 中，放入的是 4 张图片。

在样式为 two 的样式中，放入的是 1、2、3、4 这 4 个按钮。

CSS 样式定义了 4 张图片和 4 个按钮的样式，代码如下。

```
    <style>
     * {
            margin: 0px;
            padding: 0px;
        }
        #top{ text-align:center;}
        ul {
            list-style: none;
        }
        div {
        margin: 10px auto;
        position: relative;    <!--相对定位后,相对其所属父元素进行定位 -->
        }
        div,
        img,
        #lb {
            width: 1200px;
            height: 240px;
        }
        #lb li {
             overflow: hidden;
             display: block;
             <!--这里设置为块模式,注意JavaScript语法使用时设置为none,默认为不显
示-->
        }
        #two {
            position: absolute; <!--相对于上层div元素的绝对定位-->
            top: 200px;
            left: 500px;
        }
        #two li {
```

```
        float: left;
        margin: 10px;
        color: white;
    }
    #two li span:hover {
        cursor: pointer; <!--将鼠标指针放到此按钮上时可显示为鼠标指针形状-->
    }
    #two li span {
        display: inline-block;
        width: 20px;
        line-height: 20px;
        text-align: center;
        background-color: #aaa;
        border-radius: 50%;
    }
</style>
```

3）制作函数的触发动作和 start( )、stop( )函数。

```
<div onmouseout="start()" onmousemove="stop()">
    <ul id="lb">
        <li class="tp"><img src="img/a1.jpg"></li>
        <li class="tp"><img src="img/a2.jpg"></li>
        <li class="tp"><img src="img/a3.jpg"></li>
        <li class="tp"><img src="img/a4.jpg"></li>
    </ul>
    <ul id="two">
        <li><span class="an" >1</span></li>
        <li><span class="an" >2</span></li>
        <li><span class="an" >3</span></li>
        <li><span class="an">4</span></li>
    </ul>
</div>
```

将最外侧的 div 设置为当单击并释放鼠标左键时触发 start( )函数，当鼠标指针经过的时候执行 stop( )函数。然后在 JavaScript 中输入如下代码。

```
<script type="text/javascript">
    var time = setInterval('change()', 2000);
    function start() {
        times = setInterval('change()', 2000);
```

```
    }
    function stop() {
        clearInterval(time);
        clearInterval(times);
    }
```

上述代码中的“time=setInterval('change()', 2000);”表示设置每隔 2 秒执行 change( )函数，返回值是 time。程序首先要运行这条语句（程序运行时立刻执行 change( )函数），然后才有鼠标指针的经过和离开事件。

当鼠标指针离开时执行 start( )函数，每隔 2 秒执行一次 change( )函数，返回值是 times。当鼠标指针经过时，执行 stop( )函数，将 time 和 times 清空，这样就不会再执行 change( )函数了。

制作 change( )函数，代码如下。

```
var li=document.getElementsByClassName('tp');  <!--获取图片集合-->
var li1=document.getElementsByClassName('an');
<!--获取1、2、3、4按钮集合-->
li[0].style.display="block";                   <!--第一张图片块状显示-->
li1[0].style.backgroundColor="#212222";        <!--按钮1高亮显示-->
function change(){
for(var i=0; i<li.length; i++){                <!--循环遍历4张图片-->
    if(li[i].style.display=="block"){          <!--如果某一张图片是块状显示-->
    li[i].style.display="none";                <!--设置为不显示-->
    li1[i].style.backgroundColor="#aaa";       <!--设置图片对应的按钮非高亮-->
    if(i+1>=li.length){                        <!--如果循环到最后一张图片-->
    i=0;
    li[i].style.display="block";               <!--显示第一张图片-->
    li1[i].style.backgroundColor="#212222";<!--第一个按钮高亮显示-->
    } else{
            li[i+1].style.display="block";     <!--否则显示后一张图片-->
            li1[i+1].style.backgroundColor="#212222";
            <!--后一个按钮高亮-->
        }
            Break;<!--显示一张图片后即退出循环,2秒后自动执行change()函数-->
        }
    }
}
```

当运行 change( )函数时，先获取到图片和按钮集合，把一张图片设置为显示，按钮高亮，然后循环遍历每一张图片，当某张图片是显示状态时，让它不显示，按钮也一样变化。然后显示下一张图片，显示后退出循环。因为程序会在 2 秒后自动执行，这样就会不停地显示下一张图片和按钮。

4）制作单击按钮时显示当前相应的图片，相应的图标也高亮显示。

首先在 div 上添加响应的标签，代码如下。

```
<ul id="two">
    <li><span class="one1" onclick="show(0)">1</span></li>
    <li><span class="one1" onclick="show(1)">2</span></li>
    <li><span class="one1" onclick="show(2)">3</span></li>
    <li><span class="one1" onclick="show(3)">4</span></li>
</ul>
```

也就是说，当单击按钮“1”的时候，调用 show( )函数，然后将参数 0 传递过去，其他按钮同理。

5）制作 show( )函数，代码如下。

```
function show(num) {                          <!--接收传递过来的值-->
    for(var i = 0; i < li.length; i++) {       <!--遍历 4 张图片-->
        if( li[i].style.display == "block")   <!--如果哪一张图片是显示状态-->
        {
            li[i].style.display = "none";       <!--让它不显示-->
            li1[i].style.backgroundColor = "#aaa";<!--响应的按钮不高亮-->
            li[num].style.display = "block";    <!--显示单击按钮对应的图片-->
            li1[num].style.backgroundColor = "#212121"; <!--响应按钮高亮-->
            break;        <!--退出循环-->
        }
    }
}
</script>
```

当单击某一按钮时，以此循环遍历图片，如果哪一张图片是显示状态，就把它设置为不显示，然后把选择的图片设置为显示，设置响应的按钮为高亮，然后退出循环。鼠标指针离开图片 2 秒后，程序会继续执行，显示下一张图片。

技能实践

通过 HTML 和 CSS，我们已经能够制作出一些精美的网站了，但网页上的一些特殊效果还是无法实现，如比较页面上的轮播图和日期时间的显示等。通过 JavaScript 网页特殊效果的学习，就能够实现上述的网页特殊效果了。下面用 JavaScript 语言实现在辽宁生态工程职业学院网页的导航栏上显示日期和时间，效果如图 4-7 所示。

图 4-7 日期时间效果

一般来说，动态网页是通过 JaveScript 或基于 JaveScript 的 DHTML 代码实现的。包含 JaveScript 脚本的网页，还能够实现用户与页面的简单交互。

logo 和导航制作完成后，在导航后添加一个<li></li>，代码如下。

```
<ul>
        <li><a href="#">首页</a></li>
        <li><a href="#">学校概况</a></li>
        <li><a href="#">组织结构</a></li>
        <li><a href="#">党建专栏</a></li>
        <li><a href="#">教学教研</a></li>
        <li><a href="#">学生工作</a></li>
        <li><a href="#">名师风采</a></li>
        <li><a href="#">招生就业</a></li>
        <li><a href="#">校企合作</a></li>
        <li><a href="#">集团办学</a></li>
        <li><a href="#">国际交流</a></li>
        <li><a href="#">信息公开</a></li>
        <li><font color="white">
        <script language="javascript">
          var today=new Date();              //日期
          var year=today.getFullYear();      //年份
          var day=today.getDate();
          var month=new Array("1 月","2 月","3 月","4 月","5 月","6
月","7 月","8 月","9 月","10 月","11 月","12 月"); //定义月份数组
      var week=new Array("星期日","星期一","星期二","星期三","星期四",
"星期五","星期六");                //定义星期数组
          var hh=today.getHours();        //获得小时
          var mm=today.getMinutes();      //获得分钟
          var sc=today.getSeconds();      //获得秒
          document.write("今天是"+year+"年"+month[today.getMonth()]+
day+"日"+week[today.getDay()]+hh+"时"+mm+"分"+sc+"秒"); //输出日期和时间
        </script>
        </font></li>
```

```
</ul>
```

在上述代码中，通过“today=new Date()”获取了一个日期操作对象，然后使用 today 的 getFullYear、getDate、getHours、getMinutes、getSeconds 方法获取了年、日、小时、分钟、秒等信息，由于月份返回的是 0～11，星期返回的是 0～6，因此定义了月份数组和星期数组。如果月份返回的是 0，那么 month[0]就是 1 月，以此类推，星期也类似。

思考练习

1．Date 对象用来操作日期和时间，具体的方法有哪些？
2．JavaScript 提供了哪些定时函数？
3．清除定时器的函数有哪些?

项目 5 使用 HTML5 新增功能开发移动端页面

知识目标

1）掌握 Position 对象的属性代表的地理位置信息。
2）掌握 Geolocation 对象的 getCurrentPosition( )方法。
3）掌握 Geolocation 对象的 watchPosition( )方法。
4）理解进程和线程的概念。
5）掌握 Web Workers 常用的方法和事件。
6）掌握 Web Workers 的创建方法和数据传递过程。
7）理解 Shared Worker 的原理。
8）掌握 File 对象和 FileList 对象的属性和方法。
9）掌握 Blob 对象的属性和方法。
10）掌握 FileReader 对象的常用数据和方法。
11）掌握 draggable 属性和拖动实现的方法。

技能目标

1）能获取当前位置并在地图上展示位置和实时更新位置信息。
2）能在页面和线程之间进行数据交互。
3）会使用 Shared Worker 创建共享线程。
4）具有获取文件属性的能力。
5）具有读取文件内容的能力。
6）能通过 DataTransfer 对象传递数据。

知识架构

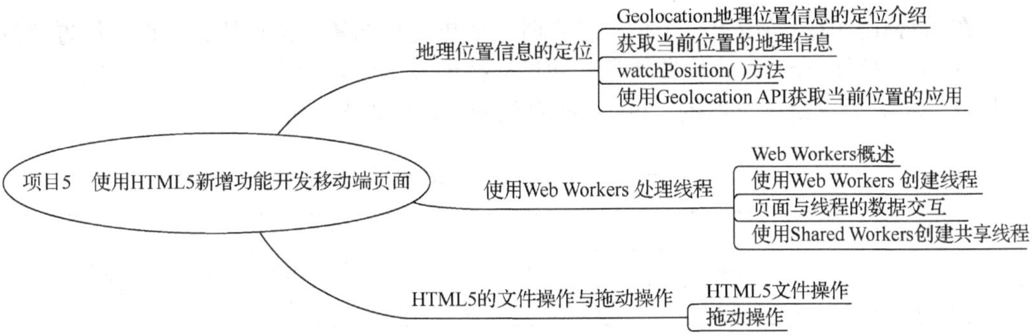

任务 5.1　地理位置信息的定位

在网页中根据需要添加定位功能有助于为网站访问者提供更好的浏览体验，如搜索附近商家或根据定位展示本地的商品等。HTML5 提供了一组 Geolocation API，能够通过浏览器获取用户的地理位置。本任务主要介绍 Geolocation API 的使用，通过 Geolocation 对象获取当前位置，并在地图上显示位置，以及实时地更新位置等，主要知识点包括 Geolocation 对象、Position 对象、PositionError 对象、PositionOptions 对象及其相关属性和方法的应用。

5.1.1　Geolocation 地理位置信息的定位介绍

Geolocation 接口是一个用来获取设备地理位置的对象，它可以让 Web 内容访问到设备的地理位置，大多数浏览器和移动设备支持 Geolocation API，不支持 Geolocation 的浏览器并不包含 Geolocation 对象。各浏览器对 HTML5 Geolocation 的支持情况如表 5-1 所示。

表 5-1　浏览器对 HTML5 Geolocation 的支持情况

浏览器	支持情况
Firefox	3.5 及以上版本支持
Chrome	5 及以上版本支持
Internet Explorer	IE 9 以上版本支持
Opera	11.5～12.1 版本支持，16 及以上版本支持
Safari	5 及以上版本支持

1. 地理位置信息的内容

在HTML5中，当请求一个位置信息时，如果用户同意，浏览器就会返回位置信息（由Position对象表示），该位置信息是通过支持地理定位功能的底层设备（如笔记本计算机或手机）提供给浏览器的。Position对象的属性如表5-2所示。

表5-2 Position对象的属性

属性	类型	描述
coords	objects	指定设备的地理位置，该位置表示为一组地理坐标及其他元数据信息
timestamp	date	时间戳，这个时间戳表示获取到的位置的时间

从表5-2可以看出，Position对象包含了获取位置信息（coords）及获取位置数据时的时间戳（timestamp）。这个位置信息（coords）实际上是一个Coordinates对象，由纬度、经度坐标和一些其他元数据组成。HTML5 Geolocation API返回的经纬度坐标格式为十进制格式。除了纬度和经度坐标，还包含其他一些元数据，如精确度、速度等，具体情况取决于浏览器所在的硬件设备。Coordinates对象的属性如表5-3所示。

表5-3 Coordinates对象的属性

属性	类型	描述
coords.latitude	Number	纬度数值，值范围是[-90.00,+90.00]
coords.longitude	Number	经度数值，值范围是[-180.00,+180.00]
coords.accuracy	Number	[可选]纬度和经度的精确度，单位为米
coords.altitude	Number	[可选]海拔高度，单位为米
coords.altitudeAccuracy	Number	[可选]海拔高度的精确度，单位为米
coords.heading	Number	[可选]指定设备当前的移动方向（以度为单位，相对于正北方向的角度）
coords.speed	Number	[可选]运动的速度，单位为米/秒

2. 地理位置信息的来源

使用Geolocation API获取的位置信息是通过支持HTML5地理定位功能的底层设备（如PC或手机）提供给浏览器的。获取位置信息的途径有IP地址、GPS、WiFi和手机信号等。HTML5 Geolocation API不指定设备使用哪种底层技术来定位，它只是用于检索位置信息的API，而且通过该API检索到的数据只具有某种程度的准确性，它并不能保证返回的位置是精确的。这几种获取位置信息的途径各有优缺点，为了保证更高的准确度，许多设备使用多个数据源组合的方式来获取位置信息，下面详细介绍这几种位置信息获取方式。

（1）IP地址定位

每一台接入网络的计算机都具有一个独一无二的IP位址，基于IP地址的地理定位的实现方式是，通过查找用户的 IP 地址，然后检索其注册的物理地址。因此，如果用户的 IP 地址是由 ISP（internet service provider，互联网服务提供者）提供的，其位置往往就由 ISP 的物理地址决定，该地址可能距离用户数千米。所以，它返回的位置信息通常不精确，而且很容易受 ISP 的 IP 分配机制影响而造成误差。

（2）GPS 定位

GPS 是我们常听到的定位技术，它利用卫星来定位，可以很精确地侦测到使用者的位置。GPS 定位是通过收集运行在地球周围的多个 GPS 卫星的信号实现的。尽管 GPS 非常精准，但还是会有技术上的局限，如在侦测位置时，GPS 的感应器要位于视线范围内，因此在有很多高楼大厦或障碍物的地方，GPS 不能准确定位。而且，它的定位时间比较长，因此不适合需要快速响应的应用程序。

（3）WiFi 定位

基于 WiFi 的地理定位信息是通过三角距离计算得出的，这个三角距离指的是用户当前位置到已知的多个 WiFi 接入点（大多在城市中）的距离，定位供应商可以根据这些热点的相对位置、距离等建立一个资料库。WiFi 三角测量适用于 GPS 无法渗透的地方，不同于 GPS，WiFi 在室内也非常准确，但其缺点是需要经常更新资料库。

（4）手机信号定位

基于手机的地理定位信息是通过用户到一些基站的三角距离确定的。借助基地台之间的相对位置，可以定位到用户位置，只要你的手机收得到信号，就能定位，这种方法可提供相当准确的位置结果。它通常与基于 WiFi 和基于 GPS 的地理定位信息结合使用。

一般来说，这 4 种技术的准确性由高而低分别是 GPS 定位、WiFi 定位、手机信号定位、IP 地址定位。但还是要视环境而定，如在没有 WiFi 热点的地方或是手机信号不好，定位效果当然也会受影响。上述 4 种位置信息获取方式的优缺点如表 5-4 所示。

表 5-4　4 种位置信息获取方式的优缺点

位置信息的获取方式	优点	缺点
IP 地址	任何地方都可以使用，在服务器端处理	不精确（经常出错，一般精确到城市级），运算代价大
GPS	很精确	定位时间长，耗电量大，室内效果差，需要额外硬件设备的支持
WiFi	精确，可在室内使用，简单、快捷	在 WiFi 接入点少的地区无法使用
手机信号	相当准确，可在室内使用，简单、快捷	需要能够访问手机或其 Modem 设备，在基站较少的偏远地区效果不好

5.1.2　获取当前位置的地理信息

Geolocation API 提供了 Geolocation 接口来获取到当前设备的经纬度（位置），我们可以使用 Navigator 实现的属性 Navigator.geolocation 来获得一个 Geolocation 对象，其使用方法如下。

```
var geolocation=navigator.geolocation;
```

通过 Geolocation 对象可以访问到设备的位置信息，使网站或应用可以根据用户的位置提供个性化结果。Geolocation 接口提供了 3 个方法，如表 5-5 所示，本节将详细介绍 Geolocation 对象提供的方法。

表 5-5 Geolocation 对象提供的方法

方法名称	方法说明
getCurrentPosition( )	获取当前地理位置
watchPosition( )	持续获取地理位置
clearWatch( )	清除持续获取地理位置

下面介绍 getCurrentPosition( )方法。

位置请求有两种：单次定位请求和重复性的位置更新请求。在许多应用中，只检索或请求一次用户位置即可，这时可以使用 getCurrentPosition( )方法，该方法在接口中的定义如下。

```
void getCurrentPosition(PositionCallback successCallback,
   optional PositionErrorCallback errorCallback,
      optional PositionOptions options={});
```

从上述定义可以看出，此方法接收一个必选参数 successCallback 和两个可选参数 errorCallback 和 PositionOptions 对象。下面进行详细讲解。

1. successCallback

successCallback 为浏览器指明位置数据可用时应调用的函数。获取位置操作可能需要较长的时间才能完成，用户不希望在检索位置时浏览器被锁定，这个参数就是异步收到实际位置信息后，进行数据处理的地方。

successCallback 只接收一个参数：Position 对象。这个对象包含位置信息（coords）和一个获取位置数据时的时间戳（timestamp），在实际开发中不一定需要时间戳，重要的数据都包含在 coords 对象中，如 latitude（纬度）、longitude（经度）、accuracy（准确度）等。其中，latitude 和 longitude 包含 HTML5 Geolocation 服务测定的十进制用户位置；accuracy 以米为单位指定纬度和经度值与实际位置间的差距，局限于 HTML5 Geolocation 的实现方式，位置只能是粗略的近似值。coords 还可以包含其他一些数据，如 altitude（海拔高度）、altitudeAccuracy（海拔高度的准确度）、heading（当前的行进方向）、speed（速度）等，不能保证浏览器对其都支持，如果不支持则返回 null，示例代码如下。

```
//参数 1
```

```
function showLocation(position){
    var latitude=position.coords.latitude;    //获取纬度数值
    var longitude=position.coords.longitude;  //获取经度数值
    var accuracy=position.coords.accuracy;  //获取精确度
    var timestamp=position.timestamp;  //获取时间戳
    //...
}
```

上述代码中定义回调函数名称为 showLocation，此函数接收一个 Position 对象作为参数，然后通过此对象获取位置的详细信息。

2. errorCallback

errorCallback 为浏览器指明出错处理函数。位置信息的请求可能因为一些不可控因素失败，这时就需要在这个函数中提供对用户的解释。Geolocation API 已经定义了所有需要处理的错误情况并使用 PositionError 对象来表示。PositionError 对象也包含两个属性，如表 5-6 所示。

表 5-6　PositionError 对象的属性

属性	类型	描述
code	Number	错误码
message	String	描述错误的详细信息

错误码（PositionError.code）和错误详细信息（PositionError.message）被封装在 PositionError 对象中，PositionError 对象会作为参数传递给错误处理程序。PositionError 中定义的 3 种错误码分别是 PERMISSION_DENIED、POSITION_UNAVAILABLE、TIMEOUT，如表 5-7 所示。

表 5-7　PositionError 中定义的错误码

常量名	值	描述
PERMISSION_DENIED	1	尝试获取用户位置数据失败，因为用户选择拒绝浏览器获得其位置信息
POSITION_UNAVAILABLE	2	尝试获取用户位置数据失败，因为至少有一个内部位置源返回一个内部错误
TIMEOUT	3	尝试获取用户位置的过程超时，通过定义 PositionOptions.timeout 来设置获取地理位置的超时时长

处理错误回调函数的示例代码如下。

```
//参数 2
function errorHandler (error) {
    switch (error.code) {
```

```
        case error.PERMISSION_DENIED:
            //用户拒绝获取地理位置的请求
            break;
        case error.POSITION_UNAVAILABLE:
            //位置信息不可用
            break;
        case error.TIMEOUT:
            //用户位置请求超时
            break;
        default:
            break;
    }
}
```

上述代码中定义回调函数名称为 errorHandler，此函数接收一个 PositionError 对象（error）作为参数，然后根据其错误码设置相应的错误处理。

3. PositionOptions 对象

PositionOptions 对象可以调整 HTML5 Geolocation 服务的数据收集方式。该对象有 3 个可选参数：enableHighAccuracy、timeout 和 maximumAge，将这 3 个可选参数传递给 HTML5 Geolocation 服务以调整数据收集方式，其属性如表 5-8 所示。

表 5-8　PositionOptions 对象的属性

属性	类型	描述
enableHighAccuracy	Boolean	指定是否要接收最精确的位置估计。默认情况下为 false
timeout	Number	指定 Web 应用程序愿意等待位置的毫秒数（默认为无限制）
maximumAge	Number	指定缓存位置信息的终止时间（以毫秒为单位，默认为 0）

（1）PositionOptions.enableHighAccuracy

enableHighAccuracy 是一个布尔值。这个布尔值用来表明是否使用其最高精度来表示结果。如果值为 true，同时设备能够提供一个更精确的位置，那么设备就会使用这个位置。注意，这会导致较慢的响应时间或增加电量消耗（如对于支持 GPS 的移动设备来说）。如果值为 false，设备会通过更快的响应及使用更少的电量等方法来尽可能地节约资源，默认为 false。

（2）PositionOptions.timeout

timeout 的值是一个 unsigned long 的整数，它表明的是设备必须在多长时间（单位为毫秒）内返回一个位置。意思是获取当前位置信息所允许的最长时间，如果在这个时间段内未完成，就会调用错误处理程序。其默认值为 Infinity，即无穷大或无限制，意思是获取到一个位置之后，getCurrentPosition( )才会返回一个值。

（3）PositionOptions.maximumAge

maximumAge 的值是一个无符号长整型的整数，这个值表示浏览器重新计算位置的时间间隔（即表示的是频率，单位为毫秒）。如果设置为 0，则说明设备不能使用一个缓存位置，而必须去获取一个真实的当前位置。如果设置为 Infinity，那么不管设置的 maximumAge 是多少，设备都必须返回一个缓存位置。此值默认为零，这意味着浏览器每次请求时必须立即重新计算位置。

注意：Geolocation API 不允许指定浏览器多长时间重新计算一次位置，这完全是由浏览器的实现决定的，这里只是告诉浏览器 maximumAge 的返回值是什么，实际频率是无法控制的。

这 3 个参数可以使用 JSON 对象传递，这样便于添加到 HTML5 Geolocation 请求调用中，示例代码如下。

```
//参数 3
var geo_options={
    //指定浏览器获取高精度位置
    enableHighAccuracy: true,
    //指定获取地理位置的超时时间,默认不限时,单位为毫秒
    timeout: 5000,
    //指定重新计算位置的时间间隔,默认为 0,单位为毫秒
    maximumAge: 3000
}
```

上述代码中定义的 geo_options 对象告诉浏览器，当获取位置请求的处理时间超过 5 秒（5000 毫秒）时触发错误处理程序，此时的错误码应该是 TIMEOUT（值为 3）。

5.1.3　watchPosition( )方法

有时，仅获取一次用户位置信息是不够的，如用户正在移动，随着用户位置的变化，页面应该能够不断地更新位置信息（如显示附近的商家推荐信息等）。HTML5 Geolocation 可以使用 watchPosition( )进行重复性的位置更新请求，当监控到用户的位置发生变化时，HTML5 Geolocation 服务就会重新获取用户的位置信息，并调用 successCallback 函数处理新的数据，及时通知用户。该方法在接口中的定义如下。

```
long watchPosition(PositionCallback successCallback,
                   optional PositionErrorCallback errorCallback,
                   optional PositionOptions options={});
```

watchPosition( )也提供了 3 个参数，我们可以设定一个回调函数 successCallback 来响应定位数据发生的变更（如设备发生了移动，或获取到了更高精度的地理位置信息），

它与 getCurrentPosition( )接收相同的参数，只不过回调函数会被调用多次。错误回调函数 errorCallback 是可选的，也会被多次调用，PositionOptions 对象也是可选的，这里不再重复介绍。

关闭位置更新也很简单，如果应用程序不需要再接收用户的位置更新消息，只需要使用 clearWatch( )方法就可以清除 watchPosition( )的监控事件，该方法在接口中的定义如下。

```
void clearWatch(long watchId);
```

其中，watchId 是 watchPosition( )函数的返回值。watchId 唯一地标记该位置监视器，我们可以将这个 ID 传给 clearWatch( )函数来停止监视用户位置。示例代码如下。

```
//获取 Geolocation 对象
var geolocation=navigator.geolocation;
//持续更新位置信息
var watchId=geolocation.watchPosition(showLocation, errorHandler);
//停止接收位置更新消息
geolocation.clearWatch(watchId);
```

特别是对于使用移动设备的用户来说，位置并不是固定的，watchPosition( )是一个专门用来处理这一情况的方法。watchPosition( )被调用后，浏览器会跟踪设备的位置，每一次位置发生变化，watchPosition( )中的代码都会被执行。

5.1.4 使用 Geolocation API 获取当前位置的应用

1. 使用 getCurrentPosition( )方法获取当前的位置

我们可以使用 Navigator 的属性 Navigator.geolocation 来获得一个 Geolocation 对象。但是，在实际调用 HTML5 Geolocation API 前，需要检查浏览器是否支持此功能，当浏览器不支持时，可以提供一些替代文本，以提示用户升级浏览器或安装插件来增强现有浏览器的功能。代码示例如下。

```
if("geolocation" in navigator){
    /* 地理位置服务可用*/
} else{
    /*地理位置服务不可用*/
}
```

应用程序不能直接访问设备，只能请求浏览器来代表它访问设备，因为位置数据属于敏感信息，HTML5 Geolocation 规范提供了一套保护用户信息隐私的机制。除非得到用户的明确许可，否则不可以获取位置信息。当 Web 页面通过 Geolocation API 调用请求位置坐标时（如使用 geolocation 对象获取当前位置），浏览器会拦截这一请求，并会弹出提示，询问用户是否许可网站提供的位置服务。Chrome、Firefox 在初次访问 geolocation 时的提示框，如图 5-1 和图 5-2 所示。

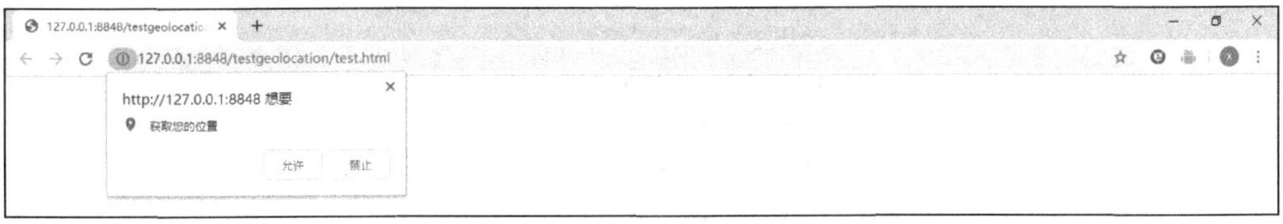

图 5-1　Chrome 在初次访问 geolocation 时的提示框

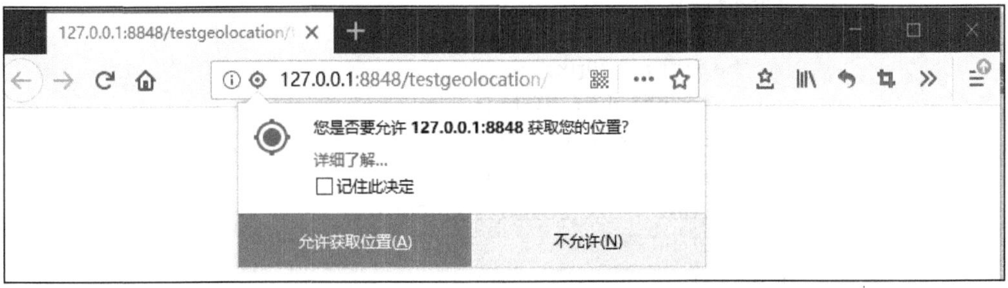

图 5-2　Firefox 在初次访问 geolocation 时的提示框

如果用户拒绝，则会触发错误处理程序，此时的错误码应该是 PERMISSION_DENIED（值为 1）；如果用户同意，浏览器会通过 IP 地址、WiFi 或 GPS 坐标检索坐标信息，这是浏览器的内部功能。

浏览器获取坐标信息后会将坐标发送给受信任的外部定位服务，如果外部定位服务不可用，则会触发错误处理程序，此时的错误码应该是 POSITION_UNAVAILABLE（值为 2）；如果外部定位服务可用，它将返回一个详细的位置信息，并将该位置信息发回给请求 HTML5 Geolocation 的页面。下面通过案例讲解使用 getCurrentPosition( )方法获取用户当前的地理位置信息。

例 5-1　获取用户当前的地理位置信息，并在页面上输出经纬度坐标。

本例使用 Geolocation 的 getCurrentPosition( )方法获取用户当前的地理位置信息，完整的代码如下。

```
<!DOCTYPE html>
<html lang="en">
    <head>
        <meta charset="UTF-8">
        <title></title>
        <style type="text/css">
```

```
            #container{
                background-color: #fff;
                border-radius: 20px;
                box-shadow: 0 0 35px rgba(0, 0, 0, 0.05);
                width: 600px;
                padding: 40px 40px;
                text-align: center;
                transition: .3s;
                margin: 0 auto;
            }
            #result{
                width: 100%;
                height: 100px;
                line-height: 100px;
                margin-bottom: 10px;
                border-radius: 20px;
                border: 1px solid #550000;
            }
            button{
                width: 100%;
                border: 1px solid #ffaa00;
                background-color: #ff5500;
                border-radius: 10px;
                padding: 10px 10px;
                height: 40px;
                outline: none;
            }
        </style>
    </head>
    <body>
        <div id="container">
            <div id="result"></div>
            <button type="button" onclick="showPosition()">显示当前坐标
</button>
        </div>
    </body>
    <script>
        //设置全局变量
        var result;
        function showPosition(){
```

```
                //获取存放结果的 result
                result=document.getElementById("result");
                //检测浏览器是否支持 geolocation
                if(navigator.geolocation){
                    navigator.geolocation.getCurrentPosition(successCallback,
errorCallback);
                    result.innerHTML="获取地址信息中...";
                } else{
                    alert("您的浏览器不支持 HTML5 geolocation.");
                }
            };
            //定义获取位置成功的回调函数
            function successCallback(position){
                result.innerHTML="您当前的位置为：（" +
                    "纬度：" + position.coords.latitude + "，" +
                    "经度：" + position.coords.longitude + "）";
            }
            //定义获取位置失败的回调函数
            function errorCallback(error){
                switch (error.code){
                    case error.PERMISSION_DENIED:
                        result.innerHTML="您拒绝了位置请求"
                        break;
                    case error.POSITION_UNAVAILABLE:
                        result.innerHTML="位置服务不可用"
                        break;
                    case error.TIMEOUT:
                        result.innerHTML="获取位置超时"
                        break;
                    default:
                        result.innerHTML="未知错误"
                        break;
                }
            }
        </script>
    </html>
```

例 5-1 中，单击“显示当前坐标”按钮获取当前位置，浏览器会弹出位置权限允许提示框，单击“允许”按钮，showPosition( )方法会检查 geolocation 对象是否可用，如果可用，则调用 getCurrentPosition( )方法获取当前位置。代码中先定义了正确返回地理位置信息的处理函数 successCallback( )，此函数中的 position 对象包含了用户当前的地理位置信息，通过 position.coords.latitude 和 position.coords.longitude 分别获取纬度和经度，在页面中输出当前位置。成功获取到用户位置信息的效果，如图 5-3 所示。

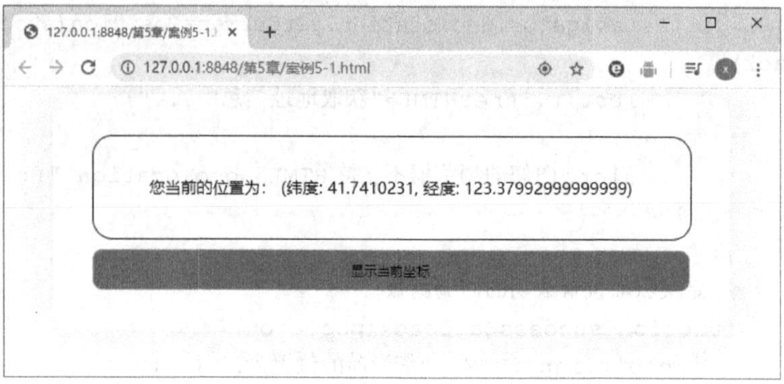

图 5-3　获取到当前位置的结果

errorCallback( )是失败之后返回的处理函数。当获取用户的位置信息出错时，errorCallback( )被调用，并将具体出错信息的 error 对象传进去，错误将被捕获。例如，用户拒绝或获取位置的外部定位服务错误的界面，如图 5-4 和图 5-5 所示。

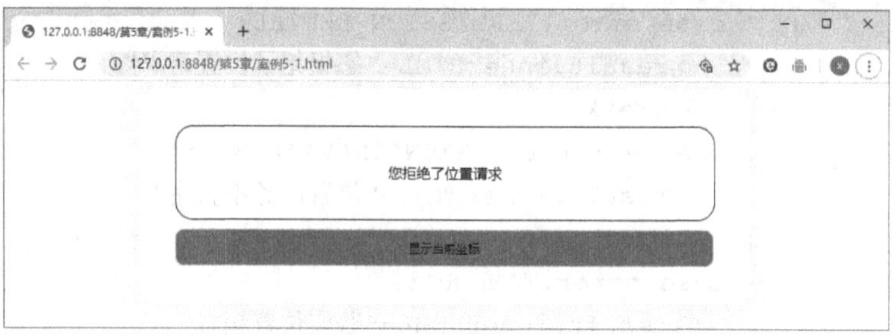

图 5-4　用户拒绝返回的错误界面

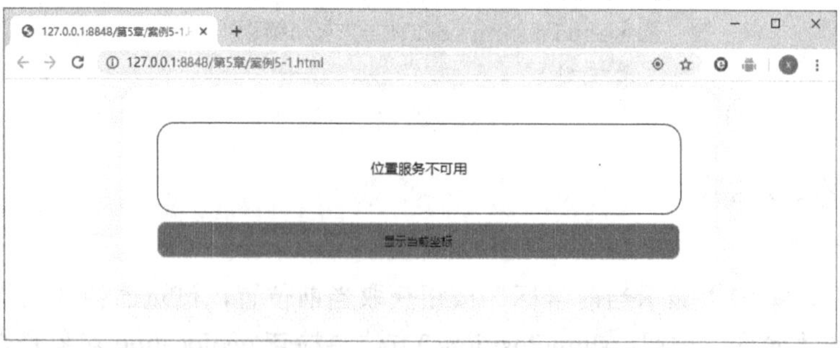

图 5-5　访问位置服务失败返回的错误界面

2. 在地图上显示位置

在 HTML5 的实现中，桌面浏览器通常使用基于 WiFi 或 IP 的定位技术，而移动浏览器通常使用 GPS、A-GPS、基于 WiFi 的定位技术等。Geolocation API 将使用这些技术中的任何一种技术来识别用户的位置。在这些方法中，GPS 定位由卫星直接给出定位数据，而 WiFi 和 IP 地址定位，都不是浏览器本身能够实现的，这两种方式都必须将 IP 地址或 WiFi 信号收集到的周围路由信息上传到某个服务器，由服务器查询计算位置信息，然后返回给浏览器。所以，我们需要访问可使用经纬度的地图服务，才能在地图中显示结果。比较常见的位置服务有高德地图、腾讯地图、百度地图等，下面以高德地图为例来讲解如何在地图上显示位置。

首先登录高德开放平台官网，注册开发者账号，成为高德开放平台开发者。登录之后，进入“应用管理”页面，单击“创建新应用”按钮为应用添加 Key，输入 Key 的名称，将“服务平台”设置为“Web 端（JS API）”，然后单击“提交”按钮即可，如图 5-6 所示。

图 5-6　添加 Key

创建成功后会在界面上看到生成了一个字符串 Key，如图 5-7 所示。

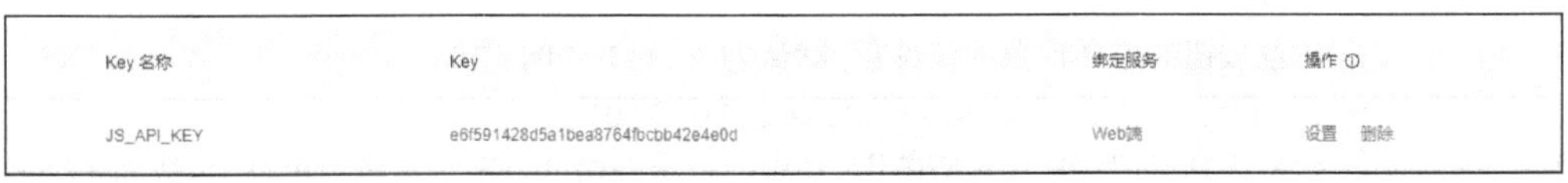

Key 名称	Key	绑定服务	操作
JS_API_KEY	e6f591428d5a1bea8764fbcbb42e4e0d	Web端	设置　删除

图 5-7　Key 成功生成

成功生成 API key 后，就可以使用高德地图服务了。其使用步骤如下。

1）在页面添加 JS API 的入口脚本标签，并将其中的“申请的 key 值”替换为刚刚申请的 key。

```
<script type="text/javascript" src="https://webapi.amap.com/maps?v=1.4.15&key=申请的 key 值"></script>
```

2）准备一个 HTML 容器，设置好宽和高，代码如下。

```
<div id="container" style="width:500px; height:300px"></div>
```

3）创建地图对象，构造一个 Map 类，代码如下。

```
//构造地图对象的方法 1：使用地图容器 ID 创建
var map=new AMap.Map('container');
//构造地图对象的方法 2：使用地图容器对象创建
var map=new AMap.Map(document.getElementById("container"));
```

创造 Map 类实例时，还可以通过传入地图初始化参数来设置地图的初始状态。例如：

```
var map=new AMap.Map('container',{
    zoom: 10,  //设置地图显示的缩放级别
    center: [116.397428, 39.90923],//设置地图中心点坐标
    layers: [new AMap.TileLayer.Satellite()],
    //设置图层,可设置为包含一个或多个图层的数组
    mapStyle: 'amap://styles/whitesmoke',  //设置地图的显示样式
    viewMode:'2D', //设置地图模式
    lang:'zh_cn',  //设置地图语言类型
});
```

高德 JS API 提供了 AMap.Geolocation 插件来实现定位，使用方式如下：

```
AMap.plugin('AMap.Geolocation', function(){
  var geolocation = new AMap.Geolocation({
    //是否使用高精度定位,默认为 true
    enableHighAccuracy: true,
    //设置定位超时时间,默认为无穷大
    timeout: 10000,
    //定位按钮的停靠位置的偏移量,默认为 Pixel(10, 20)
    buttonOffset: new AMap.Pixel(10, 20),
    //定位成功后调整地图视野范围,使定位位置及精度范围在视野内可见,默认为 false
    zoomToAccuracy: true,
    //定位按钮的排放位置,RB 表示右下
```

```
      buttonPosition: 'RB'
    })
    geolocation.getCurrentPosition()
    AMap.event.addListener(geolocation, 'complete', onComplete)
    AMap.event.addListener(geolocation, 'error', onError)
    function onComplete (data){
      //data 是具体的定位信息
    }
    function onError (data){
      //定位出错处理
    }
  })
```

从上述代码可以看到，高德地图 API 中提供 geolocation.getCurrentPosition( )方法获取当前的位置，并监听 complete 及 error 事件处理定位成功和失败的情况，下面通过案例进行讲解。

例 5-2　定位获取用户当前的经纬度和城市名称，然后通过高德地图进行展示。

本例使用高德地图服务提供的 API 获取用户当前的地理位置信息，完整的代码如下。

```
<!DOCTYPE html>
<html>
<head>
    <meta charset="UTF-8">
    <meta http-equiv="X-UA-Compatible" content="IE=edge">
    <meta name="viewport" content="initial-scale=1.0, user-scalable=
no, width=device-width">
    <title></title>
    <link rel="stylesheet" href="https://a.amap.com/jsapi_demos/static/
demo-center/css/demo-center.css"/>
    <style>
        #container{
            width: 800px;
            height: 600px;
            margin: 0 auto;
        }
        .info{
            width:26rem;
        }
    </style>
```

```
<body>
<div id='container'></div>
<div class="info">
   <h4 id='status'></h4><hr>
   <p id='result'></p><hr>
</div>
<script type="text/javascript"

 src="https://webapi.amap.com/maps?v=1.4.15&key=e6f591428d5a1bea
8764fbcbb42e4e0d"></script>
<script type="text/javascript">
   var map=new AMap.Map('container',{
      resizeEnable: true
   });
   AMap.plugin('AMap.Geolocation', function(){
      var geolocation = new AMap.Geolocation({
         enableHighAccuracy: true,//是否使用高精度定位,默认为true
         timeout: 10000,          //超过10秒后停止定位,默认为5秒
         buttonPosition:'RB',     //定位按钮的停靠位置
         buttonOffset: new AMap.Pixel(10, 20),
         //定位按钮与设置的停靠位置的偏移量
         zoomToAccuracy: true,    //定位成功后是否自动调整地图视野到定位点
      });
      map.addControl(geolocation);
      geolocation.getCurrentPosition(function(status,result){
         if(status=='complete'){
            onComplete(result)
         }else{
            onError(result)
         }
      });
   });
   //解析定位结果
   function onComplete(data){
     //console.log(data)
      document.getElementById('status').innerHTML='定位成功'
      var str=[];
      str.push('定位结果：'+data.position);
     str.push("城市坐标："+data.addressComponent.province+data.
```

```
addressComponent.city)
                str.push('定位类别：'+data.location_type);
                if(data.accuracy){
                    str.push('精度：'+data.accuracy+米);
                }//如为 IP 精确定位,则结果没有精度信息
                str.push('是否经过偏移：'+(data.isConverted ? '是' : '否'));
                document.getElementById('result').innerHTML=str.join('<br>');
            }
            //解析定位错误信息
            function onError(data){
                document.getElementById('status').innerHTML='定位失败'
                document.getElementById('result').innerHTML='失败原因排查信息:'+
data.message;
            }
        </script>
        </body>
        </html>
```

上述代码的运行效果如图 5-8 所示。

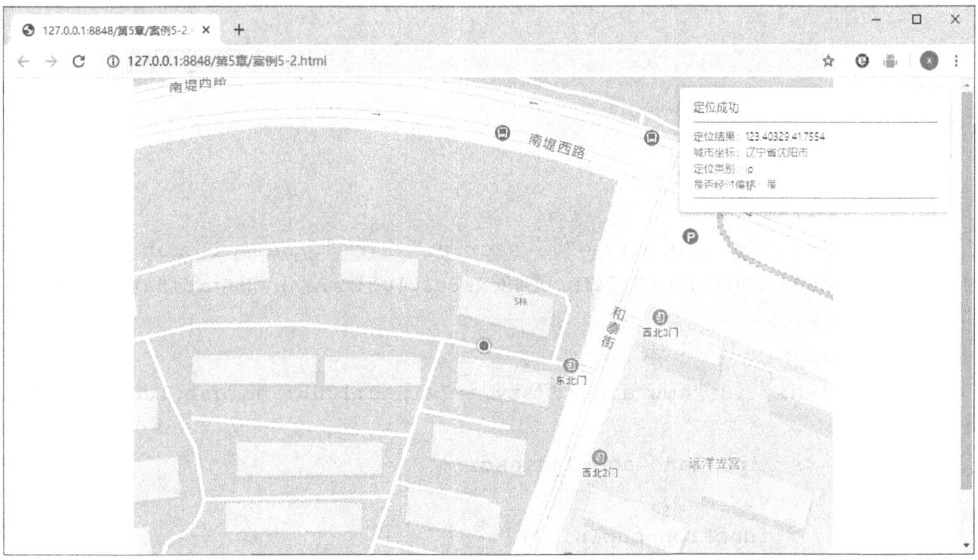

图 5-8　在地图上显示当前位置

3. 通过高德地图展示三维地图

在高德地图中开启 3D 地图视图效果，需要引用 JS API v1.4.0 以上版本的 JS API，

同时在 Map 初始化时给地图添加 viewMode:3D 属性。本例使用高德地图服务提供的 API 展现三维地图，完整的代码如下。

```
<!DOCTYPE HTML>
<html>
   <head>
      <meta name="viewport" content="width=device-width initial-
scale=1.0
maximum-scale=1.0 user-scalable=0">
      <meta http-equiv="Content-Type" content="text/html; charset=
UTF-8">
      <title></title>
      <style>
         body,
         html{
            margin: 0;
            padding: 0;
            font: 12px/16px Verdana, Helvetica, Arial, sans-serif;
            width: 100%;
            height: 100%
         }

         .container{
            height: 100%
         }
      </style>
      <script language="javascript" src="//webapi.amap.com/maps?v=
1.4.15&key=e6f591428d5a1bea8764fbcbb42e4e0d&plugin=AMap.ControlBar"></script>
   </head>
   <body>
      <div id="container" style="width:100%; height:100%;resize:
both;"></div>
      <script language="javascript">
         var map;
         function mapInit(){
            map=new AMap.Map('container',{
               resizeEnable: true,
               rotateEnable: true,
               pitchEnable: true,
               zoom: 17,
               pitch: 80,
```

```
                rotation: -15,
                viewMode: '3D', //开启 3D 视图,默认为关闭
                buildingAnimation: true, //楼块出现时是否带动画
                expandZoomRange: true,
                zooms: [3, 20],
                center: [123.40154,41.74734]
            });
            map.addControl(new AMap.ControlBar({
                showZoomBar: false,
                showControlButton: true,
                position: {
                    right: '10px',
                    top: '10px'
                }
            }))
        }
        mapInit()
    </script>
</body>
</html>
```

本例中，设置开启 3D 视图，并传入中心点，即可看到当前位置的三维地图效果，如图 5-9 所示。

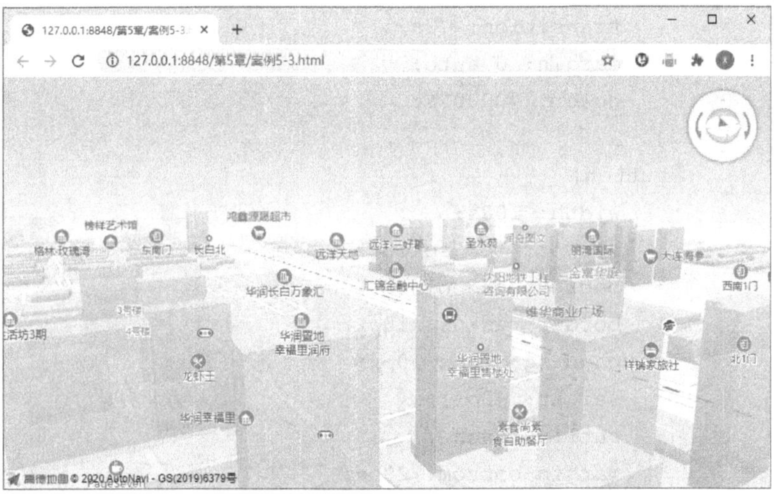

图 5-9　展示三维地图效果

4. 使用 watchPosition( )方法查看位置变化

如果需要实时地更新位置信息，则可以使用 geolocation 对象的 watchPosition( )方法，此方法可以通过位置更改时返回更新的位置来跟踪用户的移动。watchPosition( )方法与 getCurrentPosition( )方法具有相同的输入参数。下面通过案例进行讲解。

例 5-3 使用 watchPosition( )方法实时更新用户的位置坐标。

本例使用 watchPosition( )方法监听用户的地理位置信息，使用 clearWatch( )方法停止监听，完整的代码如下。

```
<!DOCTYPE html>
<html lang="en">
    <head>
        <meta charset="UTF-8">
        <title>Watching Position</title>
        <style type="text/css">
            #container{
                background-color: #fff;
                border-radius: 20px;
                box-shadow: 0 0 35px rgba(0, 0, 0, 0.05);
                width: 600px;
                padding: 40px 40px;
                text-align: center;
                transition: .3s;
                margin: 0 auto;
                color: #0000FF;
            }
            button{
                width: 100%;
                border: 1px solid #0000ff;
                background-color: #00aaff;
                border-radius: 10px;
                padding: 10px 10px;
                height: 40px;
                outline: none;
                margin-bottom: 20px;
            }
        </style>
    </head>
    <body>
```

```
        <div id="container">
            <button type="button" id="toggleWatchBtn">开始更新位置</button>
            <div id="result">
            </div>
        </div>
        <script>
            //设置全局变量
            var watchID;
            var result;
            var toggleWatchBtn;
            var position_options={
                enableHighAccuracy: true,
                timeout: 5000,
                maximumAge: 0
            };
            function showPosition(){
                if(navigator.geolocation){
                    watchID=navigator.geolocation.watchPosition
(successCallback, errorCallback,position_options);
                } else{
                    alert("抱歉,你的浏览器不支持 geolocation");
                }
            }
            function successCallback(position){
                toggleWatchBtn.innerHTML="停止更新位置";
                //检查位置是否有变化
                if(prevLat!=position.coords.latitude||prevLong!=
position.coords.longitude){
                    //获取新的位置
                    var prevLat=position.coords.latitude;
                    var prevLong=position.coords.longitude;
                    //更新位置信息
                    var positionInfo="您现在的位置是：("+
                        "纬度："+position.coords.latitude+"，"+
                        "经度："+position.coords.longitude+")";
                    result.innerHTML=positionInfo;
                }
            }
            function errorCallback(error){
```

```
            switch (error.code){
                case error.PERMISSION_DENIED:
                    result.innerHTML="您拒绝了位置请求"
                    break;
                case error.POSITION_UNAVAILABLE:
                    result.innerHTML="位置服务不可用"
                    break;
                case error.TIMEOUT:
                    result.innerHTML="获取位置超时"
                    break;
                default:
                    result.innerHTML="未知错误"
                    break;
            }
        }
        function startWatch(){
            result=document.getElementById("result");
            toggleWatchBtn=document.getElementById("toggleWatchBtn");
            toggleWatchBtn.onclick=function(){
                if(watchID){
                    toggleWatchBtn.innerHTML="开始更新位置";
                    navigator.geolocation.clearWatch(watchID);
                    watchID=false;
                } else{
                    toggleWatchBtn.innerHTML="正在获取地址...";
                    showPosition();
                }
            }
        }
        //初始化
        window.onload=startWatch;
    </script>
</body>
</html>
```

本例中，watchPosition( )方法包含 3 个参数，successCallback( )为成功之后处理的函数，errorCallback( )为失败之后返回的处理函数，参数 position_options 是配置项，由 JSON 格式传入。运行上述代码，在打开的页面中单击“开始更新位置”按钮，即可获取到当前的位置信息，如图 5-10 所示。

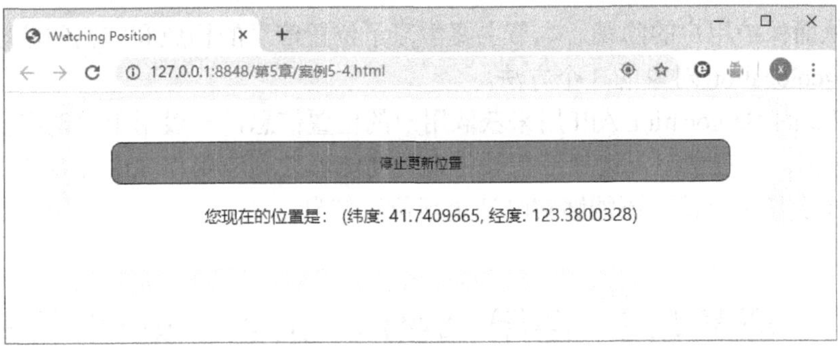

图 5-10　获取当前的位置信息

因为大多数桌面设备没有 GPS 芯片和加速度计，所以测试它们比较困难。Chrome DevTools 的 Sensors 模拟窗格可以通过模拟常见的移动设备传感器来降低测试的开销。本例中，我们模拟地理定位坐标以测试地理定位替换值。要访问 Chrome DevTools 传感器控件，需要先打开 DevTools 主菜单，在 Chrome 浏览器左下角的 More Tools 菜单中（3 个点）选择 Sensors 选项，打开 Sensors 窗格。然后在窗格中选择不同地点的地理定位坐标，模拟更换位置，如选择 Shanghai，可以看到页面上同步显示位置信息更改为（纬度 31.230416，经度 121.473701），结果如图 5-11 所示。

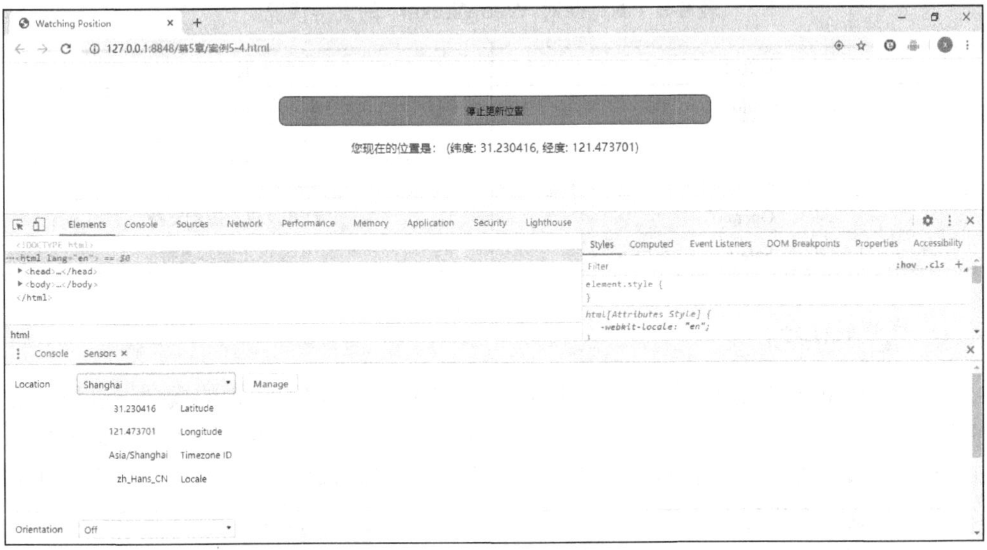

图 5-11　模拟位置更新

单击“停止更新位置”按钮后，再选择不同的地点更改位置，位置不会更新，这是因为 clearWatch( )方法生效了。

Geolocation API 要求在将用户的位置信息发送到任何网站之前，必须寻求并获得用户许可，从而保护用户的隐私。本节主要学习了位置信息的构成和它们的获取途径，着重练习了 geolocation 对象的 3 个方法。

HTML5 的 Geolocation API 用来获取用户的位置信息，一般用于实现需要定位功能的 Web 页面。通过学习，读者应能够将定位功能添加到应用程序中，并使用地图显示服务在地图上显示位置，还能够实时地更新位置信息。

任务 5.2　使用 Web Workers 处理线程

5.2.1　Web Workers 概述

通过使用 Web Workers，Web 应用程序可以在独立于主线程的后台线程中运行一个脚本操作。我们可以将一些大计算量的代码交由 Web Workers 运行，这样做的优点是可以在独立线程中执行费时的处理任务，而主线程不会因此被阻塞。

浏览器对 Web Workers 的支持程度不同，如 IE 6～9 是不支持 Web Workers 的，各浏览器对 Web Workers 的支持情况如表 5-9 所示。

表 5-9　浏览器对 Web Workers 的支持情况

浏览器	支持情况
Firefox	3.5 及以上版本支持
Chrome	4 及以上版本支持
Internet Explorer	IE 10 以上版本支持
Opera	11.5 及以上版本支持
Safari	4 及以上版本支持

1. 线程的概念

为了理解 Web Workers 的原理，下面简单介绍一下进程和线程的概念。进程是应用程序的执行实例，是操作系统进行资源分配和独立运行的最小单元。多进程是指在同一个时间允许两个或两个以上的进程处于运行状态，如你可以一边听音乐，一边打开编辑器写代码，这两个进程互不干扰。

运行在浏览器中的多个网页就像运行在操作系统之上的多个应用程序一样，也可以采用多进程架构。这里以 Chrome 浏览器为例，Chrome 为每个标签页面单独启用进程，因此每个标签页都有其独立的渲染引擎实例（render 进程）。在 Chrome 中单击“更多”按钮（3 个点的图标），在弹出的下拉列表中选择“更多工具”→“任务管理器”选项，可以打开 Chrome 的任务管理器并查看每个标签页的内存占用空间和 CPU 的使用情况，如图 5-12 所示。

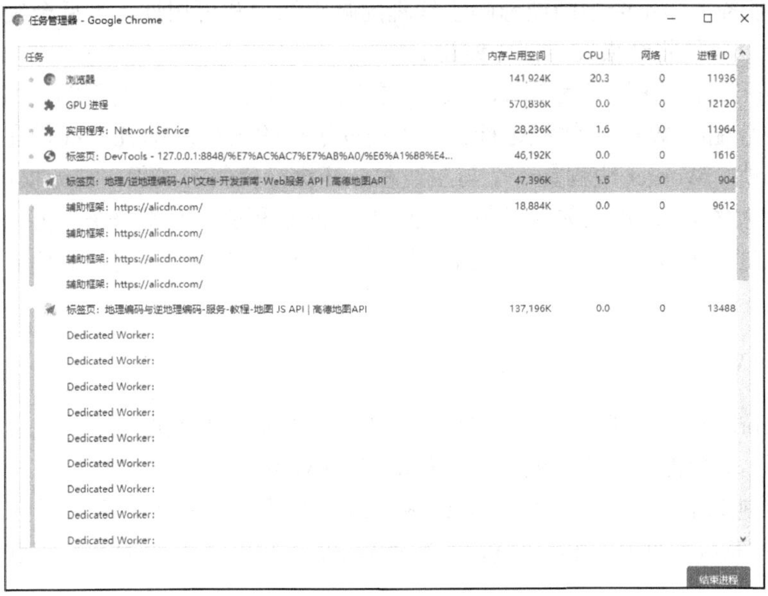

图 5-12　Chrome 任务管理器

线程是进程内部的一个执行单元，一个进程中可以有多个线程，即在一个程序中可以同时运行多个不同的线程来执行不同的任务。也就是说，允许单个程序创建多个并行执行的线程来完成各自的任务。系统创建好进程后，实际上就启动执行了该进程的主线程。

Chrome 浏览器的每个标签页都分别对应一个渲染引擎实例。也就是说，每个标签页都是一个独立的进程，而渲染引擎进程（也称浏览器内核进程）是多线程的，通常由以下常驻线程组成：GUI（graphical user interface，图形用户界面）渲染线程、JavaScript 引擎线程、定时触发器线程、事件触发线程、异步 http 请求线程等，各线程在内核控制下相互配合以保持同步。

我们知道，JavaScript 是可以操纵 DOM 的，如果在修改这些元素属性的同时渲染界面（即 JavaScript 线程和 UI 线程同时运行），那么渲染线程前后获得的元素数据就可能不一致了，因此为了防止渲染出现不可预期的结果，浏览器设置 GUI 渲染线程与 JavaScript 引擎为互斥的关系。当 JavaScript 引擎执行时，GUI 线程会被挂起，GUI 更新时，则会被保存在一个队列中，等到 JavaScript 引擎线程空闲时立即被执行，所以如果 JavaScript 执行的时间过长，就会造成页面的渲染不连贯，导致页面渲染加载阻塞。

为了解决上述问题，HTML5 提出 Web Workers 标准，允许 JavaScript 脚本创建多个线程，但是子线程完全受主线程控制。Web Workers 可以创建与主执行线程分离的后台线程。这种工作负载分离的核心优势在于，可以在隔离的线程中运行大量耗时的JavaScript 任务，而不会中断或影响主线程的响应能力和可用性，当后台线程完成其任务时通过一个事件将结果发送回主线程。

Web Workers 的作用是为 JavaScript 创造多线程环境，允许主线程创建 Worker 线程，将一些任务分配给 Worker 线程运行。在主线程运行的同时，Worker 线程在后台运行，两者互不干扰。Worker 线程是一个与主线程分开执行代码的线程，它无权访问 DOM，但可以执行大多数与 UI 无关的任务。等到 Worker 线程完成计算任务，再把结果返回给主线程，通过这种方式，将耗时任务拆解出去，降低主线程的压力，避免主线程无响应的情况。

2. Web Workers 的常用方法和事件

Web Workers 的功能包括创建线程，线程与前端页面的数据交互，线程本身占用大量内存资源，本身也需要关闭或销毁。HTML5 的 Web Workers API 中的方法和事件就是对上面的功能进行了封装。使用 Web Workers 可以很容易地创建在后台运行的线程（Worker），并完成数据交互和终止线程。Web Workers API 中常用的方法和事件如表 5-10 所示。

表 5-10　Web Workers API 中常用的方法和事件

方法/事件	描述
Worker( )方法	构造函数，返回一个 Worker 线程对象，供主线程操作 Worker
postMessage( )方法	用于在主线程和 Worker 线程之间发送信息
terminate( )方法	立即终止 Worker 线程
close( )方法	关闭 Worker 线程
onmessage 事件	指定 message 事件的监听函数，发送过来的数据在 Event.data 属性中
onerror( )事件	指定 error 事件的监听函数
onmessageerror 事件	指定 messageerror 事件的监听函数。发送的数据无法序列化成字符串时，会触发该事件

下面详细介绍常用的方法和事件。

（1）Worker( )方法

使用 Worker( )方法可以很方便地创建一个 Web Workers。只要在 Worker 类的构造器中，将需要在后台线程中执行的脚本文件的 URL 地址作为参数，然后创建 Worker 对象就可以了，代码定义如下。

```
var myWorker=new Worker(aURL, options);
```

其中，第一个参数 aURL 是一个使用 DOM String 表示 Worker 将执行的脚本的 URL。它必须遵守同源策略，也就是说，分配给 Worker 线程运行的脚本文件，必须与主线程的脚本文件同源。

第二个参数 options 可选，包含可在创建对象实例时设置的选项属性的对象，可使用的属性包括 type、credentials、name 等。

（2）postMessage( )方法

Worker 接口的 postMessage( )方法可以在主线程和 Worker 线程之间发送消息。此方法接收一个参数，表示要发送的数据。从主线程发送数据到 Worker 线程，使用方法如下。

```
myWorker.postMessage(aMessage, transferList);   //在主线程中使用
```

Worker 线程有自己的全局对象 self，不是主线程的 window 对象，而是一个专门为 Worker 定制的全局对象，代表子线程自身，从 Worker 线程发送数据到主线程，只需修改调用对象为 self 即可，使用方法如下。

```
self.postMessage(aMessage, transferList);  //在 Worker 线程中使用
```

其中，第一个参数 aMessage 表示由结构化克隆算法处理的任何值或 JavaScript 对象；第二个参数 transferList 是一个可转移对象（Transferable 对象）的数组，用于传递所有权，可选。如果一个对象的所有权被转移，在发送它的线程中将变为不可用，并且只有在它被发送到的 Worker 中可用。可转移对象可以是如 ArrayBuffer、MessagePort 或 ImageBitmap 的实例对象，transferList 数组中不可传入 null。

（3）terminate( )方法和 close( )方法

Worker 线程一旦创建成功，就会始终运行，不会被主线程上的活动（如用户单击按钮、提交表单）打断，这样有利于随时响应主线程的通信。但是，这也造成了 Worker 比较耗费资源，不应该过度使用，一旦使用完毕，就应该关闭。Worker 接口中的 terminate( )方法用于立即终止 Worker 的行为，此方法并不会等待 Worker 去完成它剩余的操作，Worker 将会被立刻停止，在主线程中的使用方法如下。

```
myWorker.terminate();
```

在 Worker 线程自身内部需要使用全局方法 close( )停止，使用方法如下。

```
self.close();
```

（4）onmessage 事件

Worker 接口的 onmessage 事件表示一个 EventHandler 事件处理函数，当 message 事件发生时，该函数被调用。Worker 线程是与主线程分离的后台线程，通过发送和接收消息来实现前台页面与后台线程互相传递数据。postMessage( )方法用于发送消息，而 onmessage 事件用于监听消息。例如，我们通过获取 Worker 对象的 onmessage 事件句柄来从 Worker 线程中接收消息，方法如下。

```
//获取 Worker 对象的 onmessage 事件句柄在后台线程中接收消息
```

```
myWorker.onmessage=function(event) {
    //消息处理,数据为 event.data
}
```

此外，也可以使用 addEventListener( )方法监听 message 事件，方法如下。

```
//使用 addEventListener()方法监听 message 事件
myWorker.addEventListener("message",function(event){
    //消息处理,数据为 event.data
},false);
```

同样，在 Worker 线程中监听 message 事件，只需修改调用对象为 self 即可。

（5）onerror 事件

AbstractWorker 接口的 onerror 事件是一个事件句柄，在 error 事件触发并冒泡时执行。error 对象有 3 个比较常用的字段：message（描述错误信息）、filename（发生错误的脚本文件名）、lineno（发生错误时所在脚本文件的行号）。其使用方法如下。

```
//设置 onerror 事件
myWorker.onerror=function(event) {
    //错误处理
};
```

同样，在 Worker 线程中监听 error 事件，只需修改调用对象为 self 即可。

（6）onmessageerror 事件

Worker 的 onmessageerror 事件处理器接口是一个 EventListener，在 MessageEvent 类型的 messageerror 事件触发时调用，使用方法如下。

```
//设置 onmessageerror 事件
myWorker.onmessageerror=function(event){
    //错误处理
};
```

同样，在 Worker 线程中监听 messageerror 事件，只需修改调用对象为 self 即可。

5.2.2 使用 Web Workers 创建线程

Web Workers 的基本原理就是在当前 JavaScript 的主线程中，使用 Worker 类加载一个 JavaScript 文件来开辟一个新的线程，并提供主线程和新线程之间数据交换的接口：postMessage( )方法和 onmessage 事件。下面介 Web Workers 的创建和数据的传递。

1. 创建线程方法

首先，在创建 Worker 对象之前，检查浏览器是否支持此功能，当浏览器不支持时，可以提供相应的提示，检测代码如下。

```
if(window.Worker){
    console.log("浏览器支持 Web Workers")
} else {
    console.log("浏览器不支持 Web Workers")
}
```

在主线程中使用构造函数创建一个 Worker 对象，此构造函数接收一个 JavaScript 文件 URL，代码如下。

```
const worker=new Worker(aURL,options)
```

这样我们就成功创建了一个 Worker 线程对象，worker 对象就是一个 Web Workers 实例，执行代码 aURL 指定的 JavaScript 文件，options 可选，表示在创建对象实例时设置的选项。

2. 数据的传递

主线程和 Worker 线程相互之间使用 postMessage( )方法来发送信息，并通过 onmessage 来接收信息（传递的信息包含在 message 事件的 data 属性中）。数据的交互方式为传递副本，而不是直接共享数据。数据的传递过程如图 5-13 所示。

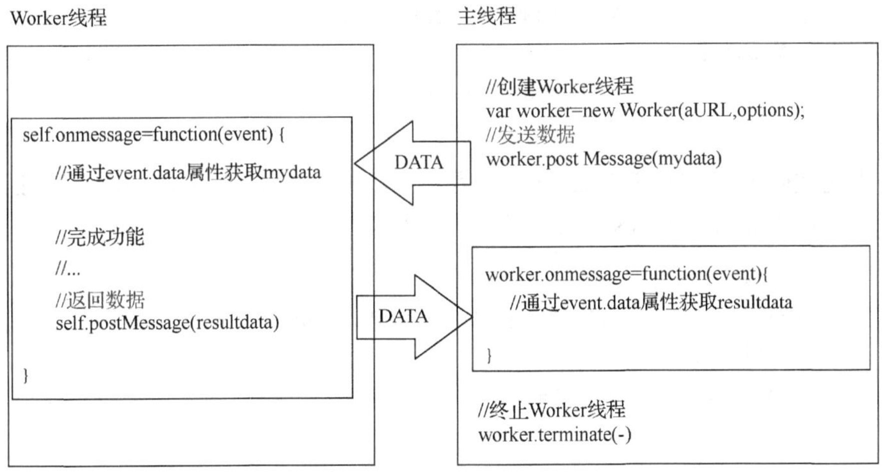

图 5-13 数据的传递过程

下面详细介绍主线程和 Worker 线程之间的数据传递过程。

（1）主线程

我们已经在主线程中调用 Worker( )方法构造了一个 Worker 线程对象，之后，主线程就可以调用 worker.postMessage( )方法向 Worker 线程发送消息了。worker.postMessage( )方法的参数，就是主线程传给 Worker 的数据。它可以是各种数据类型，包括二进制数据，代码如下。

```
worker.postMessage(mydata)
```

主线程通过 worker.onmessage 指定监听函数，接收 Worker 子线程发来的消息。

```
worker.onmessage=function(event){
    console.log("接收Worker发来的数据："+event.data)
}
```

在上述代码中，事件对象的 data 属性（event.data）可以获取 Worker 发来的数据。Worker 完成任务后，主线程就可以把它关掉了。

```
worker.terminate()
```

（2）Worker 线程

和主线程代码类似，在 Worker 线程中，也通过 onmessage 接收主线程的消息（这个消息来自主线程或其他 Worker 线程），通过 postMessage( )给主线程发送消息。首先，Worker 线程内部需要有一个监听函数，用于监听 message 事件，Worker 完成功能后通过 postMessage( )将数据传给主线程，代码如下。

```
self.onmessage=function(event){
    console.log("接收主线程发来的数据："+event.data)
    //完成功能
    self.postMessage(resultdata)
}
```

在上述代码中，self 代表 Worker 子线程自身，this 指向 self。因此，self 可以改为 this。此外，还可以不加 self 或 this，直接写成如下语句。

```
onmessage=function(event){
    console.log("接收主线程发来的数据："+event.data)
    //完成功能
    postMessage(resultdata)
}
```

如果要为消息事件设置多个事件侦听器，则可以创建事件侦听器（也适用于 error 事件），而不是使用 onmessage，代码如下。

```
self.addEventListener("message",event=>{
    console.log("接收主线程发来的数据: "+event.data)
    //完成功能
    self.postMessage(resultdata)
})
```

Web Workers 用来执行异步脚本，只要掌握了它与主线程通信的方式，就可以在指定时机运行异步脚本，并在运行完时将结果传递给主线程。下面通过案例进行讲解。

例 5-4　Web Workers 的创建和数据的传递。

本例在文件中（主线程）创建了一个新的 Worker 线程对象，并将求和计算的任务交给这个新的 Worker 线程，Worker 线程完成计算任务后将计算结果传递回主线程中，最后在主线程中更新 UI 并输出计算结果。完整的主线程代码如下。

```
<!DOCTYPE html>
<html>
    <head>
        <meta charset="UTF-8">
        <title></title>
    </head>
    <body>
        <script type="text/javascript">
            if(window.Worker){
                //console.log("浏览器支持 Web Workers")
                const worker=new Worker("js/worker7-1.js");
                //console.log(worker)
                worker.postMessage({
                    num: 100
                })
                worker.onmessage=function(event){
                    console.log("主线程接收 worker 线程发来的数据: ",
event.data);
                    worker.terminate();
                }
            } else {
                console.log("浏览器不支持 Web Workers");
            }
        </script>
    </body>
</html>
```

在文件夹下的js目录中，新建一个js文件并命名为“worker7-1.js”，然后在此文件中编写在Worker线程中运行的代码。完整的Worker线程代码（js/worker7-1.js）如下。

```
self.onmessage=function(event){
    //接收数据
    console.log("worker线程接收到主线程发来的数据：", event.data);
    var num=event.data.num;
    //完成功能：计算 1+2+… + num
    var sum=0;
    for(var i=1; i<=num; i++){
        sum+=i;
    }
    //发回数据
    self.postMessage({
        result: sum
    });
}
```

在上述代码中，主线程向Worker线程传递数据{num:100}，Worker线程执行完毕后将结果传回主线程，启动一个本地服务器，运行结果如图5-14所示。

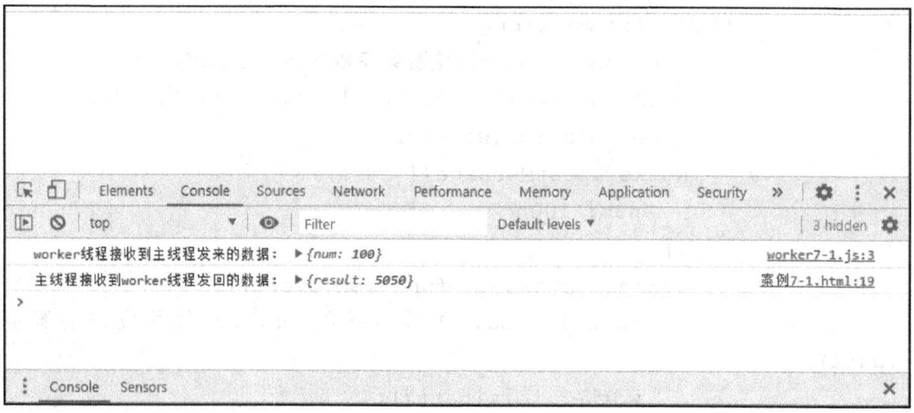

图5-14　数据传递成功界面

这里需要注意，为了安全，Worker线程无法读取本地文件，即不能打开本机的文件系统（file://），它所加载的脚本必须来自网络，所以如果在本地打开会出现错误，提示创建Worker失败（Failed to construct'Worker'），如图5-15所示。

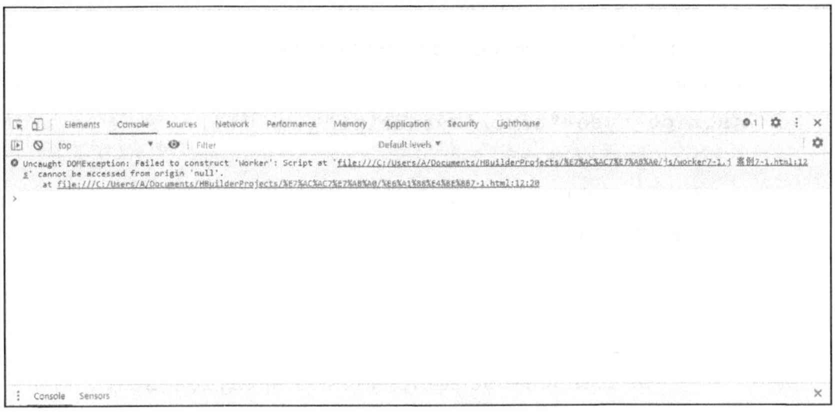

图 5-15　本地运行报错

5.2.3　页面与线程的数据交互

Web Workers 允许将长时间运行且计算量大的任务放在后台，而不会阻塞 UI，从而使应用程序具有更高的响应速度。下面通过案例进行讲解。

例 5-5　页面与线程的数据交互。

在主线程创建了一个新的 Worker 线程对象，并将计算素数的任务交给这个新的 Worker 线程，Worker 线程完成计算任务后将计算结果传递回主线程中，当数据量比较大时，计算时间就会很长，为了更好地进行交互体验，在主线程中动态更新 Worker 执行的进度，最后在主线程中更新 UI 并显示结果。主线程中的代码如下。

```
<!DOCTYPE html>
<html>
    <head>
        <meta charset="UTF-8">
        <title></title>
        <link rel="stylesheet" type="text/css" href="css/案例 7-2.css"/>
    </head>
    <body>
        <div id="content">
            <p>在线查找素数。数字范围从： <input id="from" value="1"> 到 <input id="to" value="1000000"></p>
            <div>
                <button onclick="doSearch()" id="searchBtn">开始查找</button>
                <button onclick="cancelSearch()">取消</button>
                <div id="status"></div>
```

```
        </div>
        <div id="primeContainer"></div>
    </div>
    <script type="text/javascript">
        var searchBtn;
        var primeContainer;
        var statusDisplay;
        var worker;
        window.onload=function(){
            //获取节点
            searchBtn=document.getElementById("searchBtn");
            statusDisplay=document.getElementById("status");
            primeContainer=document.getElementById("primeContainer");
        };
        function doSearch(){
            //设置查找按钮可单击
            searchBtn.disabled=true;
            primeContainer.innerHTML="";
            //获取 input 框中的数字范围
            var fromNumber=document.getElementById("from").value;
            var toNumber=document.getElementById("to").value;
            //创建 Worker 线程对象
            worker=new Worker("js/worker7-2.js");
            //发送数据
            worker.postMessage({
                from: fromNumber,
                to: toNumber
            });
            //设置 onmessage 和 onerror 事件
            worker.onmessage=receivedWorkerMessage;
            worker.onerror=workerError;
        }
        function receivedWorkerMessage(event) {
            //接收 Worker 传来的数据
            var message=event.data;
            //根据 message.messageType 判断是完成还是未完成的状态
            if(message.messageType=="PrimeList"){
                var primes=message.data;
                //在 div# primeContainer 中显示结果
```

```
                var primeList="";
                for(var i=0; i<primes.length; i++){
                    primeList+=primes[i];
                    if(i!=primes.length-1) primeList+=", ";
                }
                primeContainer.innerHTML=primeList;
                //根据传来的结果判断是否查找成功
                if(primeList.length==0){
                    statusDisplay.innerHTML="查找失败！";
                } else {
                    statusDisplay.innerHTML="查找成功！";
                }
                //设置查找按钮不可用
                searchBtn.disabled=false;
            } else if(message.messageType=="Progress"){
                //更新进度条
                statusDisplay.innerHTML="开始查找......"+message.
data+"%已完成";
            }
        }
        //设置错误提示
        function workerError(error){
            statusDisplay.innerHTML=error.message;
        }
        //取消查找
        function cancelSearch(){
            worker.terminate();
            worker=null;
            statusDisplay.innerHTML="查找取消！";
            searchBtn.disabled=false;
        }
    </script>
  </body>
</html>
```

上述代码在文件夹的 css 目录中创建了 css 样式文件并命名为“案例 7-2.css”，在此文件中简单设置了页面的样式，代码如下。

```
#primeContainer{
    border: solid 1px black;
    padding: 5px;
    height: 300px;
    max-width: 500px;
    overflow: scroll;
    overflow-x: hidden;
    font-size: x-small;
    margin-top: 10px;
    margin-bottom: 10px;
}
input{
    width: 100px;
    padding: 5px;
}
button{
    padding: 5px;
}
#status{
    display: inline-block;
    color: darkred;
}
```

最后，设置 Worker 线程的计算逻辑。在文件夹的 js 目录中创建 js 文件“js/worker7-2.js”，在此文件中接收主线程传来的数据范围，完成耗时的计算任务，并将任务进度数字实时地传回主线程，具体代码如下。

```
onmessage=function(event){
        //接收从主线程发来的数据,并进行计算
        var primes=findPrimes(event.data.from, event.data.to);
        //将计算完成的结果返回给主线程
        postMessage({
            messageType: "PrimeList",
            data: primes
        });
    };
```

```
//计算素数
function findPrimes(fromNumber, toNumber){
    //首先将范围内的数字全部存放到 list 数组中
    var list=[];
    for(var i=fromNumber; i<=toNumber; i++){
        if(i>1) list.push(i);
    }
    //判断是否是素数
    var max=Math.round(Math.sqrt(toNumber));
    var primes=[];
    var previousProgress;
    for(var i=0; i<list.length; i++){
        var failed=false;
        for(var j=2; j<=max; j++){
            if((list[i]!=j) && (list[i]%j==0)){
                failed=true;
            } else if((j==max)&&(failed==false)){
                primes.push(list[i]);
            }
        }
        //设置进度条
        var progress=Math.round(i/list.length*100);
        if(progress!=previousProgress){
            postMessage({
                messageType: "Progress",
                data: progress
            });
            previousProgress=progress;
        }
    }
    return primes;
}
```

例 5-5 中，将传递的信息封装成对象，并标注两种状态：已完成（messageType 为“PrimeList”）或进行中（messageType 为“Progress”）。主线程根据 Worker 线程传递的 messageType 进行判断，计算完毕则在页面上展示结果，未计算完毕则在主线程中实时更新传回的进度值，效果如图 5-16 和图 5-17 所示。

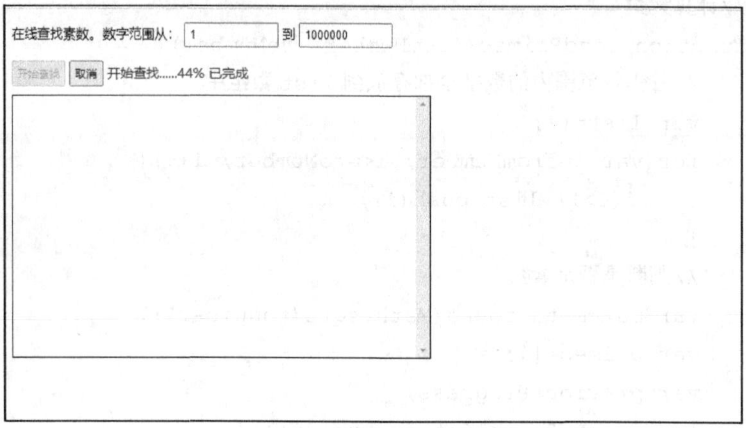

图 5-16　正在查找素数界面

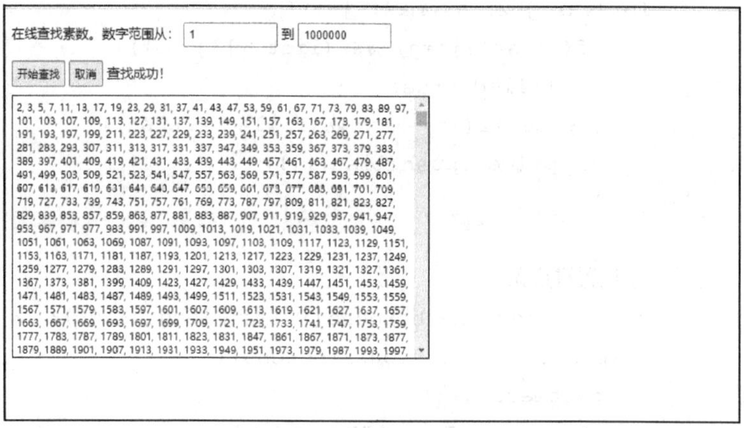

图 5-17　查找成功界面

5.2.4　使用 Shared Workers 创建共享线程

Web Workers API 中定义了两类工作线程，分别是专用线程 Dedicated Worker 和共享线程 Shared Workers，使用 Worker( )构造器创建的是 Dedicated Worker（也称为 Web Workers）。其中，Web Workers 只能被一个页面使用，而 Shared Workers 则可以被多个页面共享。

我们知道，Chrome 浏览器中的每个 Tab 页就是一个 render 进程（浏览器内核进程），Web Workers 只属于某个页面，不会和其他页面的 render 进程共享，所以 Chrome 浏览器在 render 进程中创建了一个新的线程来运行 Worker 中的 JavaScript 程序。Shared Workers 是浏览器所有页面共享的，不能使用与 Worker 同样的方法实现，因为它不隶属于某个 render 进程，可以被多个 render 进程共享使用，所以 Chrome 浏览器为 Shared

Workers 单独创建了一个进程来运行 JavaScript 程序。由此可见，Shared Workers 和 Web Workers 的本质区别就是进程和线程的区别。Shared Workers 由独立的进程管理，Web Workers 只是属于 render 进程下的一个线程。

目前支持 Shared Workers 的浏览器不多，IE 和 Safari 浏览器不支持 Shared Workers，各浏览器对 Shared Workers 的支持情况如表 5-11 所示。

表 5-11 浏览器对 Shared Workers 的支持情况

浏览器	支持情况
Firefox	75 及以上版本支持
Chrome	80 及以上版本支持
Edge	83 及以上版本支持
Opera	不支持
Safari	不支持

Shared Workers 可以看作是 Web Workers 的扩展，它也能实现 Web Workers 的功能。除此之外，它还可以和同源的多个 browser context（如窗口、iframe 或其他 Worker）之间进行异步通信。下面讲解 Shared Workers 的创建和数据的传递。

1. 创建 Shared Workers

在创建 Shared Workers 对象之前，检查浏览器是否支持此功能，当浏览器不支持时，可以提供相应的提示，检测代码如下。

```
if(window.SharedWorker){
    console.log("浏览器支持 Shared Workers")
} else{
    console.log("浏览器不支持 Shared Workers")
}
```

创建 Shared Workers 的方法与创建 Web Workers 的方法类似，可以使用构造函数 SharedWorker( )实例化一个 SharedWorker 对象，传入要执行的脚本 URL，代码如下。

```
var myWorker=new SharedWorker(aURL, name);
var myWorker=new SharedWorker(aURL, options);
```

第一个参数 aURL 表示 Worker 将执行的脚本，必须遵守同源策略。参数 name 可选，用于确定是共用一个 Shared Workers，还是创建不同的实例。参数 options 可选，表示创建实例时设定的包含了可选属性的对象，可用的属性包括 type、credentials、name 等。

2. 数据的传递

Shared Workers和Web Workers一样，可以实现前台页面与共享的后台线程之间的通信功能。Shared Workers是可以在多个页面之间共享实例的，那么如何保证共享的实例不产生混淆呢？如果有多个页面使用相同的script-url创建Shared Workers实例，那么浏览器只会创建一个Shared Workers进程及多个和它的连接，每个连接都会生成单独的端口对象（MessagePort对象），可以使用MessagePort对象访问Shared Workers线程并与之通信。MessagePort对象包括下列常用的方法和事件。

1）postMessage( )方法：用于发送消息。

2）start( )方法：用于激活端口，开始监听端口是否接收到消息。

3）close( )方法：用于关闭并停用端口。

4）onmessage事件：当端口接收到消息时触发该事件。

5）onerror事件：当发生错误时触发该事件。

Shared Workers传递数据与Web Workers传递数据的不同之处在于，与Shared Workers通信必须通过端口对象（Shared Workers对象的port属性）。这个port属性值是创建Shared Workers时自动生成的MessagePort对象，Shared Workers数据的传递过程如图5-18所示。

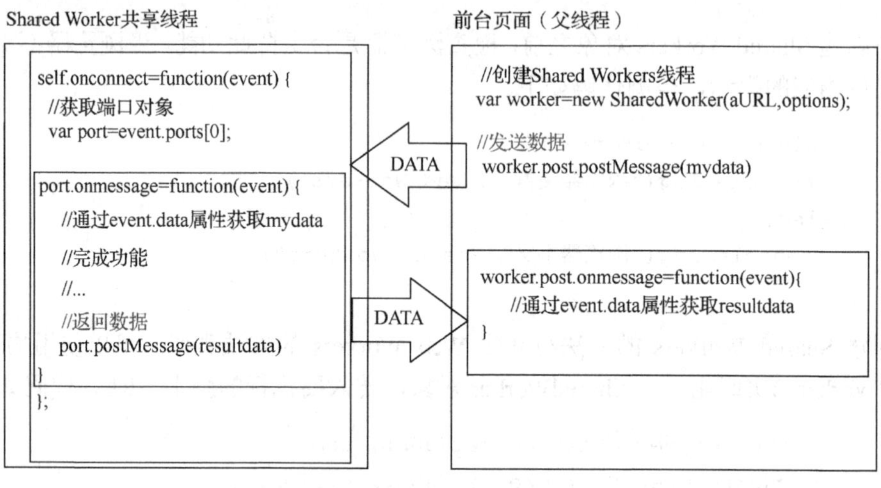

图5-18 Shared Workers数据的传递过程

创建通过MessagePort对象的postMessage( )方法，从端口向共享的后台线程发送消息，代码如下。

```
var worker=new SharedWorker(aURL, options);
worker.port.postMessage(mydata);
```

每个 MessagePort 对象都具有一个 onmessage 事件，当端口接收到消息时触发该事件，接收 Worker 线程消息的代码如下。

```
worker.port.onmessage=function(event){
    console.log("接收 Worker 发来的信息：",event.data)
}
```

在 Shared Workers 共享线程中，前台页面通过 Shared Workers 对象与共享的后台线程开始通信时，会触发后台线程对象的 onconnect 事件，监听该事件，并在后台脚本中定义该事件触发时所做的处理。在 Shared Workers 内部监听 connect 事件的代码如下。

```
self.onconnect=function(event){
    var port=event.ports[0];      //获取 port 对象
    //……
};
```

Worker 和父线程连接成功，接下来就可以在此端口发送和接收数据了。接收数据的代码如下。

```
port.onmessage=function(event){
    console.log("Worker 接收到数据：",event.data)
}
```

发回数据的代码如下。

```
port.postMessage(resultdata)
```

Shared Workers 的本质是共享的，所以无法提供像 Web Workers 那样的 terminate( ) 方法来终结，必须要在其内部调用 close( )方法，代码如下。

```
self.close();
```

此外，在传递消息之前，端口连接必须被显式地打开，打开方式是使用 onmessage 事件处理函数或 start( )方法。如果使用 onmessage 事件处理函数，则不需调用此方法，此方法只有在消息事件被 addEventListener( )方法使用时才需要。另外，在使用 start( ) 方法打开端口连接时，如果父级线程和 Worker 线程需要双向通信，那么它们都需要调用 start( )方法，才能激活端口并开始接收消息，代码如下。

```
worker.port.start();  //父级线程中的调用
port.start();         //Worker 线程中的调用，port 变量代表一个端口
```

下面通过案例讲解 Shared Workers 的基本用法。

例 5-6　Shared Workers 的创建和数据的传递。

本例在前台页面中创建了一个 Shared Workers 对象，并将数据加密的任务交给

Shared Workers 线程，Worker 线程完成计算任务后将计算结果传回父线程中，最后在父线程中输出加密后的结果。完整的前台页面代码“案例 7-3.html”如下。

```
<!DOCTYPE html>
<html>
    <head>
        <meta charset="UTF-8">
        <title></title>
    </head>
    <body>
        <h2>MD5 数据加密</h2>
        <textarea id="input" type="textarea" placeholder="请输入文本"
rows="10" cols="50"></textarea>
        <div>
            <span>
                <strong>MD5 加密后:</strong>
            </span>
            <p id="digest"></p>
        </div>
        <script>
            const input=document.querySelector('#input');
            const digest=document.querySelector('#digest');
            //创建 Shared Worker 线程
            if(window.SharedWorker){
                var worker=new SharedWorker('js/worker7-3.js');
                //console.log(worker);
            }else{
                console.log("您的浏览器不支持 Shared Worker")
            }
            input.oninput=function(){
                const text=input.value.trim();
                //发送数据
                worker.port.postMessage({
                    action: 'md5',
                    value: text,
                });
                //接收 Worker 线程发回的信息
                worker.port.onmessage=function(event){
                    // console.log("接收 Worker 发回的信息：", event.data);
```

```
                const{
                    action,
                    value=''
                }=event.data;
                if(action==='md5-result'){
                    digest.textContent=value;
                }
            }
        }
    </script>
</body>
</html>
```

在文件夹中的 js 目录中，新建一个 js 文件并命名为“worker7-3.js”，然后在此文件中编写在 Shared Workers 线程中运行的代码，完整的 Shared Workers 线程代码（js/worker7-3.js）如下。

```
self.importScripts(
    'https://cdn.jsdelivr.net/npm/js-md5@0.7.3/src/md5.min.js'
);
self.onconnect=function(event){
    //获取端口对象
    var port=event.ports[0];
    //接收父线程的消息
    port.onmessage=function(event){
        console.log("Worker 接收到数据：",event.data);
        const {action, value=''}=event.data;

        if(action==='md5'){
          //发送数据给父线程
          port.postMessage({
            action: 'md5-result',
            value: value.length>0?md5(value):'文本为空!',
          });
        }
    }
};
```

在上述代码中，使用 importScripts( )方法将 MD5 的脚本库同步导入 Shared Workers 的作用域中，在本地服务器运行上述代码，结果如图 5-19 所示。

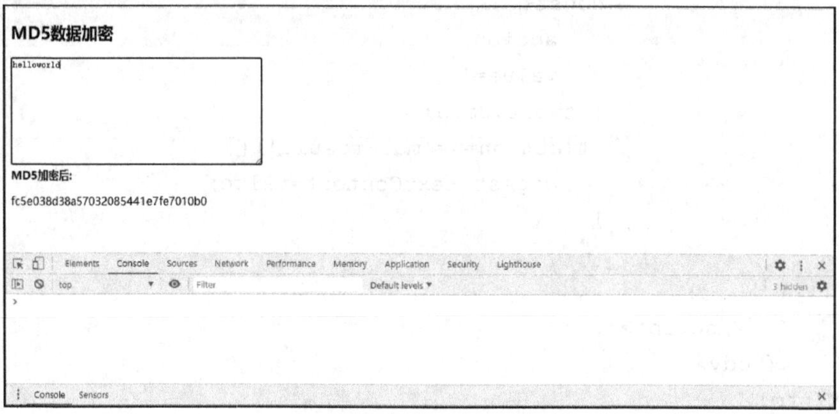

图 5-19　MD5 数据加密的效果

Shared Workers 是可以在多个页面之间共享实例的，如果有多个页面使用相同的 script-url 创建 Shared Workers 实例，那么浏览器只会创建一个 Shared Workers 进程及多个和它的连接。我们已经能够在前台页面和 Shared Workers 之间进行数据的传递了，下面模拟多个页面共享 Shared Workers 进程的情况。

例 5-7　多页面共享 Shared Workers。

在前台页面中创建一个 Shared Workers 对象，并在 Shared Workers 中记录下每个连接的端口对象，当多个页面与 Shared Workers 连接时，将相同的 json 数据发回，实现多个页面的数据共享。完整的前台页面代码如下。

```
<!DOCTYPE html>
<html>
    <head>
        <meta charset="UTF-8">
        <title></title>
        <style type="text/css">
            #status{
                font-size: 24px;
                color:crimson;
            }
        </style>
    </head>
    <body>
        <div class="container">
            <section>
                <div>
```

```
                <span id="status"></span>
            </div>
            <div id="message"></div>
        </section>
    </div>
    <script type="text/javascript">
        //创建一个共享线程
        var worker=new SharedWorker('js/worker7-4.js');
        const status=document.querySelector('#status');
        const message=document.querySelector('#message');
        //接收 Worker 发回的信息
        worker.port.onmessage=function(e){
            const{
                data
            }=e
            status.textContent="这是与 Shared Workder 的第"+data.
counter+"个连接"
            message.innerHTML=
                `
              <h2 style="text-align: center;">豆瓣电影排行 TOP3</h2>
              ${renderTrendingList(data.message || [])}
            `
        };
        //发送数据
        worker.port.postMessage('hello shared worker!');
        function renderTrendingList(list){
            return `
          <ul style="list-style: none; padding: 0;">
            ${list.map(item =>{
              return`<li style="margin: .5em 0; border: 1px solid
#ddd; padding: 0 15px;">
                <div>
                  <p>电影名称: <strong>${item.name}</strong></p>
                  <p>电影简介: ${item.description}</p>
                  <p>链接: <a href="${item.url}">${item.url}</a></p>
                </div>
              </li>`
            }).join('\n')}
          </ul>
```

```
        }
    </script>
  </body>
</html>
```

在文件夹中的js目录中，新建一个js文件并命名为“worker7-4.js”，之后在此文件中编写在 Shared Workers 线程中运行的代码，完整的 Shared Workers 线程代码（js/worker7-4.js）如下。

```
var counter=0;
var connections=[];
var tmpmsg=[{
        "name": "肖申克的救赎 The Shawshank Redemption (1994)",
        "url": "https://movie.douban.com/subject/1292052/",
        "description": "20世纪40年代末,小有成就的青年银行家安迪（蒂姆·罗宾斯 Tim Robbins 饰）因涉嫌杀害妻子及她的情人而锒铛入狱。在这座名为鲨堡的监狱内,希望似乎虚无缥缈..."
    },
    {
        "name": "霸王别姬 (1993)",
        "url": "https://movie.douban.com/subject/1291546/",
        "description": "段小楼（张丰毅）与程蝶衣（张国荣）是一对打小一起长大的师兄弟,两人一个演生,一个饰旦,一向配合天衣无缝,尤其一出《霸王别姬》,更是誉满京城..."
    },
    {
        "name": "阿甘正传 Forrest Gump (1994)",
        "url": "https://movie.douban.com/subject/1292720/",
        "description": "阿甘（汤姆·汉克斯 饰）于二战结束后不久出生在美国南方阿拉巴马州一个闭塞的小镇,他是先天智障者,智商只有75,然而他的妈妈是一个性格坚强的女性..."
    }
]
//定义当new SharedWork()被调用时触发的onconnect处理事件
onconnect=function(event){
    var port=event.ports[0]; //连接的唯一端口
    //定义当端口接收到信息时的处理事件
    port.onmessage=function(event){
        counter++;
        for(var i=0; i<connections.length; i++){
            //发回数据
            connections[i].postMessage({
```

```
                message: tmpmsg,
                counter: counter
            });
        }
    }
    port.start();
    connections.push(port);
}
```

在上述代码中，首先在 Shared Workers 中创建一个数组 connections，用于存储与 Shared Workers 连接的所有页面的端口。然后定义 onconnect 事件函数，当页面连接到 Shared Workers 时将调用此函数。onconnect 函数首先获取连接页面的端口，将其存储在端口列表中，并启动该端口（如果不启动端口，则无法从中接收消息）。最后将消息监听事件添加到端口，并为每个连接的页面创建一个新的匿名函数，向所有连接的端口写入消息，本例中只是简单地写入模拟 json 数据，更常见的做法是连接到服务器并获取数据，将该数据可以分发到连接 Shared Workers 的所有页面。

在本地服务器运行此页面，如果打开两个页面，则会看到加载的第一个页面收到从 Worker 传过来的 json 数据，并表明是第一个连接，第二个页面收到相同数据，表明是第二个连接，这说明了 Shared Workers 会在连接到它的所有页面中维护单个全局状态。运行效果如图 5-20 和图 5-21 所示。

图 5-20 第一个页面获取的数据

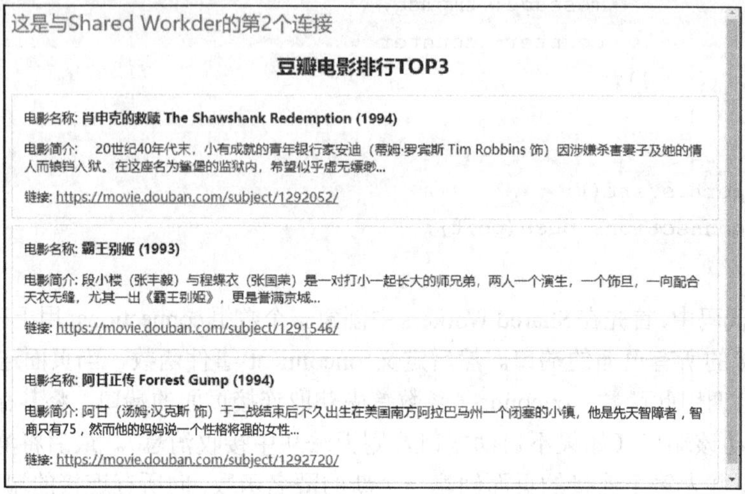

图 5-21　第二个页面获取的共享数据

这里需要注意，在开发 Shared Workers 程序时，Shared Workers 在后台运行是无法直接对其进行调试的。开发者工具中没有显示 Shared Workers 的 console.log，在 Chrome 浏览器中，我们可以通过在地址栏中输入 chrome://inspect/#workers，看到 Shared Workers 开发工具，界面如图 5-22 所示。

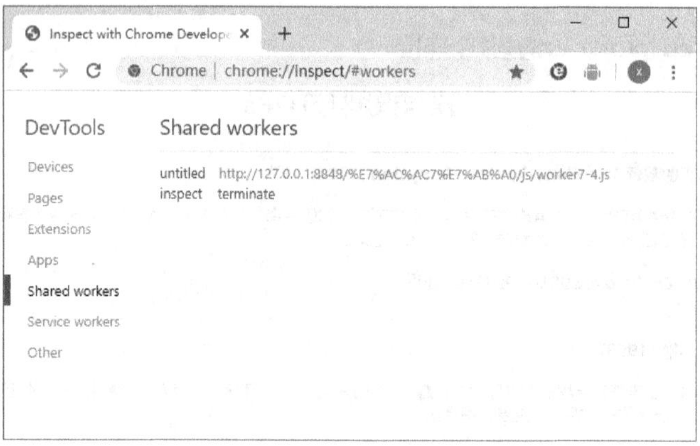

图 5-22　Shared Workers 开发工具界面

在此页面中我们可以找到所有 Shared Workers，每个 Shared Workers 包含两个按钮 inspect 和 terminate。单击 inspect 按钮可以在 Chrome 中调试 Shared Workers，如图 5-23 所示。

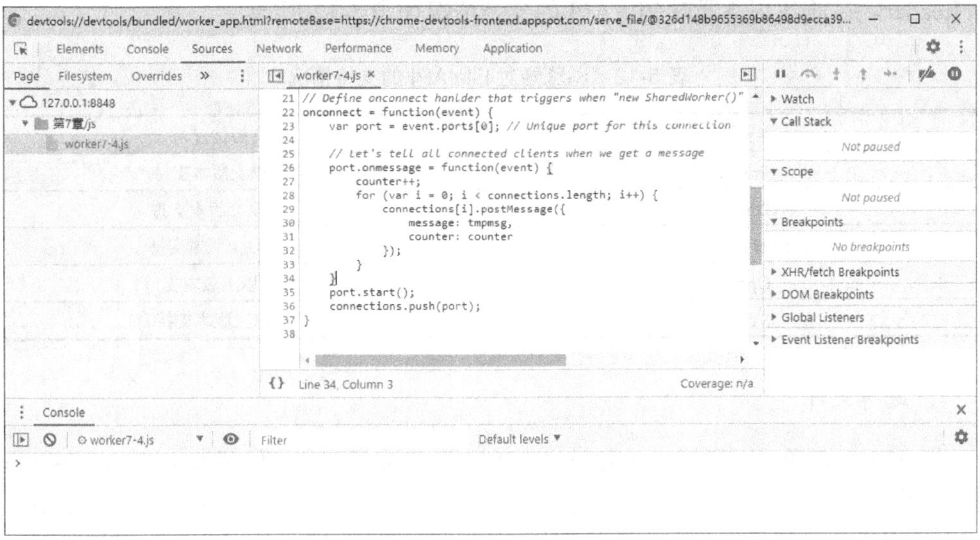

图 5-23　Shared Workers 调试界面

Web Workers 为 Web 内容在后台线程中运行脚本提供了一种简单的方法，线程可以执行任务而不干扰用户界面。通过使用 Web Workers，Web 应用程序可以在独立于主线程的后台线程中，运行一个脚本操作。本任务主要讲解了 Web Workers 和 Shared Workers 的创建和使用方法，通过本任务的学习，读者应掌握创建 Web Workers 线程的方法，将消耗主线程性能的程序放在 Worker 中，并在页面和线程之间进行数据交互，能使用 Shared Workers 创建共享线程，提高应用的总体性能，提升用户体验。

任务 5.3　HTML5 的文件操作与拖动操作

本任务主要介绍使用 File API 进行文件选择、文件属性读取、文件下载、文件内容读取及预览等开发中常见的前端文件操作，以及使用 Drag and Drop API 在应用程序中实现拖动效果及拖放过程中的拖动数据对象存储和获取问题。

5.3.1　HTML5 文件操作

为了让浏览器具备更强大的文件处理能力，HTML5 提供了 File API 相关规范。HTML5 File API 使 HTML5 页面中的 JavaScript 可以加载和处理本地文件系统中的文件。通过 HTML5 文件 API，JavaScript 可以在本地读取文件内容，获得更多的文件信息，进行文件处理。File API 主要的接口定义一共有 4 个，分别是 FileList、File、Blob 和

FileReader。目前各浏览器对 File API 的支持情况如表 5-12 所示。

表 5-12　浏览器对 File API 的支持情况

浏览器	支持情况
Firefox	3 及以上版本支持
Chrome	13 及以上版本支持
Internet Explorer	IE 10 以上版本支持
Opera	11.5 及以上版本支持
Safari	6 及以上版本支持

1. 选择文件

在 HTML 表单中，通过<input type="file">标签选择文件，使用 type="file"的<input>元素可以选择一个或多个文件以提交表单的方式上传到服务器，或者通过 JavaScript 的 File API 对文件进行操作。在文件类型的<input>标签中，通过设置 accept 属性进行文件选择过滤，设置 capture 属性打开摄像机进行拍照或录像，设置 multiple 属性进行文件多选（multiple 属性和 capture 属性不能同时生效），常见属性如表 5-13 所示。

表 5-13　文件类型的<input>标签的常见属性

属性	描述
accept	定义文件 input 应该接收的文件类型，以逗号分隔
capture	捕获图像或视频数据的源
multiple	布尔值，设置用户可以选择多个文件
files	存储已选择的文件列表

在用户选取一个或多个文件之后，我们就可以通过 File API 访问到代表所选文件的一个或多个 File 对象，这些对象被包含在一个 FileList 对象中。所有文件类型的 input 元素都有一个 files 属性，用来存储用户所选择的文件。FileList 对象代表本地文件系统中的文件列表，而 File 对象则表示本地文件系统中的文件。下面详细介绍 FileList 和 File 的用法。

2. FileList 对象

从文件类型的<input>标签中的 files 属性获取的就是 FileList 对象实例。FileList 对象有一个 length 属性和一个 item( )方法，其中 length 属性用来返回 FileList 列表中的文件个数，item( )方法用来根据给定的索引值返回 FileList 对象中对应的 File 对象。当用户通过“<input type="file">”标签选择文件时，会触发 change 监听事件，示例代码如下。

```
<input id="theFileInput" type="file">
```

```
<script type="text/javascript">
   var fileInput = document.getElementById('theFileInput');
   fileInput.onchange = function(){
      console.log(this.files);   //获取选中的 Filelist 对象信息
   }
</script>
```

也可以使用事件监听的方式获取 files 对象，示例代码如下。

```
fileInput.addEventListener("change",event=>{
   console.log(event.target.files)   //获取选中的 Filelist 对象信息
},false);
```

3. File 对象

通常情况下，File 对象是用户在一个 input 元素上选择文件后返回的 FileList 对象，也可以是来自由拖放操作生成的 DataTransfer 对象。File 对象继承自 Blob 对象，指向一个具体的文件，包含了文件的一些元信息，如文件名、上次改动时间、文件大小及文件类型等。File 对象的常见属性如表 5-14 所示。

表 5-14　File 对象的常见属性

属性	描述
name	返回当前 File 对象所引用文件的名称
lastModified	返回当前 File 对象所引用文件最后的修改时间（毫秒数）
lastModifiedDate	返回当前 File 对象所引用文件最后修改时间的 Date 对象
size	返回文件的大小
type	返回文件的 MIME Type
webkitRelativePath	返回 File 相关的 path 或 URL

例 5-8　获取用户选中所有文件的属性信息。

设置 input 元素可以上传多个文件，并将用户所有选中文件的信息输出，代码如下。

```
<!DOCTYPE html>
<html>
   <head>
      <meta charset="UTF-8"/>
      <title></title>
   </head>
   <body>
      <input id="theFileInput" type="file" multiple="multiple">
      <script type="text/javascript">
```

```
            var fileInput=document.getElementById('theFileInput');
            fileInput.addEventListener("change", event =>{
                var files=event.target.files;
                for(var i=0; i<files.length; i++){
                    var file=files[i];
                    console.group("File "+i);
                    console.log("name : "+file.name);
                    console.log("size : "+file.size);
                    console.log("type : "+file.type);
                    console.log("lastModified: "+file.lastModified);
                }
            },false)
        </script>
    </body>
</html>
```

例 5-8 通过设置 onchange 事件方法，当用户选中多个文件之后，获取到所选文件的 FileList 对象，通过下标获取到每个文件对象，并输出每个文件对象的属性信息。测试选中 3 个文件，控制台输出的结果如图 5-24 所示。

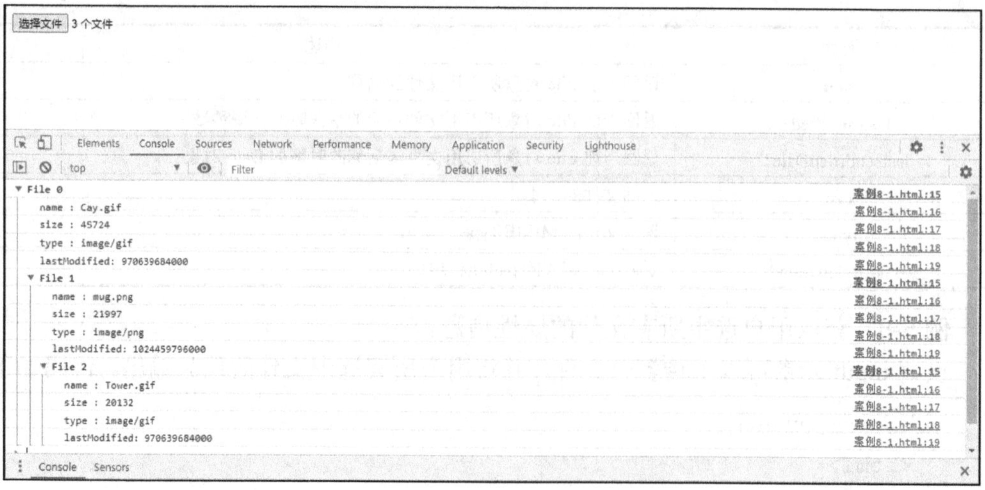

图 5-24 输出文件对象信息

4. Blob 对象

Blob 是一个代表二进制数据的基本对象，该对象用于保存本地文件系统中单个文件的内容。File 对象继承自 Blob，我们可以像使用 Blob 一样使用 File 对象。可以使用其构造函数创建一个 Blob 对象，代码如下。

```
Blob(blobParts[, options])
```

第一个参数 blobParts 包含了要添加到 Blob 对象中的数据，是一个包含实际数据的字节数组，数据可以是 ArrayBuffer、ArrayBufferView、Blob 或 DOMString 对象等；第二个参数 options 用于设置 Blob 对象的属性，如 MIME 类型。例如，创建一个 DOMString 对象的 Blob 对象的示例代码如下。

```
var domstring="<h1>Hello World!</h1>";
var blob=new Blob([domstring],{type:"text/xml"});
```

创建一个装填 ArrayBuffer 对象的 Blob 对象的示例代码如下。

```
var arrayBuffer=new ArrayBuffer(8);
var blob=new Blob([arrayBuffer],{type:"text/plain"})
```

创建一个装填 json 数据的 Blob 对象的示例代码如下。

```
var obj={
    "name": "John",
    "age": 30,
    "hobby":"coding"
};
var blob=new Blob([JSON.stringify(obj, null, 2)], {
    type: 'application/json'
});
```

Blob 对象有以下两个只读属性。

1）size：表示 Blob 对象中所包含数据的大小，以字节为单位。

2）type：表示该 Blob 对象所包含数据的 MIME 类型，如果类型未知，则该值为空字符串。

此外，Blob 对象还提供一个 slice( )方法用于创建一个包含源 Blob 的指定字节范围内的数据的新 Blob 对象，方法描述如下。

```
Blob.slice([start[, end[, contentType]]])
```

其中，参数的含义如下。

1）start：表示复制字节的开始索引，默认为 0。

2）end：表示复制字节的结束索引（不包括 end），默认为原 Blob 的长度（size）。

3）contentType：新的 Blob 对象的 MIME 类型，默认为空字符串。

slice( )方法返回一个新的 Blob 对象，包含了原 Blob 对象中指定范围内的数据。示例代码如下。

```
var blob=new Blob(["hello,world"],{type:"text/plain"});
var newBlob=blob.slice(0,5,"text/plain")
```

上述代码会生成一个新的 Blob 对象，并包含原 Blob 内容的前 5 个字符（内容为“hello”）。下面通过案例讲解 Blob 对象的使用。

例 5-9 输入文字生成文本文件。

本例中，由用户输入的字符串构建一个 Blob 对象，并为 Blob 对象生成一个网络地址，结合<a>标记的 download 属性，实现单击 url 下载文件。代码如下。

```
<!DOCTYPE html>
<html>
    <head>
        <meta charset="UTF-8">
        <title></title>
        <style type="text/css">
            .container{
                margin: 20px auto;
                width: 732px;
                text-align: center;
                color: #2c3e50;
            }
            .textarea_info{
                display: block;
                padding: 5px 15px;
                line-height: 1.5;
                box-sizing: border-box;
                width: 100%;
                height: 200px;
                font-size: 20px;
                color: #55557f;
                background-color: #fff;
                border: 1px solid #00aa7f;
                border-radius: 4px;
            }
            .textarea_info:focus{
                outline: none;
                border: 1px solid #00aa7f;
            }
            .DownloadArea{
                margin-top: 20px;
```

```
            margin-bottom: 20px;
            display: block;
            height: 60px;
            line-height: 60px;
            font-size: 20px;
            border: 1px dashed #ccc;
            background: #55aaff;
            cursor: pointer;
            border-radius: 6px;
            color: #555500;
            text-decoration: none;
        }
        #downFile{
            display: block;
            width: 100%;
            height: 100%;
        }
    </style>
</head>
<body>
    <div class="container">
        <textarea id="content" autocomplete="off" rows="10"
placeholder="个人简介" class="textarea_info"></textarea>
        <a id="Download" download="download.txt" target="_blank"
class="DownloadArea"><span id="downFile">保存文件</span></a>
    </div>
    <script type="text/javascript">
        document.getElementById("downFile").onclick=function(){
            var content=document.getElementById("content").value;
            if(content.trim()==""){
                alert("您还没有任何输入")
                return
            } else{
                var blob=new Blob([content],{
                    type: "text/plain"
                });
                var link=document.getElementById("Download");
                link.href=URL.createObjectURL(blob);
```

```
                    console.log(link.href)
                }
            }
        </script>
    </body>
</html>
```

在上述代码中，通过 URL.createObjectURL(object) 静态方法给参数中的 Object 对象创建一个 URL，也就是为 Blob 对象生成一个网络地址，然后将此地址发给 link.href，单击“保存文件”按钮，就能将文本文件下载到本地，打开此文件可以看到，文本内容保存在了 download.txt 中，效果如图 5-25 所示。

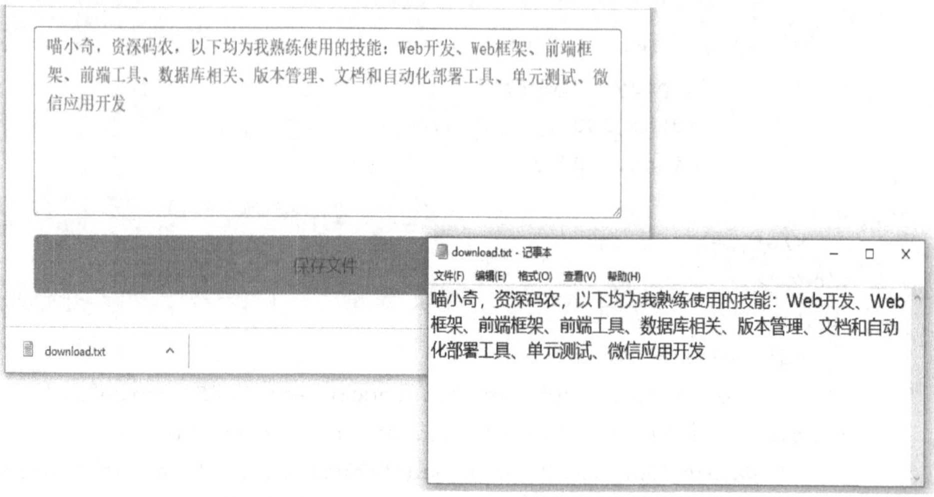

图 5-25　下载文件成功

5. FileReader 对象

Blob 对象和 File 对象可以获取文件的字节数、文件类型等属性信息，但无法获取真正的内容，HTML5 File API 提供了 FileReader 来获得数据，FileReader 对象主要用来把文件读入内存，并读取文件中的数据。我们可以通过构造函数 FileReader( )来创建一个新的 FileReader 对象。示例代码如下。

```
var reader=new FileReader();
```

FileReader 对象提供了常用的读取文件数据的属性和方法，如表 5-15 和表 5-16 所示。

表 5-15　FileReader 对象的常见属性

属性	描述
FileReader.error	表示在读取文件时发生的错误
FileReader.readyState	表示 FileReader 状态的数字。有 3 种取值：EMPTY（值为 0）表示还没有加载任何数据，LOADING（值为 1）表示数据正在被加载，DONE（值为 2）表示已完成全部的读取请求
FileReader.result	表示读取到的文件内容。该属性仅在读取操作完成后才有效，数据的格式取决于使用哪个方法来启动读取操作

表 5-16　FileReader 对象的常见方法

方法	描述
abort( )	表示中止读取操作，在返回时，readyState 属性为 DONE
readAsDataURL(blob)	表示读取指定的 Blob 中的内容。异步读取数据成功后，result 属性中将包含一个 data:URL 格式的 Base64 字符串以表示所读取文件的内容
readAsText(blob[, encoding])	表示读取指定的 Blob 中的内容，异步读取数据成功后，result 属性中将包含一个字符串以表示所读取的文件内容
readAsArrayBuffer(blob)	表示读取指定的 Blob 中的内容，异步读取数据成功后，result 属性中保存的是被读取文件的 ArrayBuffer 数据对象
readAsBinaryString(blob)	表示读取指定的 Blob 中的内容，异步读取数据成功后，result 属性中将包含所读取文件的原始二进制数据

FileReader 对象允许 Web 应用程序异步读取存储在本地的文件内容，并使用 File 或 Blob 对象指定要读取的文件或数据。因为文件大小不一时，读取文件可能存在明显的时间花费，所以这些方法都是异步的方式读取数据，然后通过触发另外的事件来返回读取到的文件内容，FileReader 对象的常用事件如表 5-17 所示。

表 5-17　FileReader 对象的常用事件

事件	描述
FileReader.onload	处理 load 事件，该事件在读取操作完成时触发
FileReader.onabort	处理 abort 事件，该事件在读取操作被中断时触发
FileReader.onerror	处理 error 事件，该事件在读取操作发生错误时触发
FileReader.onloadstart	处理 loadstart 事件，该事件在读取操作开始时触发
FileReader.onloadend	处理 loadend 事件，该事件在读取操作结束时触发
FileReader.onprogress	处理 progress 事件，该事件在读取 Blob 时触发

在使用 FileReader 读取文件内容时，通过 FileReader 读取文件的方法发起一个异步操作，因为是异步操作，在 JavaScript 代码中不知道什么时候读取操作结束，所以需要设置一个回调函数来监听 FileReader 的 onload 事件，示例代码如下。

```
reader.onload=function(event){
    //当文件读取完成后,自动调用此函数
};
```

当文件读取完成后，JavaScript 引擎将自动调用设置的回调函数。执行回调函数时文件已经读取完毕，读取完成后就直接将结果放到属性 result 中，当然也可以监听其他事件，下面以案例进行讲解。

例 5-10 读取文本文件并在页面上展示。

本例中，使用 readAsText( )方法读取文本文件，代码如下。

```
<!DOCTYPE html>
<html>
    <head>
        <meta charset="UTF-8">
        <title></title>
        <style type="text/css">
            #page-wrapper{
                width: 600px;
                background: #FFF;
                padding: 1em;
                margin: 1em auto;
                min-height: 300px;
                border-top: 5px solid #55aa00;
                box-shadow: 0 2px 10px rgba(0, 0, 0, 0.8);
            }
            #fileDisplayArea{
                margin-top: 2em;
                width: 100%;
                overflow-x: auto;
                font-size: 24px;
            }
            span{
                display: inline-block;
                margin-right: 20px;
                font-size: 24px;
                font-weight: bold;
            }
        </style>
    </head>
    <body>
```

```
        <div id="page-wrapper">
            <div>
                <span>选择文本文件:</span>
                <input type="file" id="fileInput" accept="text/plain">
            </div>
            <pre id="fileDisplayArea"><pre>
        </div>
        <script type="text/javascript">
            var fileInput=document.getElementById('fileInput');
            var fileDisplayArea=document.getElementById('fileDisplayArea');
            const fileReader=new FileReader();
            //新建一个 FileReader 类型的对象
            fileInput.onchange=function(){
                if(this.files.length===0){
                    return
                }
                const file=this.files[0];
                var textType=/text.*/;
                 if(file.type.match(textType)){
                    fileReader.readAsText(file);
                    //按文本格式读取 file 文件
                 }else{
                    fileDisplayArea.innerText="文件类型不支持";
                 }
            }
            fileReader.onload=function(){  //绑定读取操作完成的事件
                var content=fileReader.result;  //取得读取结果
                //console.log(content);
                fileDisplayArea.innerText=fileReader.result;
            }
        </script>
    </body>
</html>
```

在上述代码中，读取的内容是普通的文本字符串的形式。使用 fileReader.readAsText(file) 传入 Blob 对象（File 对象继承自 Blob），异步将数据读取成功后放到 result 属性中，更新页面展示读取的内容。选择一个文本文件并读取内容，效果如图 5-26 所示。

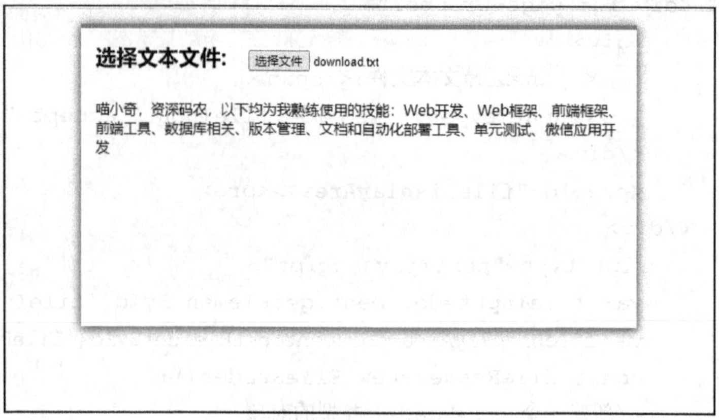

图 5-26　读取文本文件内容并展示

例 5-11　读取图片文件并进行简单的图像处理，在页面上预览图像。

本例中，读取用户选取的图片文件，这时应使用 readAsDataURL( )来读取文件，代码如下。

```
<!DOCTYPE html>
<html>
    <head>
        <meta charset="UTF-8"/>
        <title></title>
        <style type="text/css">
            #page-wrapper{
                width: 600px;
                background: #FFF;
                padding: 1em;
                margin: 1em auto;
                min-height: 300px;
                border-top: 5px solid #55aa00;
                box-shadow: 0 2px 10px rgba(0, 0, 0, 0.8);
            }
            #page-wrapper div{
                margin-top: 10px;
                margin-bottom: 10px;
            }
            #preview{
                max-width: 300px;
                max-height: 300px;
```

```
            }
        </style>
    </head>
    <body>
        <div id="page-wrapper">
            <div>
                <label for="input">选择图片文件</label>
                <input type="file" accept="image/*" name="input" id=
"input">
            </div>
            <canvas id="preview"></canvas>
        </div>
        <script type="text/javascript">
            const $input=document.getElementById('input');
            const fileReader=new FileReader();
            const image=new Image();
            const $preview=document.getElementById('preview');
            const previewCtx=$preview.getContext('2d');
            //定制图片效果处理
            function applyFilter(){
                const imageData=previewCtx.getImageData(0, 0, image.width,
image.height)
                //console.log(imageData)
                const data=imageData.data
                for(var i=0; i<=data.length; i+=4){
                    const avg=(data[i]+data[i+1]+data[i+2])/3
                    data[i]=avg
                    data[i+1]=avg
                    data[i+2]=avg
                }
                previewCtx.putImageData(imageData, 0, 0)
            }
            //绘制图片,设置图片效果
            image.addEventListener("load", (e)=>{
                $preview.width=image.width
                $preview.height=image.height
                previewCtx.drawImage(image, 0, 0)
                applyFilter();
            })
```

```
            fileReader.addEventListener('load',(e)=>{
                //图片读取完毕后获取到的 result 是 data: URL 格式的 Base64 字符串
                const base64=e.target.result
                image.src=base64
            })
            $input.addEventListener('change', (e)=>{
                const file=e.target.files[0];
                //使用 readAsDataURL()读取图片文件
                fileReader.readAsDataURL(file);
            });
        </script>
    </body>
</html>
```

在上述代码中，通过 readAsDataURL(Blob blob)传入一个 Blob 对象，读取的内容是一个包含一个 data: URL 格式的 Base64 字符串，将此字符串的值放进 img 的 src 属性，然后通过 canvas 对图像颜色进行灰度效果处理并绘制在页面上。完成后的效果如图 5-27 所示。

图 5-27　读取图片文件内容并进行处理

5.3.2　拖动操作

HTML Drag and Drop API（HTML 拖放接口）使应用程序能够在浏览器中使用拖放功能。例如，用户可以使用鼠标选择可拖动（draggable）元素，将元素拖动到可放置（droppable）元素，并释放鼠标按键以放置这些元素。拖动操作期间，可拖动元素会出现一个半透明状态表示跟随着鼠标指针。目前各浏览器对 HTML Drag and Drop API 的支持情况如表 5-18 所示。

表 5-18　浏览器对 HTML Drag and Drop API 的支持情况

浏览器	支持情况
Firefox	75 及以上版本支持
Chrome	80 及以上版本支持
Edge	18 及以上版本支持
Opera	不支持
Safari	13 及以上版本支持

1. draggable 属性介绍

默认情况下，在 HTML 中，除图像、链接和选中文本默认的可拖动行为外，其他元素在默认情况下是不可拖动的。要使其他的 HTML 元素可拖动，主要有以下 3 个步骤。

1）将想要拖动的元素的 draggable 属性设置为 draggable="true"，使其可拖动。

2）将事件侦听器附加到可拖动元素（draggable element）上，以进行 dragstart 和 dragend 事件监听。在这些事件侦听器中，可以实现当用户开始拖动元素时及拖动结束时将发生的情况。

3）将事件侦听器附加到放置目标元素（drop target element）上，放置目标元素可以监听的事件有 dragenter、dragover、dragleave 和 drop 等。

典型的拖动操作开始于用户选中一个可拖动元素，并将其拖动到一个放置目标元素，然后释放鼠标按钮。我们可以自定义可拖动的元素类型、可拖动元素产生的反馈类型，以及可放置的元素。自定义拖动需要设置的属性和事件如图 5-28 所示。

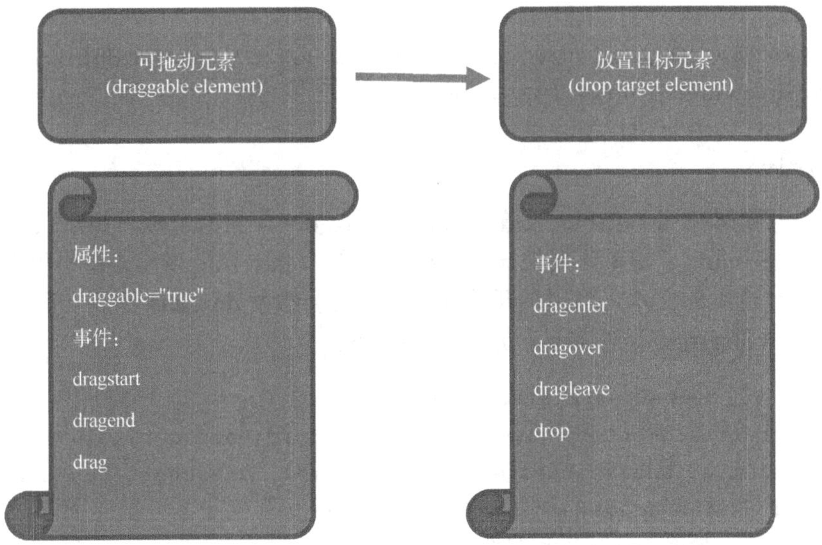

图 5-28　自定义拖动需要设置的属性和事件

其中，绑定在可拖动元素和放置目标元素上的事件分别如表5-19和表5-20所示。

表5-19　绑定在可拖动元素上的常用事件

事件	描述
dragstart	当拖动开始时在可拖动元素上触发
dragend	当释放拖动目标时，在拖动元素上触发
drag	拖动期间在拖动元素上连续触发

表5-20　绑定在放置目标元素上的常用事件

事件	描述
dragenter	当拖动鼠标进入放置目标元素时触发
dragleave	当拖动元素移出目标元素时触发
dragover	当拖动元素在放置目标元素上移动时触发（每100毫秒触发一次）
drop	当元素在放置目标元素上被释放时触发

下面介绍draggable属性。draggable属性是一个枚举类型的属性，用于标识元素是否允许使用拖放操作API拖动。它的取值如下。

1）true，表示元素可以被拖动。

2）false，表示元素不可以被拖动。

如果该属性没有设值，则默认值为auto，表示使用浏览器定义的默认行为。注意这个属性是枚举类型，而不是布尔类型，也就是说必须显式地指定值为true或false，示例代码如下。

```
<div id="draggablediv" draggable="true" style="height: 50px;width:
100px;background-color: #2D5BA3;">
    hello,world!
</div>
```

将div元素属性 draggable 设置为true后，此div元素就变成可拖动的了（拖动的是带背景的整个div）。如果该属性被省略或被设置为false，则该元素将不可拖动，此时拖动只会拖动选中的文本。当用户开始拖动时，就会触发dragstart事件。我们可以给可拖动元素添加dragstart 监听事件，示例代码如下。

```
<script type="text/javascript">
    const element=document.getElementById("draggablediv");
    element.addEventListener("dragstart", dragstart_handler);
    function dragstart_handler(event){
        //处理 dragstart 事件
    }
</script>
```

draggable 属性可以在任意元素上设置，但是对于图像和链接来说，该属性的默认值是 true，所以只有在禁用这二者的拖动时才会使用到 draggable 属性，将其设置为 false。

2. 拖动实现

我们已经知道，若要实现拖动，需要以下 3 个步骤。

1）将想要拖动的元素的 draggable 属性设置为 draggable="true"。

2）为可拖动元素添加监听事件。

3）为放置目标元素添加监听事件。

首先，我们需要创建一个可拖动元素和一个放置目标元素，以 div 为例，示例代码如下。

```
<div id="draggablediv" draggable="true">拖放内容</div>
<div id="droptarget">拖放到这里</div>
```

接下来需要为可拖动元素设置监听事件，示例代码如下。

```
var draggable=document.getElementById("draggablediv");
draggable.addEventListener('dragstart', dragStart, false);
draggable.addEventListener('dragend', dragEnd, false);
function dragStart(event){
    //当开始拖动元素时执行
    draggable.classList.add("blueborder")
}
function dragEnd(event) {
    //当拖动结束时执行
    draggable.classList.remove("blueborder")
}
```

可拖动元素常用的监听事件是 dragstart 和 dragEnd 事件，在上述代码中，当用户开始拖动时，会触发 dragstart 事件。一般在 dragstart 事件中指定拖动数据、反馈图像和拖动效果等，当拖动结束时会触发 dragEnd 事件。

同样，我们需要为放置目标元素设置监听事件，示例代码如下。

```
var droptarget=document.getElementById("droptarget");
droptarget.addEventListener('dragenter', dragEnter, false);
droptarget.addEventListener('dragover', dragOver, false);
droptarget.addEventListener('dragleave', dragLeave, false);
droptarget.addEventListener('drop', drop, false);
function dragEnter(event){
```

```
        //当可拖动元素进入放置目标元素上时执行
    }
    function dragOver(event){
        //可拖动元素在放置目标元素上移动时执行
        event.preventDefault();
        return false;
    }
    function dragLeave(event){
        //将可拖动元素从放置目标元素中移出时执行
    }
    function drop(event){
        //将可拖动元素放置到放置目标元素上时执行
        event.preventDefault();
        return false;
    }
```

放置目标元素常用的监听事件是 dragenter、dragover、dragleave 和 drop 事件。在上述代码中，当用户将可拖动元素拖入放置目标元素上时，会触发 dragenter 事件；当用户将可拖动元素在放置目标元素上移动时，会触发 dragover 事件；当用户再次将可拖动元素从放置目标元素中拖出时，会触发 dragleave 事件；当用户将可拖动元素放置在放置目标元素上时，会触发 drop 事件。

这里需要特别注意，dragenter 或 dragover 事件的监听程序用于检查有效的放置目标，也就是被拖动项目可能放置的地方。网页或应用程序的大多数区域不是放置数据的有效位置。因此，这些事件的默认处理是不允许放置。所以，必须在 dragover 事件中使用 event.preventDefault( );阻止默认事件才能触发 drop 事件，dragover 和 drop 事件处理程序均需要调用 event.preventDefault( )并返回 false，这是使拖放正常工作所必需的。因为浏览器可能具有一些默认的拖放行为，所以需要禁用这些行为才能使代码正常工作。

3. DataTransfer 对象

在进行拖放操作时，每个拖动事件中都有一个名为 dataTransfer 的属性，它持有拖动数据，dataTransfer 属性值是一个 DataTransfer 对象，用于保存拖放过程中的数据，下面详细介绍 DataTransfer 对象。

DataTransfer 对象包含了拖动事件的状态，如拖放操作类型（如复制或移动）、拖动的数据（一项或多项）和每个拖动项的类型（MIME 类型）等。DataTransfer 对象的常用属性，如表 5-21 所示。

表 5-21　DataTransfer 对象的常用属性

属性	描述
DataTransfer.dropEffect	获取当前选定的拖放操作类型或设置为一个新的类型，值必须为 none、copy、link 或 move
DataTransfer.effectAllowed	可使用的操作类型，必须是 none、copy、copyLink、copyMove、link、linkMove、move、all or uninitialized 其中之一。默认允许以上所有的操作（all）
DataTransfer.types	表示 MIME-type 的列表，如 text/plain 或 image/jpeg 等
DataTransfer.files	表示数据传输中可用的所有本地文件的列表。如果不涉及拖动文件操作，则此属性为空列表
DataTransfer.items	表示所有拖动数据列表的 DataTransferItemList 对象

（1）dropEffect 属性

dropEffect 属性用于设置拖放操作中的反馈效果，它会影响拖动过程中浏览器显示的鼠标指针样式。其有以下 3 个效果可以定义。

1）copy 表明被拖动的数据将从它原本的位置复制到目标位置。

2）move 表明被拖动的数据将被移动。

3）link 表明在拖动源位置和目标位置之间将会创建链接。

例如，设置 event.dataTransfer.dropEffect="copy"，则光标旁边会出现加号。通过修改 dropEffect 属性，鼠标指针会改变样式以指示需要的操作，而不允许放置时，鼠标指针会变成禁止放置的图标。

（2）effectAllowed 属性

effectAllowed 表示拖动允许的效果，当给 effectAllowed 设置了对应的属性值时，dropEffect 只能设置为 effectAllowed 允许的值，否则是无效的。effectAllowed 多用在 dragstart 事件中，而 dropEffect 属性的设置主要用在 dragenter 和 dragover 事件中。

（3）types 属性

DataTransfer.types 用在 dragstart 事件中，表示拖动内容所包含的 mimeType 类型列表，如果我们希望页面某些元素可以拖动，某些不允许，则可以使用 types 属性进行检测。

（4）files 属性

当我们往浏览器中拖动文件时，也会生成 DataTransfer 对象。处理拖动的文件操作需要注意的是，文件对象的获取入口改变了。对于<input>标签的监听 onchange 事件，FileList 存放在 event.target.files 中；而对于拖动操作，FileList 存放在拖动事件的回调函数参数中，通过 event.dataTransfer.files 访问。

DataTransfer 对象还提供了一些常用的方法，如表 5-22 所示。

表 5-22 DataTransfer 对象的常用方法

方法	描述
setData(format, data)	设置拖放过程要传输的数据，data 表示传输的数据，format 表示传输的数据类型，示例数据类型为 text/plain 和 text/uri-list 等
getData(format)	获取指定类型的拖放数据，format 表示数据类型，如果该类型的数据不存在或数据传输不包含任何数据，则返回一个空字符串
clearData([format])	删除指定数据类型的数据，format 参数可选。如果未指定，则将删除与所有类型关联的数据。如果指定类型的数据不存在，或者数据传输不包含任何数据，则此方法无效
setDragImage(img, xOffset, yOffset)	用于设置拖动的自定义图像，参数 img 表示用于拖动反馈图像的图像 Element 元素，xOffset 和 yOffset 表示相对于图片的偏移量

在进行拖放操作时，如果需要把可拖动元素的数据传送给目标放置元素，此时一般操作步骤如下。

首先在 dragstart 事件触发时把需要的数据存储到 DataTransfer 对象中，通过调用 setData(format,data)方法来设置要传输到目标放置元素的数据。设置拖动数据时包含两个信息 format 和 data，其中 format 表示传输的数据类型（MIME 类型），一般用一个格式字符串表示，如 text/plain、text/uri-list 等，可以写成 text 或 URL（会自动映射为 text/plain 和 text/uri-list）。data 表示传输的数据值，可以是一个文本字符串。

在拖动过程中，会触发 dragenter 和 dragover 事件，监听程序会通过数据类型来检查是否允许放置。若放置目标不支持这种类型，则会提供回退（fallback）数据。

最后，在 drop 事件中，drop 事件处理函数将通过 getData(format)方法取回拖动数据，并将其插入放置位置。

此外，在拖放过程中最好设置拖放过程的样式，以便清楚地表明该元素是否可以进行拖动，以及拖放区的边界在哪里等。发生拖动时，会从可拖动元素处生成半透明图像，并在拖动过程中跟随鼠标指针，这个图片是自动创建的，不需要自己创建，但是如果需要自定义图像，则需要使用 setDragImage(img,xOffset,yOffset)方法设置要用于拖动的图像。

例 5-12 拖动过程中的数据传递。

本例中，使用事件监听的方式实现元素的拖动操作，并通过传递拖动数据完成拖动效果，代码如下。

```
<!DOCTYPE html>
<html lang="zh">
    <head>
        <meta charset="UTF-8">
        <meta name="viewport"content="width=device-width,initial-
scale=1.0">
        <meta http-equiv="X-UA-Compatible" content="ie=edge">
```

```
    <title></title>
    <style type="text/css">
        body{
            background-color: #ffff00;
        }
        .container{
            display: grid;
            grid-template-columns: 33% 33% 33%;
        }
        .draggable,
        .droptarget{
            border: 20px solid white;
            margin: 30px;
            padding: 30px;
            text-align: center;
        }
        .one{
            background-color: #ff5500;
        }
        .two{
            background-color: #00aa00;
        }
        .three{
            background-color: #ff007f;
        }
        .droptarget{
            border: 10px dashed white;
            transition: border-width 0.5s linear;
        }
        .hover{
            border-width: 20px;
        }
    </style>
</head>
<body>

    <div class="container">
        <div class="draggable one" draggable="true">
        </div>
```

```
        <div class="draggable two" draggable="true">
        </div>
        <div class="draggable three" draggable="true">
        </div>
        <div class="droptarget"></div>
        <div class="droptarget"></div>
        <div class="droptarget"></div>
    </div>
    <script type="text/javascript">
        //给 3 个可拖动对象 div.draggable 设置 dragstart 监听事件
        document.querySelectorAll('.draggable').forEach(item =>{
            item.addEventListener('dragstart', event=>{
                //设置传递数据为拖动 div 的背景色
                event.dataTransfer.setData('text/plain',
getComputedStyle(item).backgroundColor)

            })
        })
        //给放置目标元素div.droptarget设置dragover、dragenter、dragleave、
        //drop 监听事件
        document.querySelectorAll('.droptarget').forEach(item=>{
            item.addEventListener('dragover', event=>{
                //设置拖动效果为move
                event.dataTransfer.dropEffect='move'
                event.preventDefault()
            })
            item.addEventListener('dragleave', event=>{
                item.classList.remove('hover')
            })
            item.addEventListener('dragenter', event=>{
                item.classList.add('hover')
            })
            item.addEventListener('drop', event=>{
                //获取由拖动对象传递过来的背景色
                var background=event.dataTransfer.getData('text/plain')
                item.style.backgroundColor=background
            })
        })
    </script>
```

```
    </body>
</html>
```

本例中，首先将元素的 draggable 属性设置为 true，为 dragstart 设置一个事件监听器，该事件监听器存储要拖动的数据。事件监听器 dragstart 中设置传递数据类型为 text/plain，并存放相应拖动元素 div 的背景色，然后在放置目标元素的 drop 事件中，通过 getData ('text/plain')方法取回数据，并显示相应的背景色，效果如图 5-29 和图 5-30 所示。

图 5-29　div 拖动效果（初始状态）

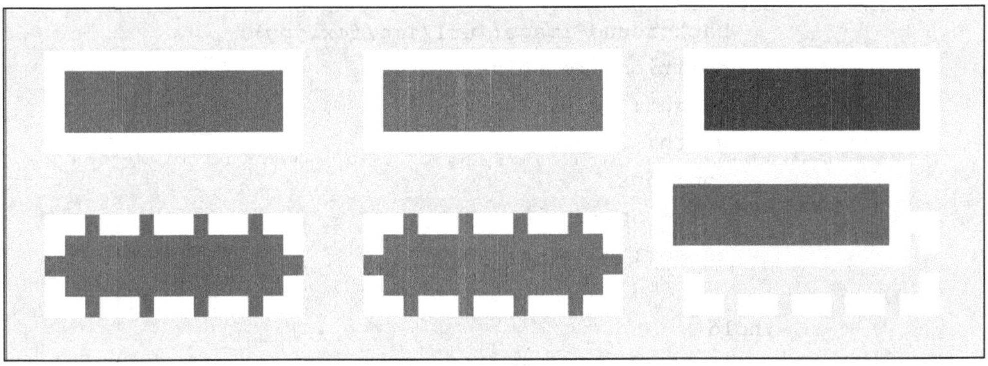

图 5-30　div 拖动效果（拖动状态）

注意：HTML5 提供了 File API 和 Drag and Drop API 来处理文件操作和拖动操作。本任务讲解了 HTML5 的文件操作和拖动操作，主要练习使用 File API 在浏览器端创建图片的缩略图预览，在用户离线时保存文件引用，使用客户端逻辑来验证上传内容的 type 是否匹配，以及使用 Drag and Drop API 实现页面中元素的拖动效果等。通过本任务内容的学习，读者应能够使用 FileReader 对象来实现一些常见的前端文件操作，能够实现拖动效果并在拖放过程中进行数据传递。

技能实践

下面将主要讲解如何使用 File API 进行文件选择、文件属性读取、文件下载、文件内容读取及预览等开发中常见的前端文件操作，以及使用 Drag and Drop API 在应用程序中实现拖动效果及拖放过程中的拖动数据对象存储和获取问题。

实现图片拖动移动的效果。使用事件监听的方式实现图片的拖动操作，通过修改 CSS 的样式完成拖动效果，代码如下。

```
<!DOCTYPE html>
<html>
    <head>
        <meta charset="UTF-8">
        <title></title>
        <style type="text/css">
            body {
                background: blanchedalmond;
            }
            .fill{
                background-image: url(img/fox.jpg);
                position: relative;
                height: 200px;
                width: 230px;
                top: 5px;
                left: 5px;
                cursor: pointer;
            }
            .hold{
                border: solid 5px #aaaaff;
            }
            .box{
                display: inline-block;
                height: 210px;
                width: 240px;
                margin: 10px;
                border: solid 3px burlywood;
                background: white;
            }
            .hovered{
```

```
            background: #f4f4f4;
            border-style: dashed;
        }
    </style>
</head>
<body>
    <div class="box">
        <div class="fill" draggable="true"> </div>
    </div>
    <div class="box">
    </div>
    <div class="box">
    </div>
    <script type="text/javascript">
        const fill=document.querySelector('.fill');
        const boxes=document.querySelectorAll('.box');
        //给可拖动对象 div.fill 设置 dragstart 和 dragend 监听事件
        fill.addEventListener('dragstart', dragStart);
        fill.addEventListener('dragend', dragEnd);
        //给放置目标元素 div.box 设置 dragover、dragenter、dragleave、
        //drop 监听事件
        for (const box of boxes){
            box.addEventListener('dragover', dragOver);
            box.addEventListener('dragenter', dragEnter);
            box.addEventListener('dragleave', dragLeave);
            box.addEventListener('drop', dragDrop);
        }
        function dragStart(){
            //设置开始拖动时的样式
            this.className+='hold';
        }
        function dragEnd(){
            //设置拖动结束时的样式
            this.className='fill';
        }
        function dragOver(e){
            e.preventDefault();
            return false;
        }
        function dragEnter(e){
```

```
                //设置拖动到放置目标元素的样式
                this.className+='hovered';
            }
            function dragLeave(){
                //设置离开放置目标元素的样式
                this.className='box';
            }
            function dragDrop(e){
                //拖动完成将放置目标元素
                e.preventDefault();
                this.className='box';
                this.append(fill);
                return false;
            }
        </script>
    </body>
</html>
```

在上述代码中，class 为 fill 的元素，代表可拖动元素（本例中有 1 个），需要设置 dragstart 和 dragend 监听事件；class 为 box 的元素，代表所在的区域是拖放目标元素（本例中有 3 个），需要在该元素上绑定 dragover、dragenter、dragleave、drop 监听事件。通过修改样式来实现拖动效果，图片可以在任意 3 个盒子内拖动，如图 5-31 和图 5-32 所示。

图 5-31　图片拖动效果（初始状态）

图 5-32　图片拖动效果（拖动状态）

思 考 练 习

1．通过 Geoloction 对象获取的位置信息都包含什么内容？
2．地理位置信息来源都有哪几种方式？简述这些方式的优缺点。
3．简要说明 Geolocation 中用来获取当前位置的方法及各参数的意义。
4．简述线程与进程的概念。
5．如何创建 Shared Workers？它与 Web Workers 有什么区别？
6．简述拖动实现的 3 个步骤，以及各事件的触发条件。
7．简要说明在拖动对象和目标放置元素之间传递数据的方法。

项目6 使用微信小程序开发移动端网页

知识目标

1）掌握微信小程序的申请流程。
2）掌握微信小程序的开发框架。
3）掌握常用组件的使用方法。
4）掌握数据交互的用法。

技能目标

1）会申请微信小程序开发账户。
2）能安装使用微信开发者工具。
3）会制作小程序开发框架。
4）能使用常用组件制作小程序页面。
5）具有使用 Flex 弹性盒布局页面的能力。
6）会进行数据交互。

知识架构

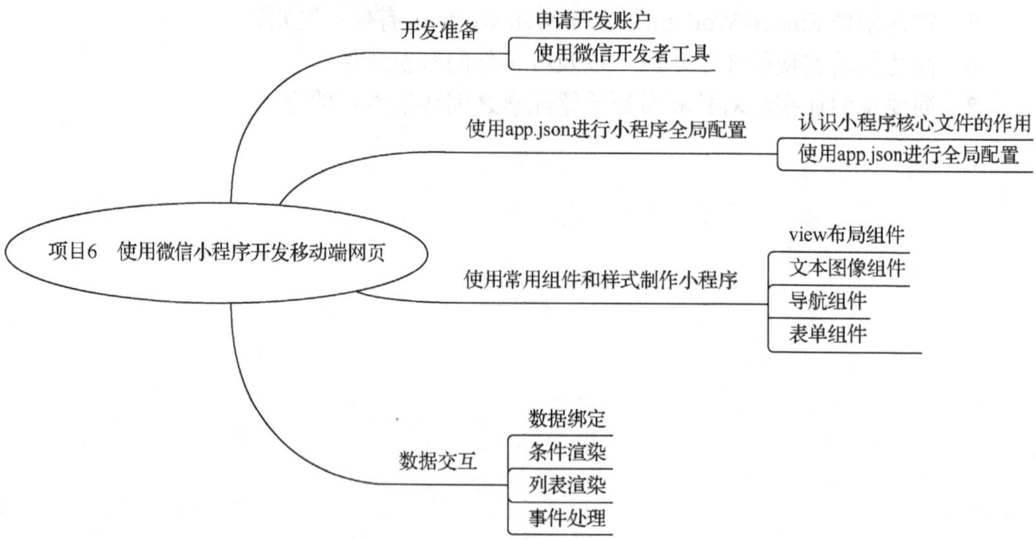

任务 6.1　开 发 准 备

6.1.1　申请开发账户

1. 小程序的发展历史

2016 年 1 月 11 日，微信之父张小龙时隔多年的公开亮相，解读了微信的四大价值观。张小龙指出，越来越多的产品通过公众号来做，因为这里开发、获取用户和传播成本更低。拆分出来的服务号并没有提供更好的服务，所以微信内部正在研究新的形态，称为微信小程序。

2016 年 9 月 21 日，微信小程序正式开启内测。在微信生态下，触手可及、用完即走的微信小程序引起广泛关注。腾讯云正式上线微信小程序解决方案，提供微信小程序在云端服务器的技术方案。

2017 年 1 月 9 日 0 点，万众瞩目的微信第一批微信小程序正式上线，用户可以体验各种微信小程序提供的服务。

2017 年 12 月 28 日，微信 6.6.1 版本开放了小游戏，微信启动页面还重点推荐了小游戏“跳一跳”，可以通过微信小程序找到已经玩过的小游戏。

2018 年 1 月 18 日，微信提供了电子化的侵权投诉渠道，用户或企业可以在微信公众平台及微信客户端入口进行投诉。

2018 年 1 月 25 日，微信团队在微信公众平台发布公告称，从移动应用分享至微信的小程序页面，用户访问时支持打开来源应用。同时，为了提升用户的使用体验，开发者可以设置小程序菜单的颜色风格，并根据业务需求，对小程序菜单外的标题栏区域进行自定义。

2018 年 3 月，微信正式宣布微信小程序广告组件启动内测，内容还包括第三方可以快速创建并认证小程序、新增小程序插件管理接口和更新基础能力，开发者可以通过微信小程序来赚取广告收入。除公众号文中、朋友圈广告及公众号底部的广告位都支持微信小程序落地页投放广告外，微信小程序广告位也可以直达小程序。

2018 年 7 月 13 日，微信小程序任务栏功能升级，新增“我的微信小程序”板块；而微信小程序原有的“星标”功能升级，可以将喜欢的小程序直接添加到“我的微信小程序”。

2018 年 8 月 10 日，微信宣布，微信小程序后台数据分析及插件功能升级，开发者可以查看已添加到我的微信小程序中的用户数。此外，2018 年 8 月 1 日至 12 月 31 日期间，微信小程序（含小游戏）流量主的广告收入分成比例优化上调，单日广告流水为 10～100 万区间部分，开发者可获得的分成由原来流水的 30%上调到 50%，优质微信小程序流量主可以获得更高的收益。

2018年9月28日，微信“功能直达”正式开放，商家与用户的距离可以更“近”一步：用户微信搜一搜功能词，搜索页面将呈现相关服务的微信小程序，单击搜索结果，可直达微信小程序相关服务页面。

2019年8月9日，微信向开发者发布新能力公测与更新公告，微信PC版新版本中，支持打开聊天中分享的微信小程序。安装最新PC端测试版微信后，单击聊天中的微信小程序，便会弹出微信小程序浮窗。在微信小程序右上角的操作选项中，可以进行“最小化”操作，让微信小程序像其他PC软件一样最小化，排列于Windows操作系统的任务栏中。

2. 学习小程序的原因

1）依赖微信生态。

2）就业面广。

3）上手快。

4）学习完微信小程序以后，再去学习百度小程序、抖音小程序、支付宝小程序就很方便了。因为这些小程序的API很相似。

5）相对于Java、PHP、Python而言，小程序更适合作为编程的入门语言。

6）相对于传统的前端开发，我们在学习小程序的同时就可以学习CSS、JavaScript的知识。

3. 注册微信小程序开发账户

在开发微信小程序前，首先要注册一个微信账户，使用浏览器访问微信公众平台网址，进入微信公众平台首页，如图6-1所示。

图6-1　微信公众平台首页

在图 6-1 中，单击小程序图标，进入小程序申请页面，拖动滚动条移到页面的最下方，可以看到，开发一个小程序需要进行注册、小程序信息完善、开发小程序、提交审核和发布 4 个步骤，如图 6-2 所示。

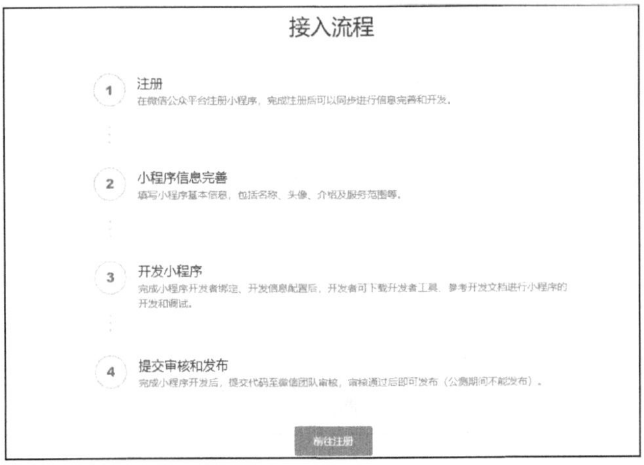

图 6-2　开发小程序的步骤

在图 6-2 中，单击“前往注册”按钮，进入小程序的注册页面，在页面中，输入一个邮箱地址作为小程序的登录账户，然后输入登录小程序账户的密码和验证码，如图 6-3 所示。

图 6-3　注册账户页面

在图 6-3 中，单击“注册”按钮，进入下一个页面，提示登录邮箱激活小程序账户，如图 6-4 所示。

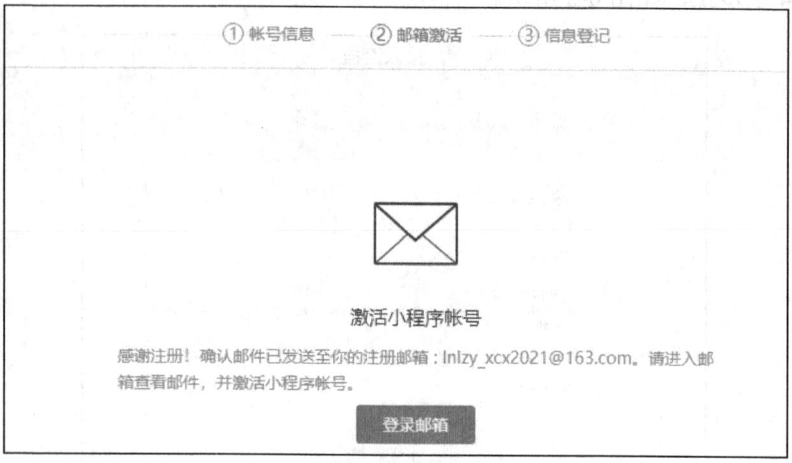

图 6-4　邮箱激活页

微信平台已经向你的邮箱发送了一封激活账户的邮件，如图 6-4 所示，单击登录邮箱页面，进入自己的邮箱，单击收到的邮件，如图 6-5 所示。

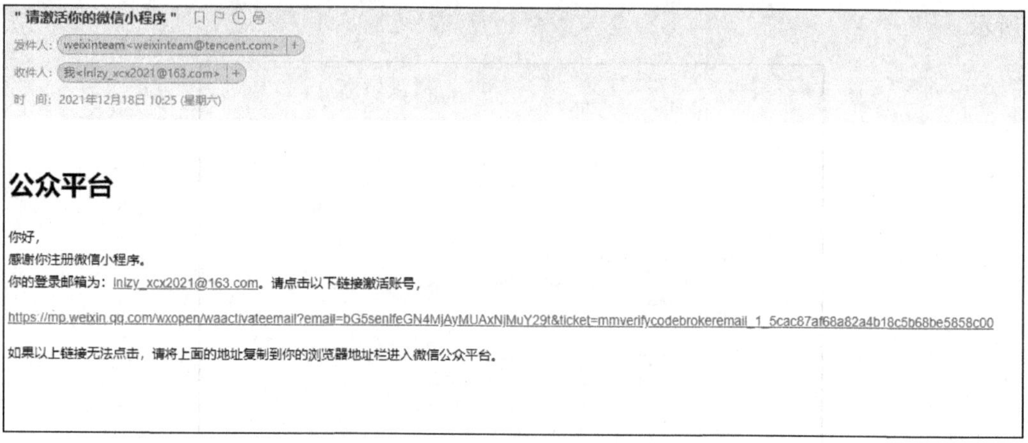

图 6-5　收到的邮件

单击收到的邮件链接激活账户，进入信息登记页面，如图 6-6 所示。

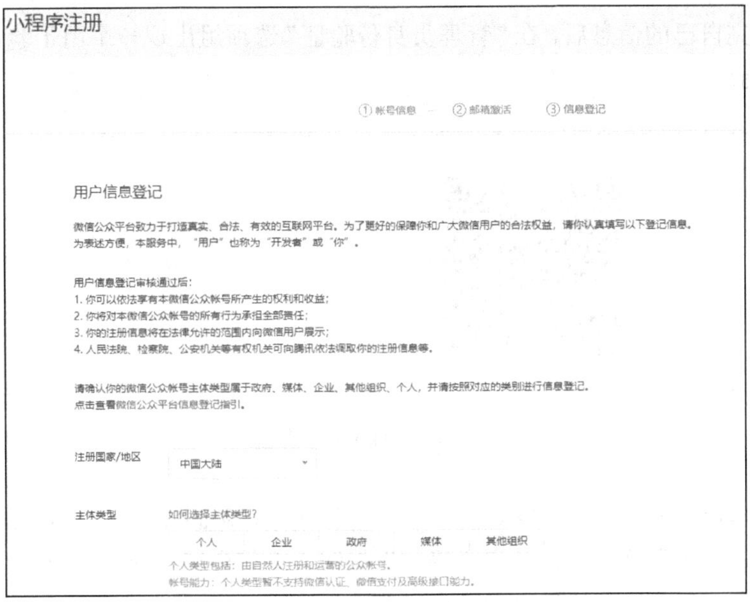

图 6-6　信息登记页面

在图 6-6 中，拖动滚动条到页面下方，输入身份证姓名、身份证号码、管理员手机号码、短信验证码，如图 6-7 所示。

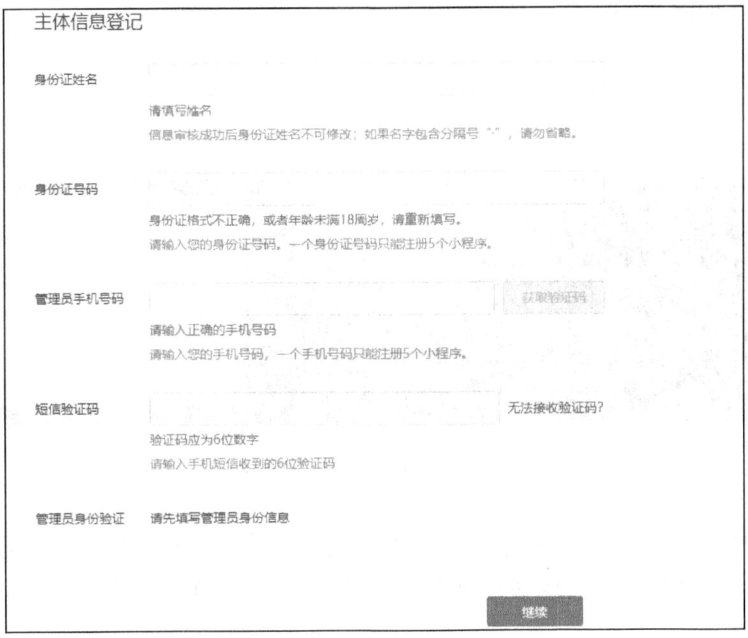

图 6-7　主体信息登记页面

在输入完自己的信息后，在“管理员身份验证”选项组出现一个用于验证的二维码，如图 6-8 所示。

图 6-8　管理员身份验证

使用管理员本人的微信扫描这个二维码进行验证，验证成功后，单击页面下方的“继续”按钮，进行信息确认后，单击“确定”按钮，系统会提示成功注册了小程序账户。需要注意的是，每个微信可以管理 5 个微信小程序账户。

4. 使用账户登录

再次使用浏览器访问微信公众平台网址，登录微信公众平台，使用注册的账户和密码进行登录，如图 6-9 所示。

图 6-9　使用注册账户登录

单击“登录”按钮，系统会提示用户使用管理员微信扫描二维码进行登录确认，当使用手机微信确认后，即可成功登录小程序管理的后台，如图 6-10 所示。

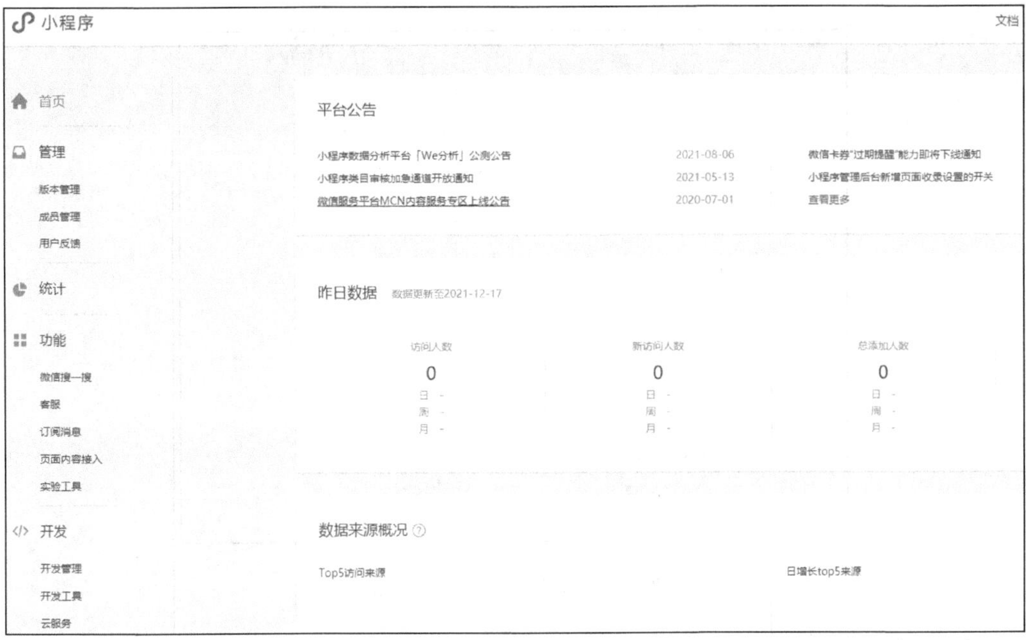

图 6-10　小程序管理的后台

6.1.2　使用微信开发者工具

1. 下载安装微信开发者工具

开发小程序之前要先下载微信安装开发者工具，登录小程序的后台管理界面，然后选择图 6-10 左侧导航栏中的“开发工具”选项，再单击“开发者工具”选项卡中的“下载”按钮，如图 6-11 所示。

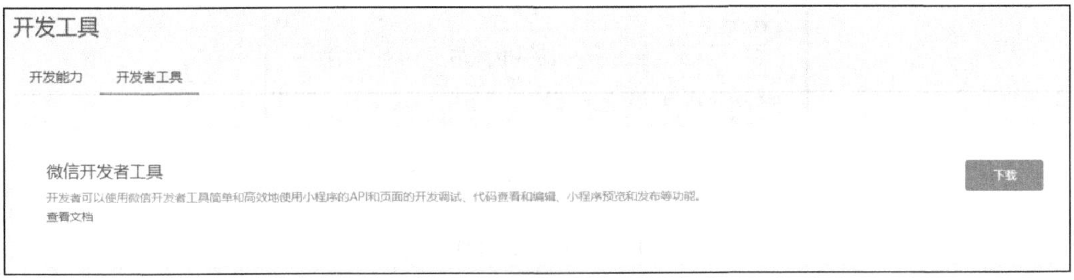

图 6-11　下载开发者工具

跳转到开发者工具下载页面，如图 6-12 所示。

选择稳定版中的 Windows 64 版本进行下载，如果操作系统是其他版本，请选择相应的版本进行下载。

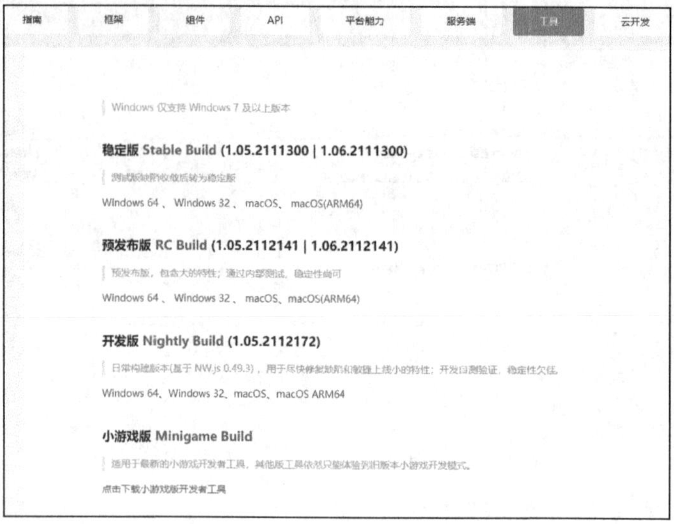

图 6-12　开发者工具下载页面

2. 安装开发者工具

双击下载好的微信开发者工具，在打开的窗口中单击“下一步”按钮，在打开的页面中选中“我接受”单选按钮，在打开的界面中设置安装软件的路径，如图 6-13 所示。

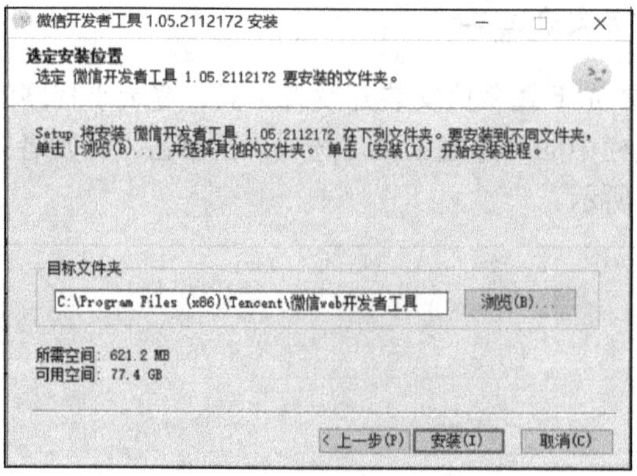

图 6-13　设置安装软件的路径

单击“安装”按钮，将微信开发者工具安装到计算机中。

3. 创建小程序项目

启动微信开发者工具后，使用管理员微信扫描二维码，确认登录后，进入新建小程序页面，如图 6-14 所示。

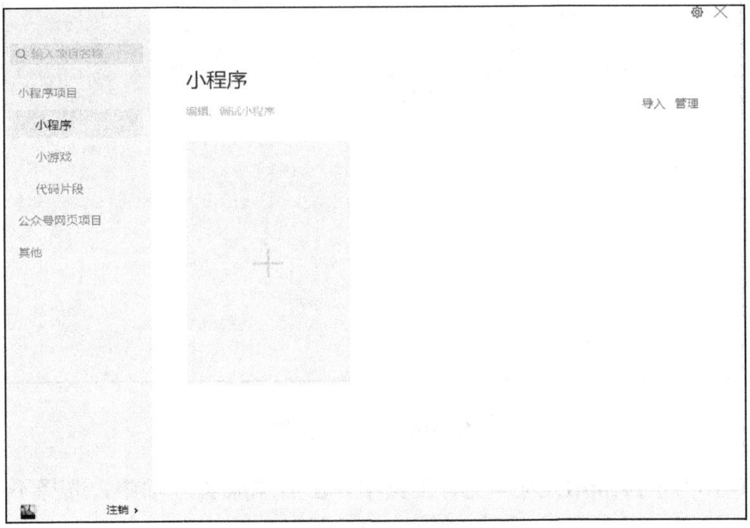

图 6-14　新建小程序

在图 6-14 中，单击加号按钮，进入创建小程序的页面，如图 6-15 所示。

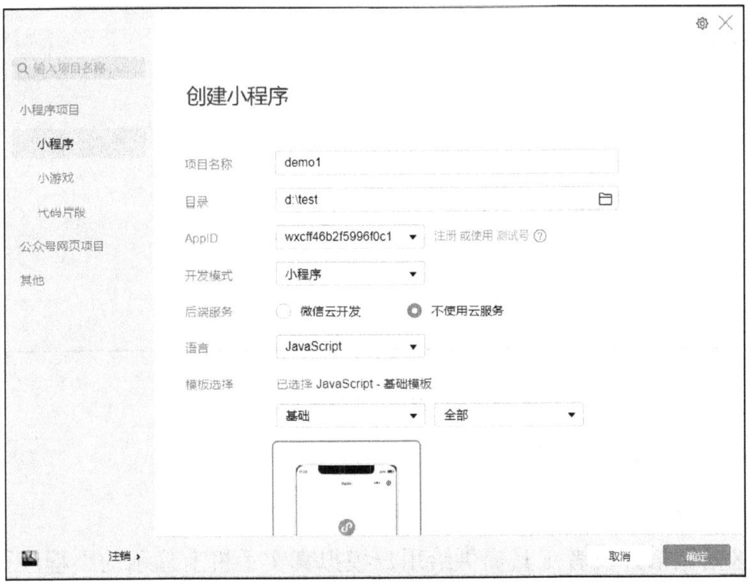

图 6-15　创建小程序页面

其中，项目名称和目录由用户自定义，AppID 是开发小程序前要准备好的，获取的方法是在小程序管理的后台，选择左侧导航栏中的“开发管理”选项，在打开的页面中选择“开发设置”选项卡，如图 6-16 所示。

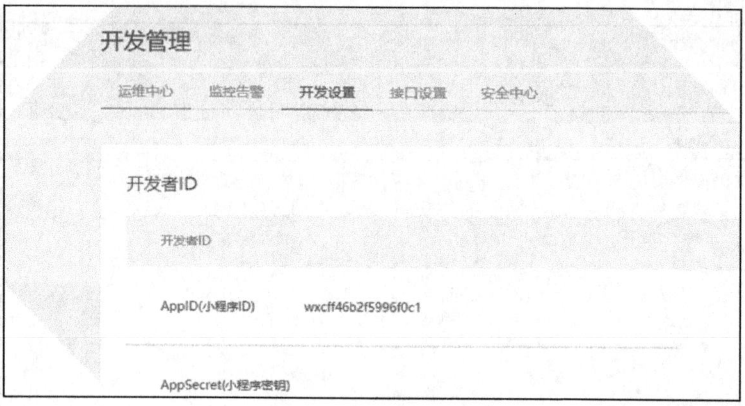

图 6-16　获取 AppID

复制图 6-16 中的 AppID 到开发者工具中，在后端服务选项中，选择不适用云服务，单击“确定”按钮，进入开发页面，如图 6-17 所示。

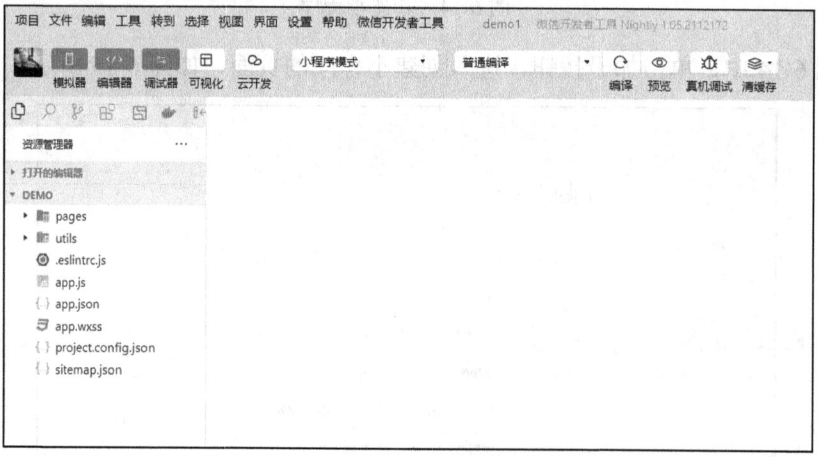

图 6-17　开发页面

4. 微信开发者工具功能区介绍

（1）模拟器区

模拟器区是微信开发者工具提供给用户模拟真实手机上显示的小程序页面的区域，模拟器模拟微信小程序在客户端真实的逻辑表现，对于绝大部分的 API 均能够在模拟器上呈现出正确的状态，如图 6-18 所示。

（2）资源管理器区

资源管理器区是管理小程序所有资源文件的区域，用户创建的小程序文件都可以在这个区域进行查看、修改和删除，如图 6-19 所示。

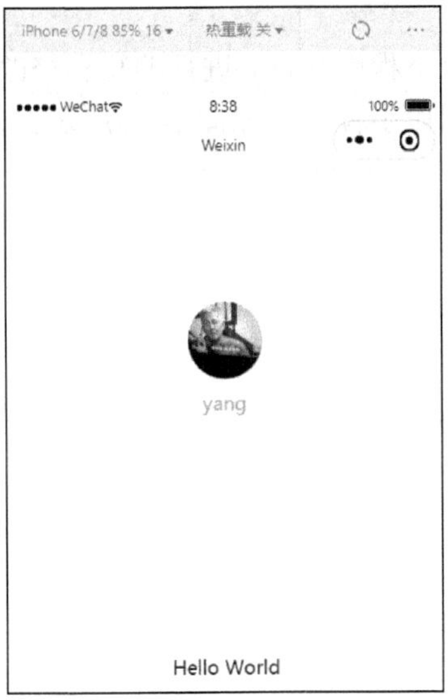

图 6-18　模拟器区

图 6-19　资源管理器区

（3）主功能区

在主功能区可以对开发者工具各功能区的显示、字体大小、颜色等进行设置，同时具备编译、预览、上传、版本管理等重要功能，如图 6-20 所示。

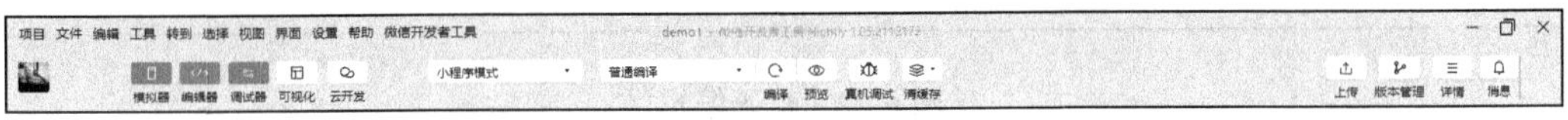

图 6-20　主功能区

（4）调试器区

调试器区是用户输出或发生编写代码错误时，进行查看和调试的区域，如图 6-21 所示。

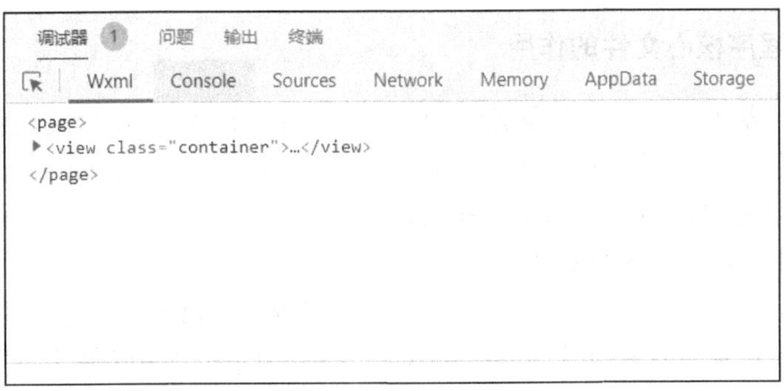

图 6-21　调试器区

（5）代码编辑区

代码编辑区是当用户打开资源管理器中的某个小程序文件，进行编写和修改代码时的区域，用户通过这个区域编写代码，进而实现制作小程序，如图 6-22 所示。

```
app.json ×
app.json > sitemapLocation

  "pages":[
    "pages/index/index",
    "pages/logs/logs"
  ],
  "window":{
    "backgroundTextStyle":"light",
    "navigationBarBackgroundColor": "#fff",
    "navigationBarTitleText": "Weixin",
    "navigationBarTextStyle":"black"
  },
  "style": "v2",
  "sitemapLocation": "sitemap.json"

```

图 6-22　代码编辑区

任务 6.2　使用 app.json 进行小程序全局配置

6.2.1　认识小程序核心文件的作用

打开微信开发者工具后，在资源管理器区可以看到小程序项目的资源管理文件，如图 6-23 所示，包括两个目录和若干文件，经常使用的文件有 app.wxss、app.json、app.js。其中，app.wxss 是配置小程序的全局样式表文件，app.json 是小程序项目的全局配置文件，app.js 是制作事件驱动的文件。

打开 pages 目录，可以发现有两个子目录，分别是 index 和 logs，打开两个子目录后，发现在每个目录下存在 4 个文件。这 4 个文件共同配合完成每个页面的制作，其中 index.wxml 负责小程序页面的呈现，index.wxss 负责小程序样式的制作，index.js 负责小程序事件的制作，index.json 负责这个页面的配置，默认情况下，小程序包括两个页面，分别是 index 页面和 logs 页面。

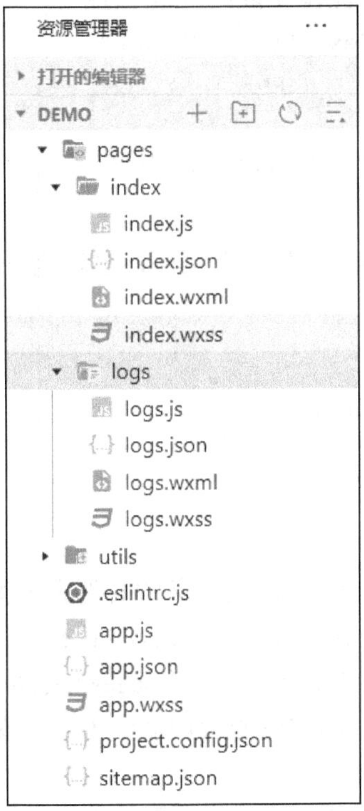

图 6-23　资源管理文件

6.2.2　使用 app.json 进行全局配置

app.json 是小程序项目的全局配置文件，可以进行页面的增加、删除、修改、顶部导航栏的配置等操作。

1. pages 页面配置

(1) 增加页面

打开全局配置文件 app.json，在代码编辑区显示的默认代码如下。

```
{
  "pages":[
    "pages/index/index",
    "pages/logs/logs"
  ],
  "window":{
```

```
    "backgroundTextStyle":"light",
    "navigationBarBackgroundColor": "#fff",
    "navigationBarTitleText": "Weixin",
    "navigationBarTextStyle":"black"
  },
  "style": "v2",
  "sitemapLocation": "sitemap.json"
}
```

在 pages 定义的页面内容中增加一个页面，名称为 user，可以修改 pages 定义的内容，代码如下。

```
"pages":[
  "pages/index/index",
  "pages/logs/logs",
  "pages/user/user"
  ],
```

其中，/user/user 中的第一个 user 是定义的文件夹名称，第二个 user 是包含的 4 个文件的前缀名称，分别为 user.wxml、user.wxss、user.js、user.json。需要注意的是，在“pages/user/user”的末尾不需要加逗号，在“pages/logs/logs”的末尾需要加上逗号，按 Ctrl+S 组合键保存文件后，在左侧的资源管理器中可以发现对应的 user 目录已经出现了，如图 6-24 所示。

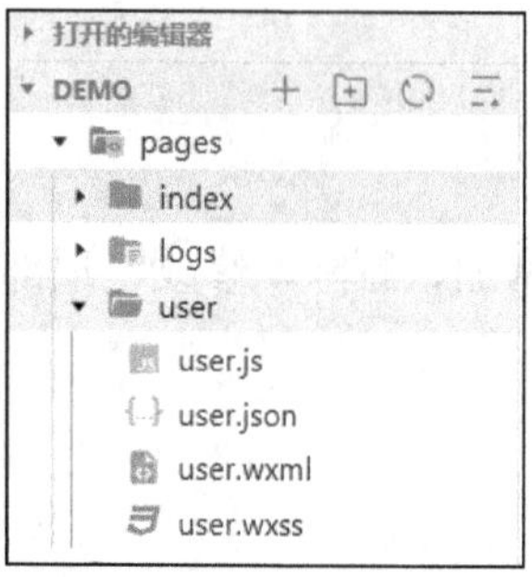

图 6-24　user 目录

（2）修改小程序的首页显示页面

在 pages 定义的页面文件中，第一个页面是默认的显示页面，如果想把某个页面修改为首页，只需要把这个页面移动到配置的第一项即可。例如，将 user 作为首页显示，可以将“pages/user/user”移动到“pages/index/index”之前，在移动完成后，需要去掉最后一个页面的“pages/logs/logs”结尾的逗号，代码如下。

```
"pages":[
  "pages/user/user",
  "pages/index/index",
  "pages/logs/logs"
],
```

按 Ctrl+S 组合键保存文件后，在模拟器区即显示了小程序的首页文件 user.wxml，如图 6-25 所示。

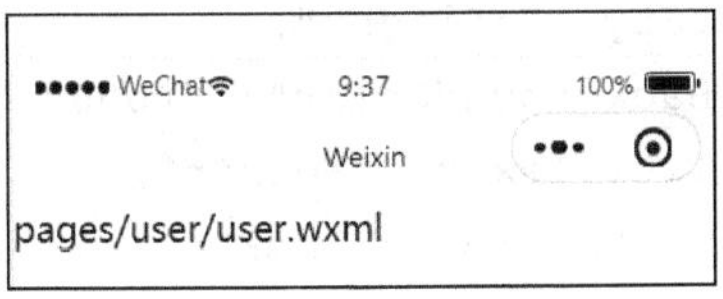

图 6-25　显示默认首页

2. window 配置

在 app.json 中，window 用于设置小程序的状态栏、导航栏、标题、窗口背景色，如表 6-1 所示。

表 6-1　window 配置项的属性

属性	类型	默认值	描述
navigationBarBackgroundColor	HexColor	#000000	导航栏的背景颜色，如#000000
navigationBarTextStyle	String	white	导航栏的标题颜色，仅支持 black/white
navigationBarTitleText	String		导航栏的标题文字内容
backgroundColor	HexColor	#ffffff	窗口的背景色
backgroundTextStyle	String	dark	下拉背景字体、loading 图的样式，仅支持 dark/light
enablePullDownRefresh	Boolean	false	是否开启下拉刷新，详见页面相关事件处理函数
onReachBottomDistance	Number	50	页面上拉触底事件触发时距页面底部的距离，单位为像素

（1）修改所有页面导航栏的背景色为黑色

首先打开 app.json 配置文件，默认代码如下。

```
"window":{
    "backgroundTextStyle":"light",
    "navigationBarBackgroundColor": "#fff",
    "navigationBarTitleText": "Weixin",
    "navigationBarTextStyle":"black"
},
```

修改“"navigationBarBackgroundColor": "#fff",”中的#fff 为#000，保存文件，在模拟器中即可显示导航栏的背景色为黑色，如图 6-26 所示。

图 6-26　修改导航栏的背景色

（2）修改导航栏的文件颜色为白色，内容为“测试项目”

打开 app.json，默认代码如下。

```
"window":{
```

```
        "backgroundTextStyle":"light",
        "navigationBarBackgroundColor": "#000",
        "navigationBarTitleText": "Weixin",
        "navigationBarTextStyle":"black"
    },
```

修改“"navigationBarTitleText": "Weixin",”中的 Weinxin 为测试项目，修改“"navigationBarTextStyle":"black"”中的 black 为 white，修改后的代码如下。

```
    "window":{
        "backgroundTextStyle":"light",
        "navigationBarBackgroundColor": "#000",
        "navigationBarTitleText": "测试项目",
        "navigationBarTextStyle":"white"
    },
```

保存文件后，在模拟器区查看页面的显示效果，如图 6-27 所示。

图 6-27　修改导航栏的内容

3. tabBar 配置

如果小程序是一个多 tab 应用（客户端窗口的底部或顶部有 tab 栏可以切换页面，一般在窗口底部），则可以通过 tabBar 配置项指定 tab 栏的表现，以及 tab 切换时显示的对应页面。tabBar 是一个数组，只能配置最少 2 个、最多 5 个 tab，tab 按数组的顺序排序，属性说明如表 6-2 所示。

表 6-2　tabBar 属性

属性	类型	必填	默认值	描述
color	HexColor	是	—	tab 上的文字默认颜色
selectedColor	HexColor	是	—	tab 上的文字选中时的颜色
backgroundColor	HexColor	是	—	tab 的背景色
borderStyle	String	否	black	tabBar 上边框的颜色，仅支持 black/white
list	Array	是	—	tab 的列表，详见 list 属性说明，最少 2 个、最多 5 个 tab
position	String	否	bottom	可选值 bottom、top

其中，list 接收一个数组，数组中的每个项都是一个对象，其属性如表 6-3 所示。

表 6-3　list 属性

属性	类型	必填	说明
pagePath	String	是	页面路径，必须在 pages 中先定义
text	String	是	tab 上按钮的文字
iconPath	String	是	图片路径，icon 大小限制为 40KB，建议尺寸为 81px×81px
selectedIconPath	String	是	选中时的图片路径，icon 大小限制为 40KB，建议尺寸为 81px×81px

（1）为小程序项目添加两个 tabBar 导航

打开 app.json 页面，添加与 pages 和 winodow 同级的 tabBar 导航，代码如下。

```
"tabBar":{
    "list":[
      {
        "text":"首页",
        "pagePath":"pages/index/index"
      },{
        "text":"用户列表",
        "pagePath":"pages/user/user"
      }
    ]
  }
  ,
```

上述代码为项目配置了两个 tabBar 导航。其中，第一个名称为“首页”，链接到 pages/index/index；第二个名称为“用户列表”，链接到 pages/user/user。需要注意的是，需要在代码最后面加上逗号，否则会报语法错误。保存文件后，在模拟器中可以看到如图 6-28 所示的结果。

图 6-28　页面底部显示 tabBar 导航

（2）为两个 tabBar 导航菜单加上默认图片和选中图片

首先在资源管理器的空白处右击，在弹出的快捷菜单中新建一个名称为 images 的文件夹，然后将准备好的 a-off.png、a-on.png、b-off.png、b-on.png 复制到 images 文件夹中，再向 tabBar 配置中添加两行配置，分别是 iconPath 指定没有选中的图片、selectedIconPath 指定选中后的图片。代码如下。

```
"tabBar":{
    "list":[
      {
         "text":"首页",
         "pagePath":"pages/index/index",
         "iconPath":"images/a-off.png",
         "selectedIconPath":"images/a-on.png"
      },{
         "text":"用户列表",
         "pagePath":"pages/user/user",
         "iconPath":"images/b-off.png",
         "selectedIconPath":"images/b-on.png"
      }
    ]
}
,
```

保存配置后，在模拟器中可以看到如图 6-29 所示的结果。

图 6-29　选中首页时显示的图片

任务 6.3　使用常用组件和样式制作小程序

6.3.1　view 布局组件

view 组件和在 PC 上制作网页中的 div 标签类似，是一个可以包含其他元素的盒子，它的内部元素按行进行显示，可以为 view 组件设置宽高和背景。

1. 一行三列居中自适应布局

（1）制作内容

首先删除 user.wxml 中的默认内容，然后在页面中输入如下代码。

```
<view class='xm'>
    <view class='xm1'>first</view>
    <view class='xm2'>second</view>
    <view class='xm3'>third</view>
</view>
```

在微信小程序中，大多数的组件和 html 标记类似，使用<>作为开始标记，使用</>作为结束标记，上述代码的第一行和第五行定义了一个 view 盒子，在这个大的盒子中，又使用<view></view>定义了 3 个小盒子。其中，最大的盒子使用的样式名称为 container，内部的 3 个盒了类名称分别为 xm1、xm2、xm3，在每个内部盒子中，分别添加了 first、second、third 这 3 部分内容，可以发现其和 div 标签的使用是非常类似的。保存文件后，在模拟器中可以看到如图 6-30 所示的效果。

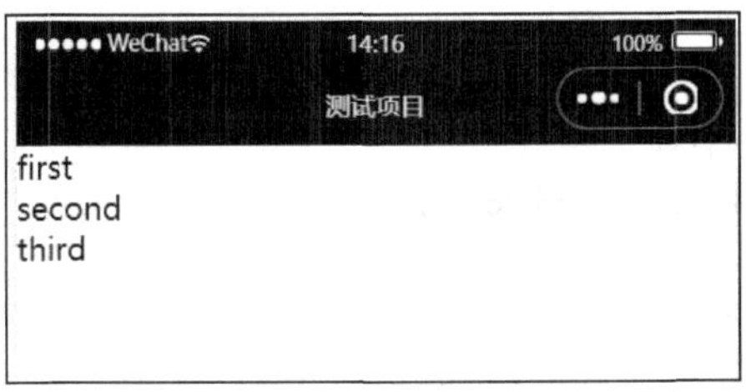

图 6-30　默认显示内容

（2）设置宽度、高度、背景

在 user.wxss 中，首先为最大的盒子设置样式，将盒子的宽度设置为 100%，高度设置为 200rpx，代码如下。

```
.xm{
    width: 100%;
    height: 200rpx;
    background-color: bisque;
}
```

从上述代码可以看出，在小程序中设置样式和制作 PC 页面时的方式是一样的，这里使用.xm 为外部的盒子设置了样式。设置 width:100%的目的是当用户使用不同的手机访问页面时，在手机上显示的宽度都是满屏显示；设置 height:200rpx 的目的是将高度设置为响应式单位，在不同的手机上，显示的高度是响应式的，如果设置为 px 单位，则在任何手机上显示的大小都是一样的，当手机屏幕区别较大时，显示就会出现问题。background-color 则是给外部的盒子设置了背景。保存文件后，在模拟器中可以看到如图 6-31 所示的效果。

图 6-31　设置宽度、高度和背景

（3）使用弹性盒模型进行显示

给外部盒子设置宽度、高度、背景后，但内部的内容还是显示在不同的行，这是由于内部元素包含的是 3 个盒子，将这 3 个内部盒子显示在一行的方法是使用弹性盒模型进行布局，进一步设置 user.wxss，代码如下。

```
.xm{
    width: 100%;
    height: 200rpx;
    background-color: bisque;
    display: flex;
    flex-direction: row;
    justify-content: space-between;
    align-items: center;
}
```

在添加的配置中，display:flex 表示使用的是弹性盒模型方式进行布局。flex-direction:row;是将显示的方向配置为横向显示，这个配置是默认的选项，如果以横向方向显示内容，则可以不用配置。通过配置 flex-direction 的值为 column 设置显示方向为纵向显示。

justify-content 表示配置各元素的对齐方式，center 是居中显示，space-between 是两端对齐显示。align-items:center;表示配置的是垂直方向上的居中对齐。保存文件后，在模拟中可以看到如图 6-32 所示的效果。

图 6-32　一行三列居中自适应布局

2. 微信小程序布局的单位

在布局样式时，微信小程序有自己的 CSS 尺寸单位——rpx。rpx 可以根据屏幕宽度进行自适应。规定屏幕宽为 750rpx。例如，在 iPhone 6 上，屏幕宽度为 375px，共有 750 个物理像素，则 750rpx=375px=750 物理像素，1rpx=0.5px=1 物理像素，微信小程序也支持 rem 尺寸单位，rem 规定屏幕宽度为 20rem，所以 1rem=(750/20)rpx。

开发微信小程序时，设计师可以使用 iPhone 6 作为视觉稿的标准，设计稿使用设备宽度 750px 比较容易计算，这时，1rpx=1px，设计图上量出来的尺寸是多少 px 就是多少 rpx。

6.3.2　文本图像组件

1. 文本组件

文本组件使用的标签是<text></text>，在两个标签之间可以书写文本内容。

（1）制作可以选中的文本

在 view 标签之间也可以输入内容，那为什么还要使用文本标签呢？这是因为当用户浏览页面时，使用 view 中输入的文字用户是不可以选中的，而通过 text 制作的内容用户是可以选中的。

在 user.wxml 中输入以下代码。

```
<view>这里使用的是 view 中的文本</view>
<text selectable>这里使用的是 text 中的文本</text>
```

其中，在<text>标签中加上了 selectable 属性，当用户使用真实的手机进行访问时，就可以看到使用<text></text>制作的文本是可以选中的，而使用<view></view>制作的文本是不可以选中的，使用手机预览的方法是首先在开发者工具的功能区单击“预览”按钮，如图 6-33 所示。

图 6-33　单击“预览”按钮

然后使用手机扫描弹出的二维码，在手机上显示小程序内容后，发现在<text></text>中的文本是可以选中的，如图 6-34 所示。

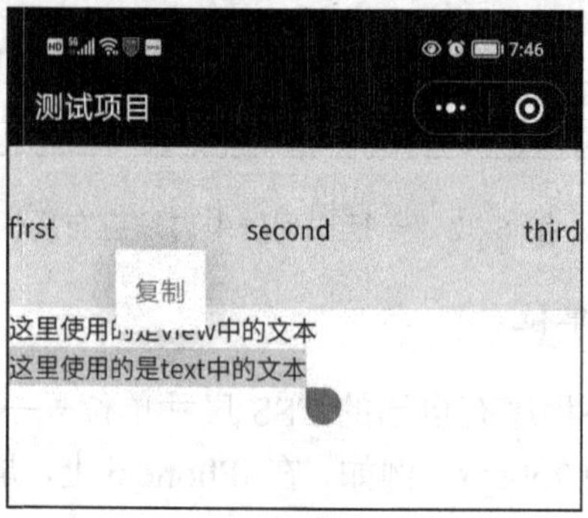

图 6-34　真实手机预览选中效果

（2）文本超出行尾的设置

在制作小程序时，有时字体会超过一行，由于手机的显示有限，这时就需要在行末将文本隐藏，同时加上“…”提示用户后边的内容被隐藏了。这时就需要使用一些特殊的 CSS 样式进行解决。

打开 user.wxml，首先选中之前创建的内容，使用 Ctrl+/组合键注释，然后输入以下内容：

“<text class='hi'>小程序是现在移动端开发的主流技术，每个学前端的同学都应该熟练地掌握这门技术</text>”。保存文件后，预览效果，如图 6-35 所示。

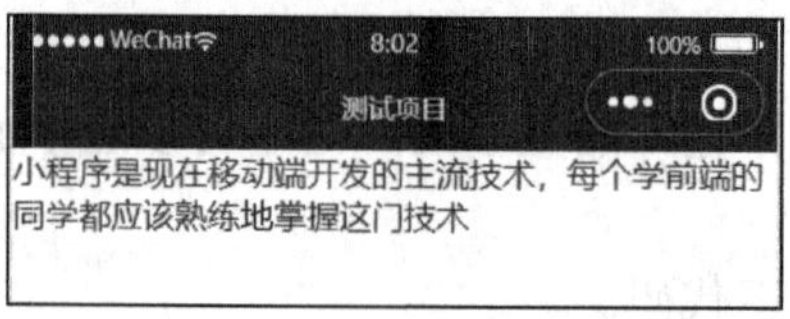

图 6-35　没有使用 CSS 样式的效果

发现因为超出了一行，所以进行了换行。如果不想出现换行，而直接显示一行，就需要使用 CSS 技术进行解决了。

在 user.wxss 中，给以上内容制作 CSS 样式，代码如下。

```
.hi{
    display: block;
```

```
    overflow: hidden;
    white-space: nowrap;
    text-overflow:  ellipsis;
  }
```

使用display:block;的目的是让text组件以盒子的形式显示内容；设置overflow:hidden;的目的是将超出的内容隐藏；设置 white-space:nowrap;的目的是不换行显示；设置text-overflow:ellipsis;的目的是当内容超过一行并且不换行显示的时候，使用“…”提示用户后面还有内容。保存文件后，预览效果，如图 6-36 所示。

图 6-36　隐藏文字后的效果

2. 图像组件

图像也是小程序页面出现非常多的内容，使用图像标签<image></image>可以将图像加入小程序页面中。

（1）将图像加入页面中

首先将准备的图片复制到项目中的 images 目录下，在 user.wxml 中加入如下代码。

```
<image src="/images/1.jpg" class="img"></image>
```

<image>标签的 src 属性的作用是将一个位置的图片加入页面中，后面要加入图片所在的地址。

保存文件后，在模拟器中可以看到如图 6-37 所示的效果。

图 6-37　添加图片到页面中

（2）设置图片的宽度和高度

当一个图片被加载到页面中后，小程序会给图片加上一个默认的宽度和高度，宽度是 320，高度是 240。可以在开发者工具下方的“调试器”中进行查看，如图 6-38 所示。

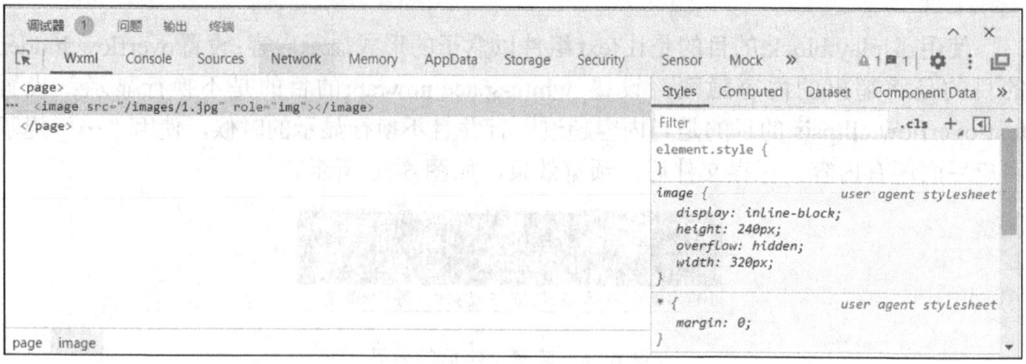

图 6-38　查看图片的默认设置

在小程序的开发中，一般不使用 px 像素作为页面布局、文本、图像的单位，因为不能实现自适应。设置自适应宽、高的方法是为图像设置 rpx 单位。通过在 CSS 中设置实现，这里将图像的宽度设置为 300rpx，将高度设置为 200rpx。在 user.wxss 中进行设置，代码如下。

```
.img{
    width: 300rpx;
    height: 200rpx;
}
```

保存文件后，再次预览，结果如图 6-39 所示。

图 6-39　设置图像的宽度和高度后的效果

（3）设置图片的显示模式

图片的自适应模式是指当给一个图片设置了宽度和高度后，这个图片是以何种方式进行显示，当没有给图片设置自适应模式时，图片就会按照设置的宽度和高度进行显示，当给图片一个显示模式后，图片将会根据模式不受设置的宽高限制，经常使用的模式是

mode="widthFix"。

例如，在 user.wxml 中插入一张图片，代码如下。

```
<image src="/images/2.jpg" class="img"></image>
```

然后在 user.wxss 中输入图像的 CSS 样式，代码如下。

```
.img{
   width: 400rpx;
   height: 300rpx;
}
```

当设置了宽度和高度后，图像会以宽 400rpx、高 300rpx 进行显示。保存文件后，在模拟器中可以看到如图 6-40 所示的效果。

图 6-40　设置宽高后的显示效果

在 user.wxml 中，给 image 组件添加 mode="widthFix"的属性和值，代码如下。

```
<image src="/images/2.jpg" class="img" mode="widthFix"></image>
```

这时，图像将不按照设置的宽 400rpx、高 300rpx 进行显示，而是保持宽度是 400rpx 不变，高度根据原来图片的宽高比例进行显示。保存文件后，在模拟器中可以看到如图 6-41 所示的效果。

图 6-41　配置 mode 后的显示效果

还可以根据调试器区的代码显示证明以上结论，选择代码调试器区的 image 组件，如图 6-42 所示。

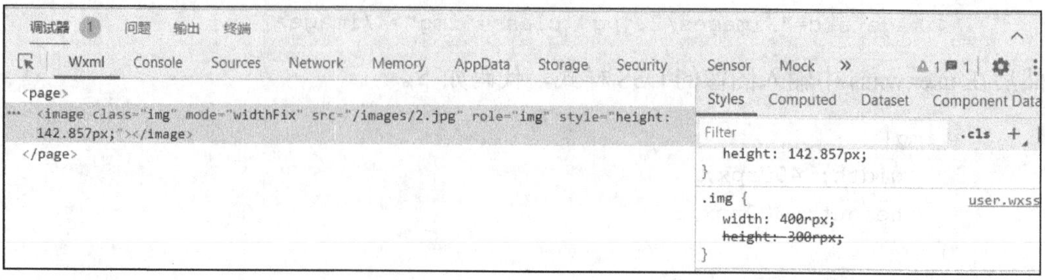

图 6-42　查看调试器区 image 组件

根据调试器区的代码可以看出，height 为 300rpx 的高度已经失效，而是保持 400rpx 宽度不变，为图片设置了一个 142.875px 的高度显示，这个高度是根据图片原来的宽高比计算出来的。

6.3.3　导航组件

小程序中的导航组件使用的是<navigator></navigator>，可以将文本、图像等元素放到这个组件中间，然后进行链接的跳转。

1. 普通页面跳转

在 user.wxml 中加入以下代码。

```
<navigator url="/pages/logs/logs">跳转到日志页面</navigator>
```

在上述代码中，url 指定了要跳转的页面，这里的/pages/logs/logs 页面是创建项目时存在的用于保存日志的页面。保存文件后，在模拟器中可以看到如图 6-43 所示的效果。

图 6-43　链接组件

单击页面中的“跳转到日志页面”链接，即跳转到日志页面，如图 6-44 所示。

从图 6-44 可以看出，已经成功跳转到日志页面，在页面的左上角，有回退的按钮，单击后，可以回退到 user.wxml 页面。

图 6-44　跳转到日志页面

2. tabBar 页面跳转

使用<navigator></navigator>组件同样可以将页面跳转到一个 tabBar 页面，不过这时需要为 navigator 组件加上 open-type="switchTab"，否则页面将不能跳转。

在 user.wxml 中加入以下代码。

```
<navigator url="/pages/index/index" open-type="switchTab">跳转 tabBar 页面</navigator>
```

保存文件后，在模拟器中可以看到如图 6-45 所示的效果。

图 6-45　跳转到日志页面

这里通过设置 url="/pages/index/index"将页面跳转到/pages/index/index 页面，因为这个页面是 tabBar 页面，所以需要为 navigator 添加 open-type 属性，值为 switchTab，单击“跳转 tabBar 页面”链接，页面跳转到 tabBar 页面，如图 6-46 所示。

从图 6-46 可以看出，通过链接跳转到/pages/index/index 页面，这时 tabBar 的图像已经是选中状态了。

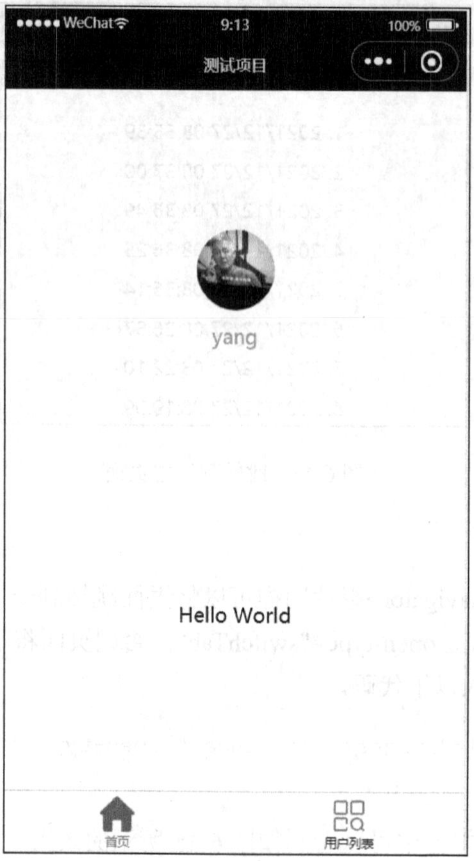

图 6-46　跳转到 tabBar 页面

6.3.4　表单组件

1. button 按钮组件

button 组件是小程序页面中的按钮，可以通过 button 组件将表单数据提交给 js 文件进行处理。button 组件有 size 和 type 两个属性，分别定义 button 按钮的大小和显示样式。

（1）使用 size 属性

在 user.wxss 中输入以下代码。

```
<button size="default">普通按钮</button>
<button>普通按钮</button>
<button size="mini">小按钮</button>
```

使用 size 属性可以设置按钮的大小，可以将按钮的大小设置为 default 和 mini 两个值。保存文件后，在模拟器中可以看到如图 6-47 所示的效果。

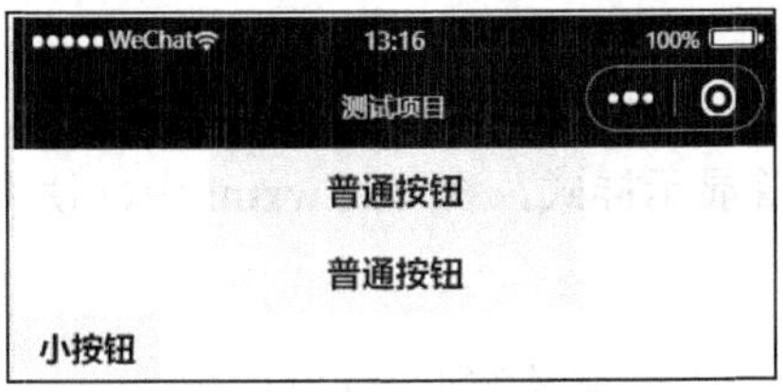

图 6-47　使用 size 设置按钮大小

从图 6-47 可以看到，当使用鼠标单击后，设置了 size="default"和没有设置大小的按钮显示都是一样大小，而且居中显示。设置了 size="mini"大小的按钮单击后发现按钮没有普通按钮大，而且设置了左侧对齐。

（2）使用 type 属性

type 属性用于为 button 按钮设置显示样式，在 user.wxml 中加入如下代码。

```
<button type='primary'>primary 按钮</button>
<button type="warn">primary 按钮</button>
```

将 button 的 type 属性设置为 primary，显示的按钮为绿色背景、白色字体；将 button 的属性设置为 warn，显示的按钮是灰色背景、红色字体。保存文件后，在模拟器中可以看到如图 6-48 所示的效果。

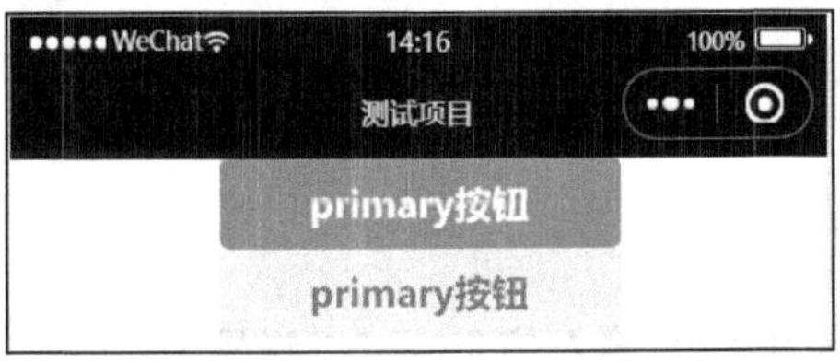

图 6-48　设置 type 样式的效果

（3）宽度全屏幕显示

当没有给按钮的 size 属性设置 mini 值时，按钮会居中显示，并有一个默认的宽度，如果想让按钮的宽度全屏幕显示，则需要使用 CSS 样式覆盖掉默认的样式设置。

在 user.wxss 中，加入如下样式表代码。

```
button:not([size='mini']){
   width: 100% !important;
}
```

样式表的作用是给没有设置 size='mini'的按钮设置宽度为 100%，通过!important 设置优先级。保存文件后，在模拟器中可以看到如图 6-49 所示的效果，发现按钮的宽度已经满屏显示了。

（4）自定义按钮样式

还可以为每个按钮设置显示样式，在 user.wxml 中，使用 button 嵌入一个按钮，代码如下。

```
<button class='zdy'>自定义按钮</button>
```

然后在 user.wxss 中设置 class 为 zdy 类型的样式，代码如下。

```
.zdy{
    background: purple;
    color: white;
}
```

上述代码将 button 的样式设置背景为粉色、字体颜色为白色。保存文件后，在模拟器中可以看到如图 6-50 所示的效果。

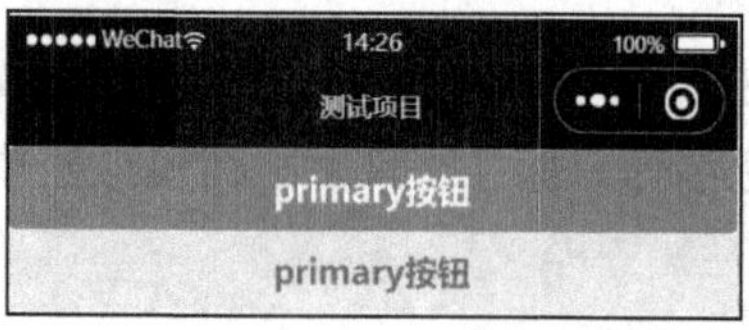

图 6-49　宽度满屏显示

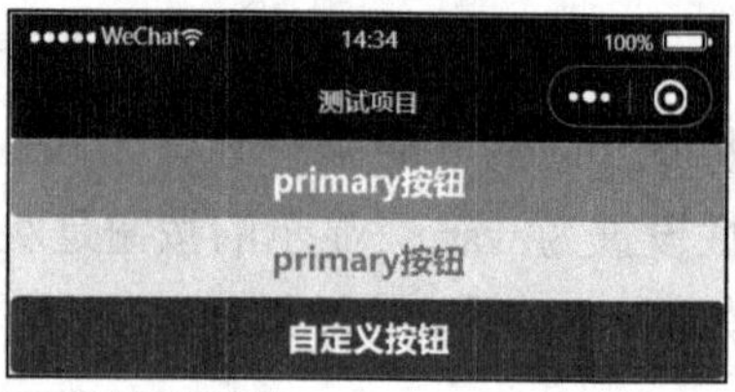

图 6-50　自定义按钮样式

2. input 输入框组件

input 输入框负责接收用户的输入信息，可以设置 input 的 type 属性，当设置不同的值时，向输入框中输入数据显示的内容是不一样的。type 的值通常有以下几种类型。

1）text 文本输入键盘。

2）number 数字输入键盘。

3）idcard 身份证输入键盘。

4）digit 带小数点的数字键盘。

在 user.wxml 中输入以下代码。

```
<view>
    text 文本输入键盘
  </view>
  <view>
    <input type="text" name="t1"></input>
```

```
        </view>
        <view>
           number 数字输入键盘
        </view>
        <view>
           <input type="number" name="t2"></input>
        </view>
        <view>
          idcard 身份证输入键盘
        </view>
        <view>
          <input type="idcard"></input>
        </view>
        <view>
            digit 带小数点的数字键盘
        </view>
        <view>
            <input   type="digit"   confirm-type=
'search'></input>
        </view>
```

保存文件后，使用手机浏览，当单击“数字输入键盘”时，效果如图 6-51 所示。

图 6-51　输入数字时的提示键盘

3. 单选项目 radio 组件

(1) 普通单选按钮

在 user.wxml 中输入 3 个单选按钮，代码如下。

```
<radio value="苹果">苹果</radio>
<radio value="香蕉">香蕉</radio>
<radio value="桃">桃</radio>
```

上述代码在页面中输入了 3 个单选按钮，内容分别是苹果、香蕉、桃。保存文件后，在模拟器中可以看到如图 6-52 所示的效果。

图 6-52　3 个单选按钮

当使用鼠标选择单选按钮后，发现3个单选按钮是可以同时选中的，这不符合设计的目的，设计单选按钮的目的是让用户只能选中其中一个选项，所以需要使用单选按钮组来实现。

（2）单选按钮组

在user.wxml中输入单选按钮组，代码如下。

```
<radio-group>
    <radio value='香蕉'>香蕉</radio>
    <radio value='苹果'>苹果</radio>
    <radio value='西瓜'>西瓜</radio>
</radio-group>
```

上述代码在3个单选按钮外部使用<radio-group></radio-group>组件，使用了单选按钮组后，这里的单选按钮就只能有一个被选中了。保存文件后，在模拟器中可以看到如图6-53所示的效果。

图6-53　使用单选按钮组的效果

如图6-53所示，使用单选按钮组后，只能选中一个单选按钮了。

4. 多选项目checkbox组件

（1）普通复选框

在user.wxml中输入3个复选框，内容分别是香蕉、苹果、橘子，代码如下。

```
<checkbox value="香蕉">香蕉</checkbox>
<checkbox value="苹果">苹果</checkbox>
<checkbox value="橘子">橘子</checkbox>
```

保存文件后，在模拟器中可以看到如图6-54所示的效果。

图6-54　复选框

（2）复选框组

当需要把用户选择的数据传递到 js 处理数据程序中时，需要为复选框加上一个组，为组定义一个名称，才可以提交，代码如下。

```
<checkbox-group name="dxk">
   <checkbox value="香蕉">香蕉</checkbox>
   <checkbox value="苹果">苹果</checkbox>
   <checkbox value="橘子">橘子</checkbox>
</checkbox-group>
```

5. picker 选择器组件

（1）普通选择器

picker 选择器可以定义选择项，然后用户从选择项中选择数据，进行提交。在 user.wxml 中输入以下代码。

```
<picker range="{{['香蕉','苹果','西瓜']}}" value='{{xh}}' name='pic'>
   当前选择：{{['香蕉','苹果','西瓜'][xh]}}
</picker>
```

上述代码使用 picker 定义了一个选择器，使用 range 定义了用户可以在香蕉、苹果、西瓜中进行选择，选择的结果是一个序号，如用户选择了香蕉，传递的是香蕉的索引序号，这里使用[xh]获取值，然后传递给 value。

注意：选择的内容要使用数组括起来，value 要使用{{}}括起来。

保存文件后，在模拟器中可以看到如图 6-55 所示的效果。

（2）时间选择器

同样可以定义一个用户选择的时间选择器，在 user.wxml 中输入以下代码。

```
<picker mode="time" value='{{sj}}' start="09:00" end="23:00" name=
"pic1">
    当前选择时间：{{sj}}
</picker>
```

上述代码定义了一个时间选择器，用户只能在 9～23 点之间进行选择，将选择的时间传递给 picker 选择器的 value。保存文件后，在模拟器中可以看到如图 6-56 所示的效果。

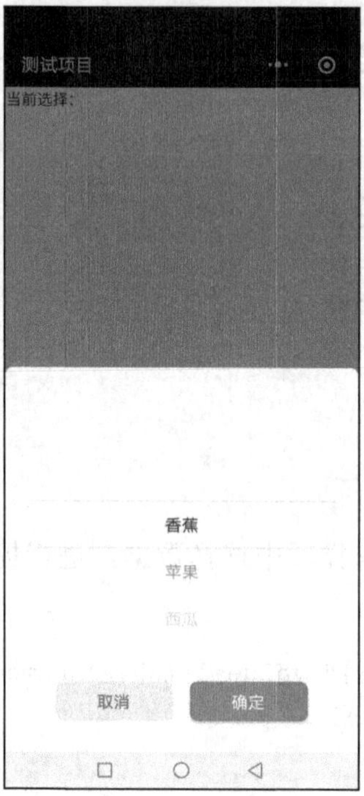

图 6-55　普通选择器

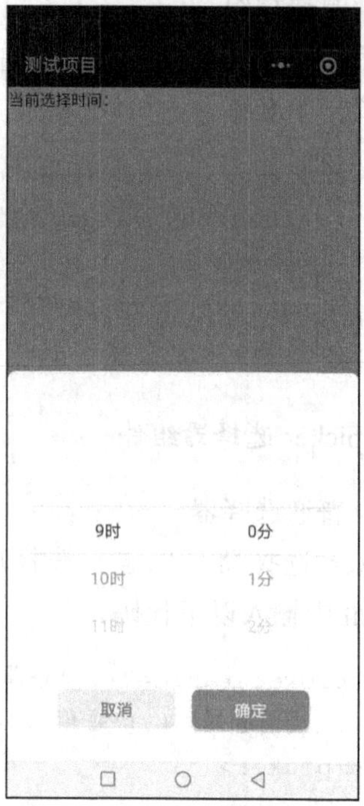

图 6-56　时间选择器

6. form 组件

（1）定义 form 表单数据

form表单组件可以将用户输入的表单数据提交给js程序文件进行处理。在user.wxml中输入如下代码。

```
<form bindsubmit='mysubmit' bindreset='myreset'>
  <radio-group name="yd">
   选择喜欢的运动
    <radio value="篮球">篮球</radio>
    <radio value="足球">足球</radio>
  </radio-group>
   <checkbox-group name="sg">
   选择喜欢的水果
     <checkbox value='香蕉'>香蕉</checkbox>
     <checkbox value='苹果'>苹果</checkbox>
   </checkbox-group>
  <view>
```

```
      <button form-type='submit'>提交</button>
      <button form-type='reset'>重置</button>
   </view>
</form>
```

上述代码使用 form 表单将一个单选按钮组和复选框组括起来，使用 bindsubmit 绑定了 mysubmit 事件，使用 bindreset 绑定了 myreset 事件，然后使用两个 button 按钮。单击 form-type='submit'的按钮后，将表单中的单选按钮数据和复选框数据进行提交，在 user.js 程序中进行数据接收；单击 form-type='reset'的按钮，进行表单的重置，即重新输入操作。

（2）在 user.js 中接收数据

当在表单中选择单选按钮和复选框并提交数据后，可以在 user.js 负责处理数据的文件中添加以下代码。

```
mysubmit:function(e){
   console.log(e.detail.value.yd)
   console.log(e.detail.value.sg)
},
```

可以将上述代码添加到“data:{ },”之后，另外要注意代码结束后要加入结束标记，这段代码的作用是用户单击“提交”按钮后，触发 mysubmit 函数，其中 e 用来接收提交的数据，然后在控制台使用 console.log(e.detail.value.yd)输出单选按钮的数据，使用 console.log(e.detail.value.sg)输出复选框的数据。首先在页面中进行选择，效果如图 6-57 所示。

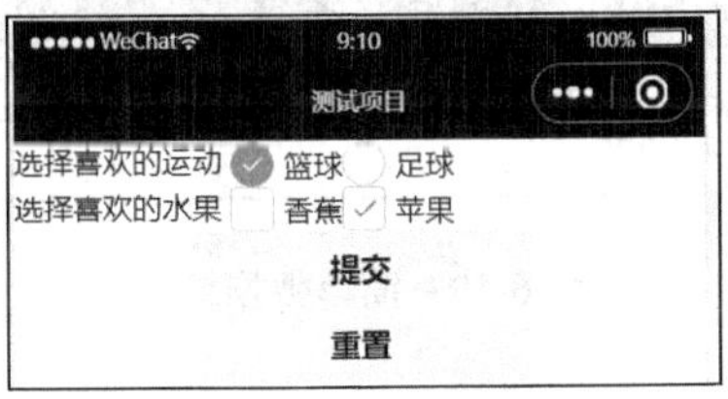

图 6-57　选择数据

单击“提交”按钮后，在调试器区的 console 控制台输出了用户选择的数据——篮球、苹果，如图 6-58 所示。

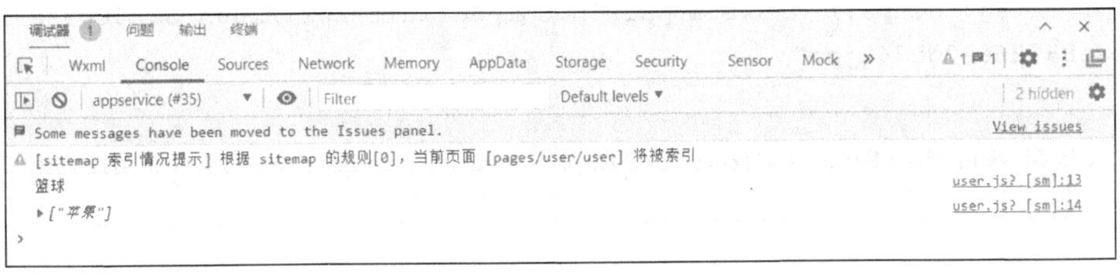

图 6-58　在控制台输出数据

任务6.4 数 据 交 互

6.4.1 数据绑定

在实际的小程序开发中，wxml 文件负责显示页面中的数据，这些数据都不是用户开发者手动添加的，而是从 js 文件中获取数据，然后绑定到 wxml 文件中实现的。js 文件中的数据可以由开发者定义，也可以从服务器端获取。

（1）定义本地数据

首先打开 user.js 文件，在 data 定义的大括号中输入数据“sj:"hello world"”，代码如下。

```
data: {
    sj:"hello world"
},
```

然后打开 user.wxml，使用两个大括号{{}}将 sj 定义的数据显示出来，代码如下。

```
<view>{{sj}}</view>
```

保存文件后，在模拟器中可以看到如图 6-59 所示的效果。

图 6-59　简单数据绑定

（2）获取远程数据

打开 user.js 文件，在 data 定义的大括号中输入数据“sj:"https://q-extra.paixin.com/default/2021/1005/35246092e3fcecc0ff4c88926670dc74.jpg"”，代码如下。

```
data:{
    sj:"https://q-extra.paixin.com/default/2021/1005/35246092e3fcec
c0ff4c88926670dc74.jpg"
},
```

这里的地址是远程的一张图片，然后在 user.wxml 中将这个数据显示到前端页面，代码如下。

```
<image src="{{sj}}"></image>
```

保存文件后，在模拟器中可以看到如图 6-60 所示的效果。

图 6-60　获取远程数据

6.4.2　条件渲染

进行条件渲染时，首先判断一个值，然后根据这个值来渲染数据，使用的语法是 wx:if 和 wx:elif。首先在 user.wxml 中输入以下代码。

```
<view wx:if="{{color==true}}">
    <view class="blue"></view>
</view>
  <view wx:elif="{{color==false}}">
    <view class="red"></view>
</view>
```

上述代码的功能是使用 wx:if 判断 color 的值，如果 color 的值是 true，那么就执行“<view class="blue"></view>”这段代码；如果 color 的值是 false，那么就执行“<view class="red"></view>”这段代码。

在 user.wxss 样式表文件中，定义.blue 和.red 的样式，代码如下。

```
.blue{ width: 500rpx;
        height: 300rpx;
       background:black;
}
.red{ width: 500rpx;
        height: 300rpx;
      background:red;
}
```

通过在 user.js 中给定 color 的值来执行不同的代码，首先在 user.js 中将 color 的值设置为 false，代码如下。

```
data: {
    color: false
},
```

保存文件后，在模拟器中可以看到如图 6-61 所示的效果。

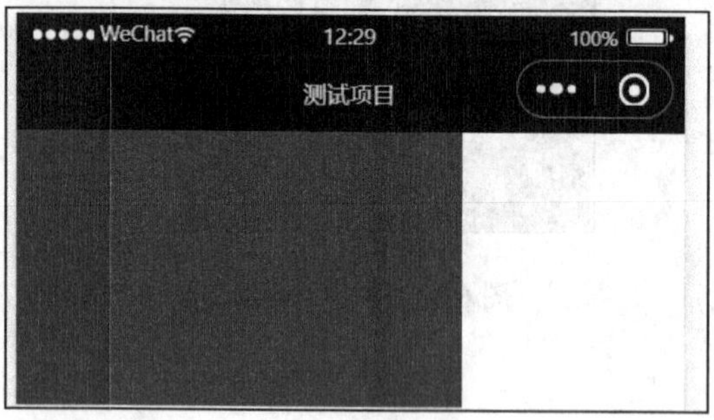

图 6-61　设置 color 的值为 false

修改 color 的值为 true，再次预览效果，如图 6-62 所示。

图 6-62　设置 color 的值为 true

6.4.3　列表渲染

当需要将一个数组中的数据循环渲染出来时，就需要使用 wx:for 语法，下面举例说明这个语法的使用。

1. 普通数组渲染

在 user.js 中的 data 部分定义如下数据。

```
data:{
    sj:["苹果","香蕉","橘子"]
},
```

在 user.wxml 中输入以下代码。

```
<radio-group>
    <view wx:for="{{sj}}" wx:key="*this">
        <radio value="{{item}}">{{item}}</radio>
    </view>
</radio-group>
```

上述代码定义了一个单选按钮组，然后通过 wx:for 将 user.js 中定义的 sj 数据进行循环，每循环一次，就使用<radio>显示每一项的值。这里的{{item}}是显示每一项的值，wx:key="*this"表示循环这个数组本身。

保存文件后，在模拟器中可以看到如图 6-63 所示的效果。

图 6-63　普通数据渲染

2. 数组列表渲染

如果数据是一个数组的列表，那么在渲染数据时就会有区别，来看下面的示例。首先在 user.js 中定义如下数据。

```
data:{

    sj:[
            {id:1,title:"苹果"},
            {id:2,title:"香蕉"},
            {id:3,title:"橘子"}
    ]
  },
```

上述代码中定义的名称为 sj 的数据是由 3 个{}组成的列表，即一个列表数组。在 user.wxml 中输入以下代码。

```
<radio-group>
    <view wx:for="{{sj}}" wx:key="*this">
    <radio value="{{item.title}}">{{item.title}}</radio>
```

```
    </view>
</radio-group>
```

这里在使用 wx:for 进行循环 sj 数据时，使用 item.title 来获取苹果、香蕉、橘子的数据，保存后同样可以获取到数据。

6.4.4 事件处理

当用户操作了页面上的某个元素时，如单击、鼠标经过时，可以为这个事件定义一个触发函数，然后在函数中编写代码进行处理数据等操作，来看下面的示例。

首先在 user.js 中定义一个 num 的数据，值为 0，代码如下。

```
data:{
    num:0
},
```

然后在 user.wxml 中定义一个 view 容器，在容器中显示 num 的值，代码如下。

```
<view bindtap="count" style="background:papayawhip; width: 200rpx; height: 200rpx;">
    {{num}}
</view>
```

上述代码为 view 容器添加 style 样式，通过{{num}}获取 user.js 中的值，使用 bindtap 定义了单击事件，当单击事件发生时，激活 js 中定义的 count 函数。下面定义 js 中的 count 函数，代码如下。

```
count:function(){
    var newNum=this.data.num
    newNum++
    this.setData({
      num:newNum
    })
},
```

当单击 view 容器时，触发了 count 函数，在函数中首先通过 var newNum=this.data.num 获取 num 的值，newNum++进行自增 1，再使用 this.setData 方法将 newNum 的值传递给 data 中定义的 num，这样就可以实现每次单击 view 容器时，内容增加了。保存文件后，单击 5 次后的效果如图 6-64 所示。

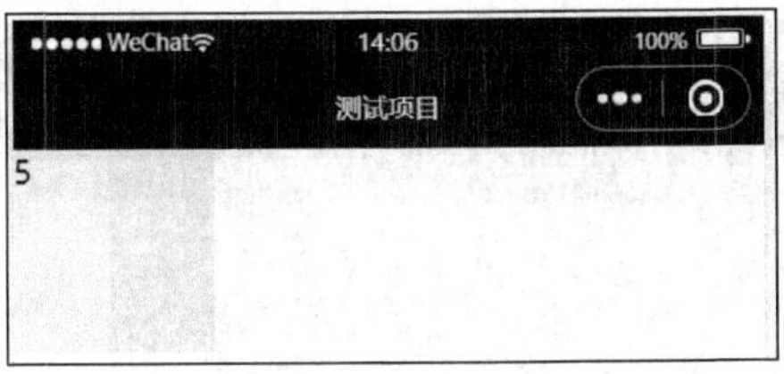

图 6-64 单击 5 次后的效果

技能实践

swiper 轮播组件可以在小程序页面中循环播放多张图片，和在 PC 端制作的轮播图效果是一样的。在小程序中，可以直接使用<swiper></swiper>组件来循环播放几张图片。

1. 制作轮播图

在 user.wxml 中输入以下代码。

```
<swiper indicator-dots  autoplay circular  interval="2000" duration=
"1000">
  <swiper-item>
      <image src='/images/1.jpg'></image>
    </swiper-item>
    <swiper-item>
      <image src='/images/2.jpg'></image>
    </swiper-item>
    <swiper-item>
      <image src='/images/3.jpg'></image>
    </swiper-item>
  </swiper>
```

上述代码中的<swiper></swiper>引入了一个轮播图，indicator-dots 的作用是显示轮播图下方的圆点，这个圆点会随着轮播图片的变化进行高亮显示；autoplay 的作用是设置自动播放；circular 的作用是设置当图片循环到最后一张图片时，接着循环第一张图片。interval="2000"设置的是每隔 2000 毫秒（2 秒）轮播一张图片；duration="1000"设置每张图片的显示时间是 1 秒。

通过把<image></image>加载的图片放到<swiper-item></swiper-item>中，即可将每张图片加入轮播图组中。

保存文件后，在模拟器中可以看到如图 6-65 所示的效果。

图 6-65　轮播图

2. 实现宽度全屏显示

在图 6-65 中，图片并没有实现宽度的 100%显示，另外需要设置图片的高度，解决的方法是将轮播图加入到一个 view 中，设置相应的样式。

在 user.wxml 中，修改代码如下。

```
<view class="banner">
  <swiper indicator-dots autoplay circular interval="2000" duration=
"1000">
    <swiper-item>
      <image src='/images/1.jpg'></image>
    </swiper-item>
    <swiper-item>
      <image src='/images/2.jpg'></image>
    </swiper-item>
    <swiper-item>
      <image src='/images/3.jpg'></image>
    </swiper-item>
  </swiper>
</view>
```

上述代码将轮播图加入到了一个 view 布局组件中，然后设置了 view 的类选择器为 banner。在 user.wxss 样式中，设置样式表，代码如下。

```
.banner{
    width: 100%;
}
.banner image{
    width: 100%;
}
```

上述代码将 view 容器的宽度设置为 100%显示，然后通过.banner image 设置内部的图片也是 100%显示，这样图片的宽度就会和 view 容器一致，进行全屏显示了。保存文件后，在模拟器中可以看到如图 6-66 所示的效果。

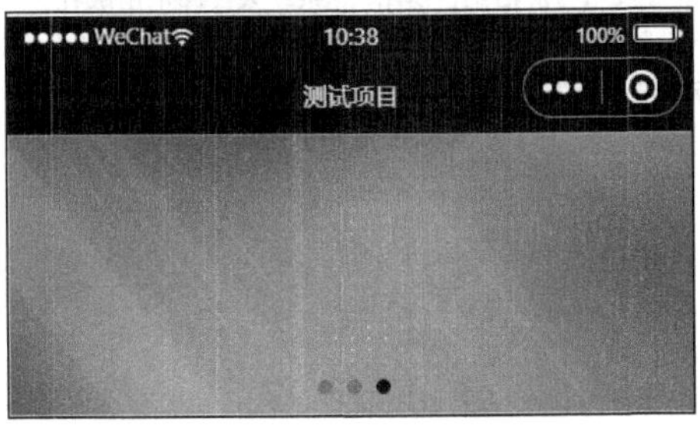

图 6-66　宽度全屏显示

思 考 练 习

1．简述小程序的发展历史。
2．如何注册微信小程序开发账户？
3．小程序项目的资源管理文件包括哪些？

参 考 文 献

传智播客高教产品研发部，2016．HTML+CSS+JavaScript 网页制作案例教程[M]．北京：人民邮电出版社．
刘欢，2016．HTML5 基础知识、核心技术与前沿案例[M]．北京：人民邮电出版社．
石川，2013．HTML5 移动 Web 开发实战[M]．刘旸，刘先宁，译．北京：人民邮电出版社．
夏辉，杨伟吉，2018．HTML5 移动 Web 开发技术[M]．北京：机械工业出版社．